Hans Sachs

**Ebene
Isotrope Geometrie**

Meinem lieben Kollegen
Herrn Prof. Dr. H. SCHAAL zum 60. Geburtstag gewidmet

Vade, liber, verbisque meis loca grata saluta:
Contigam certe quo licet illa pede.

(Ovid: Tristia 1, 1, 15—16).

Hans Sachs

Ebene
Isotrope Geometrie

Mit 54 Figuren

Friedr. Vieweg & Sohn   Braunschweig/Wiesbaden

CIP-Kurztitelaufnahme der Deutschen Bibliothek

Sachs, Hans:
Ebene isotrope Geometrie / Hans Sachs. —
Braunschweig; Wiesbaden: Vieweg, 1987

ISBN-13: 978-3-528-08454-7   e-ISBN-13: 978-3-322-84150-6
DOI: 10.1007/978-3-322-84150-6

Vieweg ist ein Unternehmen der Verlagsgruppe Bertelsmann

1987

VORWORT

Das vorliegende Buch über *ebene isotrope Geometrie* beinhaltet
den ersten Teil einer Vorlesung über isotrope Geometrie, die
der Autor wiederholt an der Technischen Universität München,
an der Universität Kaiserslautern und an der Technischen Universität Graz gehalten hat. Die Aufgabe dieses Buches ist eine
zweifache: *Einerseits* soll der Leser auf sehr elementarem Weg
in die Formenwelt einer interessanten nichteuklidischen Geometrie eingeführt werden, wobei die 54 einprägsamen Textfiguren
das Verständnis für die angewandte Beweistechnik motivieren
sollen. *Andererseits* bereitet diese Darstellung alle Grundla-
gen vor, die beim Studium der *isotropen Raumgeometrien* (einfach und zweifach isotrope Geometrie) benötigt werden; die Pu-
blikation eines Lehrbuches zu diesem aktuellen Forschungsthema
wird in Kürze gesondert erfolgen. Überall wurde größter Wert
darauf gelegt, alle Begriffe präzise zu formulieren, selbst
wenn dadurch - im Vergleich zu den Originalarbeiten - manchmal
einiger Aufwand erforderlich war. Das Buch berücksichtigt alle
Originalarbeiten bis zum Jahre 1986, die dem Autor zugänglich
waren und bietet damit eine systematische Darstellung dieses
in sich geschlossenen Teilgebietes der Geometrie. Die Beschäf-
tigung mit diesem Wissensgebiet läßt nicht nur die vertraute
Schulgeometrie plötzlich in anderem Licht erscheinen, sondern
läßt auch viele *Querverbindungen zur Elementargeometrie* erkennen, ja sogar erst richtig verstehen. In diesem Sinne wendet
sich das Buch nicht nur an interessierte Studenten naturwissen-
schaftlicher Richtungen, sondern kann zweifelsfrei auch mit
Erfolg in Leistungskursen an allgemeinbildenden höheren Schulen
eingesetzt werden.
Mein Dank für das Schreiben der Satzvorlage gilt Frau A.
SCHAUFFLER (TU München), Frau M. WULFF (U Kaiserslautern) und
Frau H. MANDL (U Leoben). Des weiteren gilt mein Dank Herrn Dr.
W. HARTMANN für die Reinzeichnung der Textfiguren, sowie den
Herren Doz.Dr. O. RÖSCHEL und Dr. M. HUSTY für das Mitlesen
der Korrekturen. Nicht zuletzt gilt mein aufrichtiger Dank dem
Vieweg-Verlag und vor allem Frau U. SCHMICKLER-HIRZEBRUCH, die
mit großem Verständnis und Entgegenkommen die große Verzöge-

rung bei der Textvorlage tolerierte, die durch berufliche Ver-
änderungen des Autors bedingt war.
Möge dieses Buch dazu beitragen, für die isotrope Geometrie
neue Freunde zu gewinnen, die diese schöne und vielschichtige
Ideenwelt durch weitere aktive Forschungen ergänzen und be-
reichern mögen.

Leoben, im März 1987

Inhaltsverzeichnis

EBENE ISOTROPE GEOMETRIE

Ziel dieses Buches ist es, eine systematische Einführung in die *Elementargeometrie* sowie die *Differentialgeometrie* der *isotropen Ebene* zu geben. Gleichzeitig werden die Arbeitsmethoden vorgeführt, die bei der Behandlung der Cayley-Kleinschen Geometrien zweckdienlich sind. In diesem Sinne dient dieses Buch auch als Vorbereitung für das Studium der interessanten *isotropen Raumgeometrien*, die an anderer Stelle in Form eines Lehrbuches vorgestellt werden sollen.

§ 1 Cayley-Kleinsche Geometrien und Erlanger Programm.

Wir stellen vorerst einige wichtige Begriffe zusammen, die i.f. stets verwendet werden.

<u>Definition 1.1:</u> Eine algebraische Struktur (G,o) heißt eine *Gruppe*, wenn gilt

G1) (aob)oc = ao(boc) für alle a,b,c $\in$ G, d.h. die Verknüpfung ist assoziativ.

G2) Es existiert eine Links-Eins, d.h. ein Element e $\in$ G, so daß für alle a $\in$ G gilt eoa = a.

G3) Zu jedem a $\in$ G existiert ein linksinverses Element in G, d.h. ein Element a^{-1}, so daß gilt a^{-1} o a = e.

<u>**Bemerkungen:**</u>

1) Algebraische Struktur bedeutet, daß auf G eine Verknüpfung o erklärt ist, d.h. eine Abbildung o : G x G $\rightarrow$ G. Jedem Elementenpaar (a,b) $\in$ G x G wird ein Element aob $\in$ G zugewiesen. Eine Gruppe trägt eine solche Verknüpfung.

2) Eine algebraische Struktur (G,o) in der nur G1) gilt, heißt eine Halbgruppe.

3) Die Grundzüge der Gruppentheorie können in jedem Lehrbuch der Algebra nachgelesen werden; wir verweisen z.B. auf B. HORNFECK [31]. Hier sei nur erwähnt, daß man aus den Axiomen G1)-G3) leicht folgert, daß jedes Linksinverse auch Rechtsinverse ist, d.h., daß gilt aoa^{-1} = e für alle a $\in$ G. Jede Links-Eins ist auch Rechts-Eins, d.h. aoe = a für alle

$a \in G$. Die Elemente e und a^{-1} zu a sind eindeutig bestimmt.

Definition 1.2: Sei (G,o) eine Gruppe und $U \subset G$, $U \neq \emptyset$. U heißt *Untergruppe* von G, wenn U mit der auf $U \times U$ eingeschränkten Verknüpfung (die ebenfalls mit o bezeichnet wird) selbst eine Gruppe ist. Eine Untergruppe $U \subset G$ heißt ein Normalteiler, wenn $aU = $ $= Ua$ für alle $a \in G$ gilt.

Bemerkung: Bei der Definition des Normalteilers bedeutet aU bzw. Ua das Komplexprodukt; man beachte, daß in der Definition nur die Mengengleichheit $aU = Ua$ verlangt wird. Der Begriff des Normalteilers ist in der Geometrie von zentraler Bedeutung. Ein wichtiges beweistechnisches Hilfsmittel ist das folgende Untergruppenkriterium.

SATZ 1.1: Genau dann ist $U \subset G$, $U \neq \emptyset$ eine Untergruppe von G, wenn gilt:

       I) Mit $a,b \in U$ ist auch $aob \in U$.
      II) Mit $a \in U$ ist auch $a^{-1} \in U$.

Beweis:

(a) Ist U eine Untergruppe von G gemäß Definition 1.2, dann ist I) und II) erfüllt.

(b) Ist I) und II) erfüllt, so folgt wegen $U \neq \emptyset$: es existiert $a \in U$, $a^{-1} \in U$ (nach II)) und es gilt $aoa^{-1} = e \in U$ (nach I)). Somit existiert in U ein Einheitselement e und zu jedem $a \in U$ existiert $a^{-1} \in U$. Die Rechenregeln G1)-G3) gelten in U, da sie in G erfüllt sind. Demnach ist U eine Untergruppe. $\blacklozenge$

Definition 1.3: Eine Gruppe G heißt *kommutativ* (abelsch), wenn gilt G4) $aob = boa$ für alle $a,b \in G$.

Definition 1.4: Unter einer Transformation auf einer Menge M versteht man eine bijektive Abbildung $f: M \rightarrow M$. Ist M endlich, so heißt f eine Permutation.

SATZ 1.2: Die Menge $\mathcal{T}$ aller Transformationen einer Menge M ist eine Gruppe, wenn als Verknüpfung das Nacheinanderausführen (Komposition) von Abbildungen genommen wird. $\mathcal{T} =: \mathrm{Aut}(M)$ heißt Automorphismengruppe von M.

<u>Beweis:</u>

Sind T_1, $T_2 \in \mathcal{T}$, so ist $T_2 \circ T_1 =: T$ als Zusammensetzung bijektiver Abbildungen wieder eine bijektive Abbildung von M auf M, d.h. $T_2 \circ T_1 \in \mathcal{T}$. Es bleiben die Gruppenaxiome G1)-G3) zu verifizieren.

<u>G1):</u> Sind T_1, T_2, $T_3 \in \mathcal{T}$ beliebig, $x \in M$ beliebig, so gilt einerseits $[(T_1 \circ T_2) \circ T_3](x) = (T_1 \circ T_2)(T_3(x)) = T_1(T_2(T_3(x)))$, andererseits $[T_1 \circ (T_2 \circ T_3)](x) = T_1 \circ (T_2 \circ T_3)(x) = T_1(T_2(T_3(x)))$. Da für alle $x \in M$ in beiden Fällen dasselbe Bildelement entsteht, gilt: $\qquad (T_1 \circ T_2) \circ T_3 = T_1 \circ (T_2 \circ T_3)$.

<u>G2):</u> Die identische Abbildung $E : x \to x$ ist eine Bijektion von M auf sich, d.h. $E \in \mathcal{T}$. Hierbei gilt $E \circ T = T$ für alle $T \in \mathcal{T}$, denn ist $x \in M$, so findet man $(E \circ T)(x) = E(T(x)) = T(x)$.

<u>G3):</u> Da $T \in \mathcal{T}$ bijektiv ist, so existiert T^{-1} und ist ebenfalls bijektiv, d.h. $T^{-1} \in \mathcal{T}$. Hierbei gilt $T^{-1} \circ T = E$, denn für alle $x \in M$ findet man $(T^{-1} \circ T)(x) = T^{-1}(T(x)) = x = E(x)$. $\qquad \blacklozenge$

<u>Bemerkung:</u> Aus dem Beweisschritt G1) folgt, daß das Assoziativgesetz für Abbildungen stets erfüllt ist.

Der folgende Begriff ist zentral beim Aufbau von Geometrien.

<u>Definition 1.5:</u> Eine Menge $\mathcal{G}$ von Transformationen einer Menge M heißt eine *Transformationsgruppe* auf M, wenn $\mathcal{G}$ eine Gruppe bezüglich der Komposition von Abbildungen auf M ist.

Transformationsgruppen auf M sind demnach Untergruppen (echte oder unechte) von Aut(M). Hieraus folgt mittels SATZ 1.1. ein wichtiges Kriterium für Transformationsgruppen.

<u>SATZ 1.3:</u> Eine Menge $\mathcal{G}$ von Transformationen einer Menge M ist genau dann eine Transformationsgruppe, wenn gilt:

    I) Mit T_1, $T_2 \in \mathcal{G}$ ist auch $T_2 \circ T_1 \in \mathcal{G}$.
    II) Mit $T \in \mathcal{G}$ ist auch $T^{-1} \in \mathcal{G}$.

Gegeben sei jetzt eine Menge M und eine Transformationsgruppe $\mathcal{G}$ auf M. Die Elemente von M bezeichnen wir als Punkte, M selbst als Raum. Eine beliebige Teilmenge $F \subset M$ heiße eine *Figur*. Wir wollen Figuren miteinander vergleichen und greifen zur Motivation folgende elementare Überlegung auf: In der Elementargeometrie sind zwei kongruente Dreiecke als nicht verschie-

- 4 -

den hinsichtlich ihrer geometrischen Eigenschaften anzusehen.
Kongruente Dreiecke kann man durch eine Bewegung zur Deckung
bringen. Faßt man Dreiecke als spezielle Figuren auf, und Bewegungen als spezielle Transformationen, so scheint die folgende Definition naheliegend.

__Definition 1.6:__ Zwei Figuren F_1, $F_2 \subset M$ heißen *äquivalent* (in
Zeichen $F_1 \sim F_2$) bezüglich einer Transformationsgruppe $\mathcal{G}$, wenn
es eine Transformation $T \in \mathcal{G}$ gibt mit $TF_1 = F_2$.

__SATZ 1.4:__ Die Äquivalenz von Figuren aus M bezüglich $\mathcal{G}$ ist
eine Äquivalenzrelation.

__Beweis:__
Zum Beweis hat man Reflexivität (R), Symmetrie (S) und Transitivität (T) nachzuprüfen.

(R): Es ist $F_1 \sim F_1$, denn die identische Abbildung $E \in \mathcal{G}$
   liefert $EF_1 = F_1$.

(S): Ist $F_1 \sim F_2$, dann existiert $T \in \mathcal{G}$ mit $TF_1 = F_2$. Da nach
   SATZ 1.3. auch $T^{-1} \in \mathcal{G}$ existiert und überdies $T^{-1}(TF_1) =$
   $= T^{-1}(F_2)$, d.h. $F_1 = T^{-1}(F_2)$ gilt, folgt $F_2 \sim F_1$.

(T): Ist $F_1 \sim F_2$, $F_2 \sim F_3$, dann existieren T_1, $T_2 \in \mathcal{G}$ mit
   $T_1 F_1 = F_2$, $T_2 F_2 = F_3$. Hiermit folgt: $(T_2 \circ T_1)(F_1) =$
   $= T_2(T_1(F_1)) = T_2(F_2) = F_3$. Da nach SATZ 1.3. auch $T_2 \circ$
   $T_1 \in \mathcal{G}$ existiert, gilt somit $F_1 \sim F_3$. ◆

Aus dem Beweis erkennt man die Notwendigkeit der Gruppenaxiome,
um einen sinnvollen Äquivalenzbegriff von Figuren einzuführen.
Eine geometrische Eigenschaft einer Figur der Elementargeometrie ist unabhängig von der Lage der Figur; z.B. ist die Existenz und Lage des Höhenschnittpunktes in einem Dreieck unabhängig davon, wo sich das Dreieck für die Konstruktion in der
Zeichenebene befindet. Ermittelt man die Höhenschnittpunkte für
zwei kongruente Dreiecke und bringt diese durch eine Bewegung
zur Deckung, so gelangen hierbei auch die Höhenschnittpunkte
zur Deckung. Diese elementare Betrachtung motiviert die

__Definition 1.7:__ Eine Eigenschaft einer Figur $F \subset M$ bezüglich
einer Transformationsgruppe $\mathcal{G}$ auf M heißt eine *geometrische
Eigenschaft* (eine geometrische Größe), wenn sie bezüglich einer
beliebigen Transformation aus $\mathcal{G}$ invariant ist. Unter einer

Gruppengeometrie (M, $\mathcal{G}$) versteht man die *Gesamtheit der Aussagen* über die geometrischen Eigenschaften von Figuren des Raumes M bezüglich der Transformationsgruppe $\mathcal{G}$.

Von diesem Standpunkt aus wird Geometrie als Invariantentheorie einer Transformationsgruppe definiert; diese Idee geht auf F. KLEIN zurück (vgl. [41]) und ist unter dem Stichwort *"Erlanger Programm"* in die Literatur eingegangen. Diese Auffassung liefert eines der bedeutendsten Ordnungsprinzipien im Bereich der Geometrie, obgleich sich nicht alle denkbaren geometrischen Strukturen hiermit erfassen lassen.

Um zu verschiedenen Geometrien auf M zu gelangen, ist es wichtig, möglichst viele Untergruppen $\mathcal{G} \subset$ Aut(M) zu kennen. Das folgende Verfahren ist nützlich, Untergruppen aus Aut(M) auszusondern. Wir wählen eine Figur $K \subset$ M, die wir als *Absolutfigur* (absolutes Gebilde) bezeichnen.

Definition 1.8: Eine Transformation T auf M heißt ein *Automorphismus* bezüglich der Absolutfigur $K \subset$ M, wenn TK = K in mengentheoretischem Sinne gilt.

Bemerkung: Diese Definition besagt somit ausführlich: Ist $p \subset$ K, so folgt $Tp \in$ K, ist hingegen $q \notin$ K, so folgt $Tq \notin$ K. Diesen Sachverhalt beschreibt man oft mit der Formulierung *"K bleibt als Ganzes fest"*. Es wird also nicht gefordert, daß K elementweise fest bleibt.

SATZ 1.5: Die Menge aller Automorphismen bezüglich $K \subset$ M ist eine Untergruppe von Aut(M).

Beweis:
Zum Beweis verwenden wir SATZ 1.3. Die Menge der Automorphismen bezüglich K werde mit Aut(K) bezeichnet.

(I): Sind T_1, $T_2 \in$ Aut(K), so ist $T_2 \circ T_1$ ein Automorphismus bezüglich K, denn $T_2 \circ T_1$ ist eine Transformation auf M für die gilt:
Ist $p \in K \Rightarrow T_1(p) \in K \Rightarrow T_2(T_1(p)) \in K$, d.h. $(T_2 \circ T_1)(p) \in K$.
Ist $q \notin K \Rightarrow T_1(q) \notin K \Rightarrow T_2(T_1(q)) \notin K$, d.h. $(T_2 \circ T_1)(q) \notin K$.

(II): Ist $T \in$ Aut(K), dann ist T eine Transformation auf M und damit auch T^{-1}. Wir zeigen: $T^{-1} \in$ Aut(K). Ist $p \in$ K beliebig, dann existiert $r \in K$ mit $T(r) = p$; dies folgt aus der Bijektivität von T und daraus, daß $T \in \mathrm{Aut}(K)$ gilt. Nun folgt $T^{-1}(p) = r$, d.h. T^{-1} bildet jeden Punkt von K auf einen Punkt aus K ab. Analog zeigt man, daß für $q \notin K$ folgt $T^{-1}(q) \notin K$. $\blacklozenge$

Beispiele:

1) Mit $P_n(K)$ bezeichnen wir den n-dimensionalen *projektiven Raum* über einem Körper K, und mit $\mathrm{PGL}(P_n)$ die Gruppe der Projektivitäten von $P_n(K)$. Da Projektivitäten Bijektionen sind, kann man als Beispiel einer Gruppengeometrie $(P_n, \mathrm{PGL}(P_n))$ wählen; diese Geometrie ist die *"Projektive Geometrie"*. Beispiel einer geometrischen Größe ist das *Doppelverhältnis* (vgl. z.B. [14],[51],[66]).

2) Wählt man in $P_n(K)$ eine Hyperebene H als Absolutfigur, so kann die Menge $P_n \setminus H =: A_n$ als n-dimensionaler *affiner Raum* interpretiert werden. Jene Projektivitäten, welche Automorphismen bezüglich H sind, bilden eine Untergruppe $\mathrm{AGL} \subset \mathrm{PGL}$, die Gruppe der Affinitäten. Die Gruppengeometrie $(A_n, \mathrm{AGL}(A_n))$ heißt *"Affine Geometrie"* (vgl. [17, 245f]). Beispiel einer geometrischen Größe ist das *Teilverhältnis*.

Ist $\mathcal{U} \subset \mathcal{G}$ eine Untergruppe der Transformationsgruppe $\mathcal{G}$ auf M und betrachtet man die Geometrien $(M, \mathcal{U})$ und $(M, \mathcal{G})$, so ist jede geometrische Größe der Geometrie $(M, \mathcal{G})$ auch eine geometrische Größe der Geometrie $(M, \mathcal{U})$, aber i.a. nicht umgekehrt wegen $\mathcal{U} \subset \mathcal{G}$. In $(M, \mathcal{U})$ kommen neue Aussagen hinzu, die in $(M, \mathcal{G})$ nicht gelten, d.h. $(M, \mathcal{U})$ ist reichhaltiger an geometrischen Eigenschaften. Wir bezeichnen $(M, \mathcal{U})$ daher als *Obergeometrie* zu $(M, \mathcal{G})$. Beispielsweise ist das Teilverhältnis eine affine aber keine projektive Invariante; das Doppelverhältnis hingegen ist eine projektive Invariante und damit auch eine affine. Wir vermerken den

SATZ 1.6: Jeder Untergruppe $\mathcal{U}$ einer Transformationsgruppe $\mathcal{G}$ auf M entspricht eine Obergeometrie $(M, \mathcal{U})$ der Geometrie $(M, \mathcal{G})$; $(M, \mathcal{U})$ ist an Invarianten und Aussagen reicher als $(M, \mathcal{G})$.

Eine sehr große Klasse von Geometrien erhält man, indem man $M = P_n(K)$ wählt, und als Absolutfigur eine reguläre oder singuläre Hyperfläche 2. Ordnung Φ bzw. 2. Klasse $\hat{\Phi}$ im P_n auszeichnet. Gelegentlich wählt man als Absolutfigur auch ein Gebilde, das aus einer Hyperfläche 2. Ordnung und einer Hyperfläche 2. Klasse besteht, oder man läßt ganze Systeme solcher Hyperflächen zu, die ineinander geschachtelt sind. Die zugehörigen Gruppengeometrien bezeichnet man als *Cayley-Kleinsche Geometrien* (Projektive Metriken).

Die Entwicklung dieser Geometrien begann mit der grundlegenden Abhandlung [41] von F. KLEIN und führte zu einer systematischen Beschreibung der klassischen nicht-euklidischen Geometrien (vgl. z.B. [40],[60],[90]). Eine elementare Einführung in diese Gedankengänge gibt N.W. EFIMOW in [18]. Die Forschung auf diesem Gebiet - die weit über die klassischen Theorien hinausgeht - wird vor allem durch B.A. ROZENFELD (vgl. [81],[82],[83]) und seine Schüler sehr gefördert (vgl. z.B. [34],[116],[117]). Eine ausgezeichnete Zusammenfassung geben I. YAGLOM, B. ROZENFELD und E. YASINSKAYA in [36], wo man auch ein umfangreiches Literaturverzeichnis vorfindet. Auch die Differentialgeometrie in Cayley-Kleinschen Geometrien ist schon sehr weit entwickelt (vgl. z.B. [81]). Eine schöne und ausführliche Darstellung unter allgemeinen Gesichtspunkten gibt O. GIERING in seinem im gleichen Verlag erschienenen Lehrbuch über höhere Geometrie [21].

Die Zahl der Cayley-Kleinschen Geometrien nimmt mit der Dimension n des zugrundeliegenden P_n rasch zu und hängt auch wesentlich vom zugrundeliegenden Skalarkörper K ab. Man wählt i.a. K = $\mathbb{R}$ bzw. K = $\mathbb{C}$, d.h. den Körper der reellen bzw. komplexen Zahlen. Ohne auf Einzelheiten einzugehen erwähnen wir einige Typen von Geometrien, die zu den Cayley-Kleinschen Geometrien zählen: Euklidische und pseudoeuklidische Geometrie, äquiforme und pseudoäquiforme Geometrie, elliptische und hyperbolische Geometrie, quasielliptische und quasihyperbolische Geometrie, semieuklidische, semielliptische und semihyperbolische Geometrie, Flaggengeometrien, isotrope Geometrien usf.

Damit ordnet sich auch die ebene isotrope Geometrie - der Gegenstand dieses Buches - in die Hierarchie der Cayley-Kleinschen Geometrien ein. Die Beschränkung auf die Dimension n = 2 erlaubt hierbei einen elementaren und *geometrisch gehaltvollen* Zugang, der vor allem für den Anfänger äußerst reizvoll ist und bald die Möglichkeit zu *eigener Forschung* auf diesem interessanten Gebiet eröffnet.

§ 2   Ebene isotrope Geometrien und ihre Invarianten.

Wir gehen i.f. vom n-dimensionalen projektiven Raum $P_n(\mathbb{R})$ aus;
nach Einführung eines *projektiven Koordinatensystems* lassen sich
die Punkte des P_n koordinatenmäßig durch homogene nichttriviale
$(n+1)$-Tupel $(x_o:x_1:\ldots:x_n)$ beschreiben. Die Koordinaten $(x_o:\ldots$
$\ldots:x_n)$ heißen projektive Koordinaten (vgl. [14]). Geht man nach
Auszeichnung einer Hyperebene H zum zugeordneten affinen Raum
$A_n = P_n \setminus H$ über, dann werden die Punkte des A_n durch affine Ko-
ordinaten $(\xi_1,\ldots,\xi_n)$ erfaßt, wobei gilt $\xi_1 = \dfrac{x_1}{x_o},\ldots,\xi_n = \dfrac{x_n}{x_o}$.

<u>Definition 2.1:</u> Eine Menge von Transformationen $T : A_n \to A_n$, be-
schrieben durch

$$(2.1) \qquad \overline{\xi}_i = \varphi_i(\xi_1,\xi_2,\ldots,\xi_n;\ a_1,\ldots,a_r), \qquad (i = 1,\ldots,n)$$

heißt eine *r-gliedrige Schar*, wenn die φ_i analytische Funktionen
der unabhängigen Veränderlichen $\xi_1,\ldots,\xi_n$, $a_1,\ldots,a_r$ sind, wobei
die Veränderlichen $a_1,\ldots,a_r$ unabhängig (wesentlich) sind. Die
Veränderlichen $a_1,\ldots,a_r$ heißen *Parameter* der Transformationsschar. Eine Transformationsschar (2.1) heißt eine r-gliedrige
Liesche Gruppe, wenn (2.1) eine Transformationsgruppe ist.

<u>Bemerkungen:</u>
1) Die Parameter $a_1,\ldots,a_r$ heißen hierbei unabhängig, wenn keine
   Beziehung zwischen ihnen besteht, wodurch ihre Anzahl reduziert werden könnte; z.B.: $a_1 - a_2 + a_3 = 0$.

2) Die Definition 2.1 kann sinngemäß auf Transformationen eines
   projektiven Raumes übertragen werden; hierbei ist bei der Pa-
   rameterzählung fallweise die Homogenität der Darstellung zu
   berücksichtigen.

Die Theorie der Lieschen Gruppen ist in der Literatur wiederholt dargestellt worden. An ausführlichen Darstellungen verweisen wir auf [19],[43] und [111]. Zur raschen Information kann
[91, 24f] bzw. [59, 401f] empfohlen werden.

<u>Beispiele:</u>
1) Bezüglich eines projektiven Koordinatensystems im P_n bilden

die *Projektivitäten*

$$(2.2) \qquad \rho \bar{x}_i = \sum_{k=0}^{n} \alpha_{ik} \, x_k \; , \quad (i=o,\ldots,n), \quad \mathrm{Det}(\alpha_{ik}) \neq o, \quad \rho \neq o$$

die Transformationsgruppe $PGL(P_n)$. Die Gliederzahl dieser Gruppe beträgt $n(n+2)$; die Matrix (α_{ik}) enthält nämlich $(n+1)^2$ Elemente, von denen wegen der Homogenität der Darstellung aber nur $(n+1)^2-1$ wesentlich sind (man kann z.B. $a_{oo} = 1$ normieren). Die Forderung $\mathrm{Det}(\alpha_{ik}) \neq O$ bedeutet keine Verminderung der freien Parameter, da für die identische Abbildung $E = (\delta_{ik})$, $\mathrm{Det}(\delta_{ik}) = 1 \neq O$ gilt und aus Stetigkeitsgründen somit in einer Umgebung der Identität die $n(n+2)$ Parameter frei variieren dürfen.

2) Bezüglich eines affinen Koordinatensystems im A_n bilden die Affinitäten

$$(2.3) \qquad \xi_i = a_i + \sum_{k=1}^{n} a_{ik} \, \xi_k, \quad (i=1,\ldots,n), \quad \mathrm{Det}(a_{ik}) \neq O$$

die affine Gruppe $AGL(A_n)$. Die Gliederzahl dieser Gruppe beträgt $n(n+1)$; n^2 Parameter rühren von der Matrix (a_{ik}) her, n Parameter vom Vektor (a_i).

Wir bestimmen jetzt eine spezielle Untergruppe der 8-gliedrigen Gruppe der Projektivitäten der Ebene $P_2(\mathbb{R})$

$$(2.4) \quad \begin{cases} \rho \bar{x}_o = \alpha_{oo} \, x_o + \alpha_{o1} \, x_1 + \alpha_{o2} \, x_2 \\[4pt] \rho \bar{x}_1 = \alpha_{1o} \, x_o + \alpha_{11} \, x_1 + \alpha_{12} \, x_2 \; , \quad \mathrm{Det}(\alpha_{ik}) \neq O. \\[4pt] \rho \bar{x}_2 = \alpha_{2o} \, x_o + \alpha_{21} \, x_1 + \alpha_{22} \, x_2 \end{cases}$$

Dazu zeichnen wir in P_2 eine *projektive Gerade* f und einen mit f *inzidenten Punkt* $F \in f$ als Absolutfigur einer Cayley-Kleinschen Geometrie aus.

Definition 2.2: Die Gruppe der projektiven Automorphien des Absolutgebildes {f,F} heißt *allgemeine isotrope Ähnlichkeitsgruppe* $\mathcal{G}_5$. Wird $I_2 := P_2 \setminus f$ gesetzt, dann heißt die Geometrie $(I_2, \mathcal{G}_5)$ die *allgemeine ebene isotrope Ähnlichkeitsgeometrie*.

SATZ 2.1: In einem geeigneten affinen Koordinatensystem läßt sich die allgemeine isotrope Ähnlichkeitsgruppe in der Gestalt

(2.5) $\quad \begin{cases} \overline{x} = a + px \\ \overline{y} = b + cx + qy \end{cases} \qquad$ mit $pq \neq 0$

schreiben, wenn x,y bzw. $\overline{x},\overline{y}$ affine Koordinaten bezeichnen; diese Transformationsgruppe ist 5-gliedrig.

<u>Beweis:</u>

Wir wählen in P_2 ein projektives Koordinatensystem so, daß f durch $x_o = o$ beschrieben wird und F die projektiven Koordinaten $F(o:o:1)$ erhält. f wird somit als Ferngerade der projektiv abgeschlossenen affinen Ebene A_2 gewählt und F als Fernpunkt der y-Achse eines affinen Koordinatensystems $\{x,y\}$. Soll $x_o = o$ bei allen Projektivitäten (2.4) als Ganzes festbleiben, so muß aus $x_o = o$ stets $\overline{x}_o = o$ folgen, was $\alpha_{o1} = \alpha_{o2} = o$ nach sich zieht (transformiere dazu die Punkte $(o:1:o)$ bzw. $(o:o:1)$). Da F Fixpunkt der Abbildung sein soll, folgt noch $\alpha_{12} = o$.
Damit erhält man

$$\rho\overline{x}_o = \alpha_{oo}\, x_o$$
$$\rho\overline{x}_1 = \alpha_{1o}\, x_o + \alpha_{11}\, x_1 \qquad\qquad \text{mit } \alpha_{oo}\, \alpha_{11}\, \alpha_{22} \neq o \quad \text{bzw.}$$
$$\rho\overline{x}_2 = \alpha_{2o}\, x_o + \alpha_{21}\, x_1 + \alpha_{22}\, x_2$$

wenn man zu affinen Koordinaten übergeht (2.5), wobei gesetzt wurde

$$\frac{\alpha_{1o}}{\alpha_{oo}} =:a, \quad \frac{\alpha_{11}}{\alpha_{oo}} =:p; \quad \frac{\alpha_{2o}}{\alpha_{oo}} =:b, \quad \frac{\alpha_{21}}{\alpha_{oo}}\, c, \quad \frac{\alpha_{22}}{\alpha_{oo}} =:q \ .$$

Es gilt $pq = \dfrac{\alpha_{11}\alpha_{22}}{\alpha_{oo}^2} \neq o.$

Die Transformationsschar (2.5) hängt von den 5 freien Parametern a,b,p,c und q ab. Daß diese Transformationen eine Gruppe bilden, folgt nach Konstruktion mittels SATZ 1.5. $\qquad\qquad\blacklozenge$

<u>Definition 2.3:</u> Die Gerade f heißt *absolute Gerade*, der Punkt F heißt *absoluter Punkt*. Eine affine Gerade, die F als Fernpunkt besitzt, heißt *isotrope Gerade*. Zwei Punkte $A \neq B$ heißen *parallel*, wenn sie mit einer isotropen Geraden inzidieren.

<u>Bemerkungen:</u>

1) Die in Definition 2.3 eingeführten Begriffe sind *geometrischer Natur*: Da Transformationen aus $\mathcal{G}_5$ den Fixpunkt F besitzen, geht nämlich eine mit F inzidente Gerade bei der Abbil-

- 11 -

dung in eine ebensolche über, womit der Begriff isotrope Gerade $\mathcal{G}_5$ - invariant ist. Ebenso erkennt man, daß der Begriff
paralleler Punkt ein geometrischer Begriff bezüglich $(I_2, \mathcal{G}_5)$
ist.

2) Zur Veranschaulichung geometrischer Sachverhalte werden wir
i.f. oft das im Beweis von
SATZ 2.1 herangezogene affine
Koordinatensystem $\{U,x,y\}$
verwenden, wobei wir dieses
noch speziell als kartesi-
sches Rechtssystem interpretieren; wir bezeichnen es
dann als *Standardkoordinatensystem*. Die isotropen Geraden bilden dann das Paral-
lelbüschel zur y-Achse. In
Figur 1a sind auch 2 parallele Punkte A_1, B_1 einge-
zeichnet. Die Figur 1b zeigt
dieselbe Situation in projektiver Sicht.

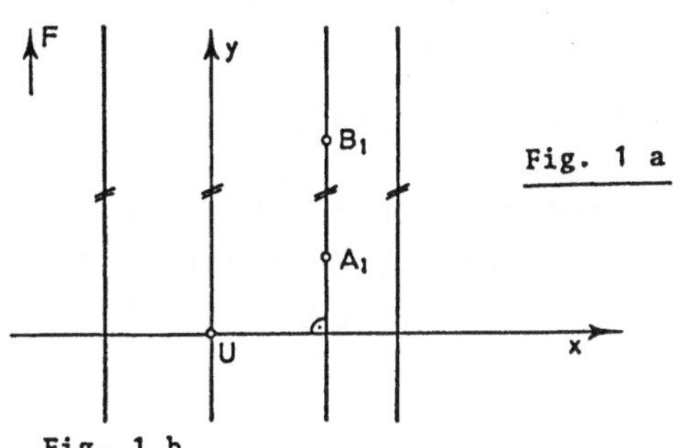

3) Die isotrope Ebene in obigem Sinn tritt wohl erstmals bei E.
STUDY [106] auf und wurde später von H. BECK [3], L. BERWALD
[5], C. MOORE [61], D. FOG [20], St. GLASS [22] und S.di NOI
[64]-[65] untersucht. Die Elementar- und Differentialgeometrie der isotropen Ebene wurde vor allem von K. STRUBECKER
in [96]-[101] unter geometrischen Gesichtspunkten systematisch entwickelt. Interessante Beiträge zur ebenen isotropen
Geometrie stammen weiter von H. BRAUNER [13], U. GRAF [23],
S. GRÜNER [27],[28], J. GRÜNWALD [29], G. KOWALEWSKI [44], E.
KRUPPA [46], J. LANG [49], B. PAVKOVIĆ [67]-[69], W. RATH
[73], O. RÖSCHEL [74]-[80], W. VETTER [112]-[113] und dem Autor [84]-[86]. In der UdSSR wurde die ebene isotrope Geometrie vor allem von I.M. JAGLOM (vgl. [33]-[35]), N.M. MAKA-
ROWA ([52]-[58]) und S.A. SKOPEC [94] sehr gefördert.

Wir versuchen nun für zwei nicht parallele Punkte $A(a_1,a_2)$,
$B(b_1,b_2)$ einen *isotropen Abstand* d(A,B) einzuführen. Da A und B
nicht parallel sind, gilt $a_1 \neq b_1$. Setzt man $d(A,B) = b_1-a_1$, so

gilt bei einer Transformation (2.5) $d(\overline{A},\overline{B}) = \overline{b}_1 - \overline{a}_1 = a + pb_1 - (a + pa_1) = p\, d(A,B)$, d.h. d ist keine Invariante, aber eine relative Invariante gegenüber $\mathcal{G}_5$. Hierbei beachtet man die allgemeine

<u>Definition 2.4:</u> Eine Größe I, die sich bei Anwendung der Transformationen einer Transformationsgruppe (2.1) nach dem Gesetz

$$(2.6) \quad \overline{I} = f(a_1,\ldots,a_r)\, I$$

transformiert - wobei f eine Funktion von $a_1,\ldots,a_r$ ist - heißt eine *relative Invariante*. Ist $f \equiv 1$, so liegt eine *absolute Invariante* vor. Für $p \equiv 1$ ist $d(A,B)$ somit eine Invariante. Wir beweisen den

<u>SATZ 2.2:</u> Alle Transformationen der Gestalt

$$(2.7) \quad \begin{cases} \overline{x} = a + x \\ \overline{y} = b + cx + qy \end{cases} \qquad \text{mit } q \neq 0$$

bilden eine 4-gliedrige Untergruppe $\mathcal{L}_4 \subset \mathcal{G}_5$, die Gruppe der längentreuen Ähnlichkeiten. Der Ausdruck

$$(2.8) \quad d(A,B) = b_1 - a_1$$

ist eine geometrische Größe bezüglich $\mathcal{L}_4$ und heißt isotroper Abstand der nicht parallelen Punkte A,B. Die Geometrie $(I_2, \mathcal{L}_4)$ heißt längentreue Ähnlichkeitsgeometrie.

<u>Beweis:</u>
Die Transformationsschar (2.7) hängt von den vier freien Parametern a,b,c und q ab. Zum Nachweis der Gruppeneigenschaft benützen wir SATZ 1.3: Sind

$$T_1 \ldots \begin{cases} \overline{x} = a_1 + x \\ \overline{y} = b_1 + c_1 x + q_1 y \end{cases}, \; q_1 \neq 0 \quad \text{und} \quad T_2 \ldots \begin{cases} \overline{\overline{x}} = a_2 + \overline{x} \\ \overline{\overline{y}} = b_2 + c_2 \overline{x} + q_2 \overline{y} \end{cases}, \; q_2 \neq 0$$

zwei Transformationen aus (2.7), so findet man für $T_2 \circ T_1$:

$$\overline{\overline{x}} = a_2 + a_1 + x$$

$$\overline{\overline{y}} = b_2 + c_2(a_1 + x) + q_2(b_1 + c_1 x + q_1 y) = b_2 + c_2 a_1 + q_2 b_1 + (c_2 + q_2 c_1)x + q_1 q_2 y.$$

Aus der Bauart der zusammengesetzten Transformation und wegen $q_1 q_2 \neq 0$ gehört $T_2 \circ T_1$ wieder zur Transformationsschar (2.7). Geht man von einer Transformation T (2.7) aus, so lautet T^{-1}:

$$\begin{cases} x = -a + \overline{x} \\ y = -\dfrac{b}{q} - \dfrac{c}{q}\,\overline{x} + \dfrac{1}{q}\,\overline{y} \end{cases}$$

und gehört somit ebenfalls zu (2.7).

Folgerungen:

1) Der Abstand zweier nicht paralleler Punkte A,B der isotropen Ebene ist orientiert, denn es gilt: $d(B,A) = a_1 - b_1 = -(b_1 - a_1) =$
   $= - d(A,B)$.

2) Für parallele Punkte liefert die Abstandsformel (2.8) stets den Wert d=o, d.h. verschiedene Punkte würden den Abstand Null besitzen, was man vermeiden wird. In allen Fällen, wo Invarianten identisch Null werden, versucht man durch Einführung von *Ersatzinvarianten* geometrisch sinnvolle Begriffsbildungen zu konstruieren. Wir bemerken noch, daß für nicht parallele Punkte $d(A,B) = o$ genau dann gilt, wenn A=B.

3) Während der Abstand zweier nicht paralleler Punkte gegenüber $\mathcal{G}_5$ nur eine relative Invariante ist, ist der Quotient aus 2 Abständen mit nicht parallelen Endpunkten eine absolute $\mathcal{G}_5$- - Invariante. Hier liegt eine Analogie zur euklidischen Ähnlichkeitsgruppe vor.

4) Will man aus (2.5) nur jene Transformation aussondern, für die $d(A,B) = |b_1 - a_1|$ invariant ist, so kommt auch $p = -1$ in Frage.

Die Transformationen

$$(2.9) \quad \begin{aligned} \overline{x} &= a - x \\ \overline{y} &= b + cx + qy \end{aligned} \qquad \text{mit } q \neq o$$

bilden aber keine Gruppe. Da sich das Vorzeichen einer Strecke bei einer Abbildung (2.9) ändert, kann man diese Transformationen als ungleichsinnige längentreue Ähnlichkeiten (Umlegungen) bezeichnen. N.M. MAKAROWA nennt die Menge der Transformationen (2.7) und (2.9) Ähnlichkeitstransformationen vom 2. Typ [53, 17].

Sind $A(a_1,a_2)$, $B(a_1=b_1,b_2)$ zwei parallele Punkte, so untersuchen wir, wie sich die Größe $s(A,B):=b_2 - a_2$ bei Transformationen aus $\mathcal{G}_5$ verhält. Mit (2.5) folgt wegen $a_1 = b_1$: $s(\overline{A},\overline{B}) = \overline{b}_2 - \overline{a}_2 =$
$= b + cb_1 + qb_2 - (b + ca_1 + qa_2) = q(b_2 - a_2) = qs(A,B)$, d.h. s ist eine relative Invariante gegenüber $\mathcal{G}_5$. Für $q \equiv 1$ liegt eine absolute Invariante vor. Es gilt der

<u>SATZ 2.3:</u> Alle Transformationen der Gestalt

$$(2.10) \quad \begin{cases} \overline{x} = a + px \\ \overline{y} = b + cx + y \end{cases} \qquad \text{mit } p \neq o$$

bilden eine 4-gliedrige Untergruppe $\mathcal{T}_4 \subset \mathcal{G}_5$, die Gruppe der *spannentreuen isotropen Ähnlichkeiten*. Der Ausdruck

$$(2.11) \quad s(A,B) = b_2 - a_2 \,, \qquad (A,B \text{ parallele Punkte})$$

ist eine geometrische Größe bezüglich $\mathcal{T}_4$ und heißt *isotrope Spanne* der parallelen Punkte A,B. Die Geometrie $(I_2, \mathcal{T}_4)$ heißt *spannentreue Ähnlichkeitsgeometrie*.

Der <u>Beweis</u> erfolgt wie der Beweis von SATZ 2.2.

<u>Bemerkungen:</u>
1) Der Quotient von 2 Spannen ist eine $\mathcal{G}_5$-Invariante, was die Bezeichnung allgemeine isotrope Ähnlichkeitsgruppe motiviert.
2) Die eingeführten Invarianten d und s lassen sich in unserem Standardkoordinatensystem euklidisch deuten (vgl. Figur 1c):
Sind A,B zwei nicht parallele Punkte, so projiziere man diese in isotroper Richtung auf die x-Achse des Koordinatensystems. Bezeichnen A',B' die Bildpunkte bei der Projektion, dann ist der euklidische Abstand von A' und B' gleich dem isotropen Abstand d(A,B). Sind A_1,B_1 zwei parallele Punkte, dann ist ihre Spanne gleich ihrem euklidischen Abstand.

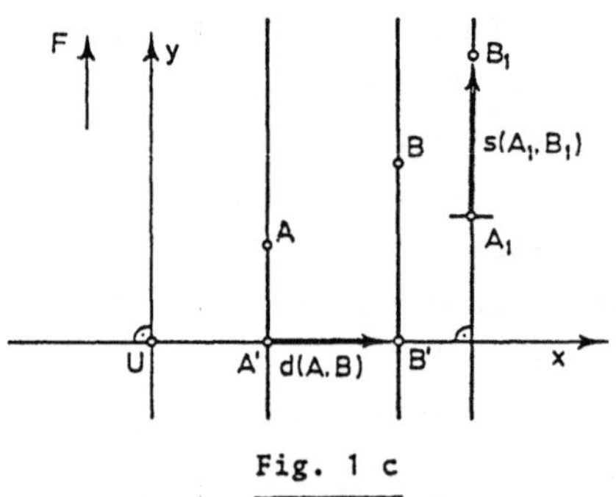

Fig. 1 c

3) Ersichtlich ist s(A,B) für zwei parallele Punkte genau dann gleich Null, wenn A=B gilt.

Der Durchschnitt der Untergruppen $\mathcal{L}_4 \subset \mathcal{G}_5$, $\mathcal{T}_4 \subset \mathcal{G}_5$, d.h. $\mathcal{L}_4 \cap \mathcal{T}_4$ ist wieder eine Untergruppe von $\mathcal{G}_5$, die wir mit $\mathcal{L}_3$ bezeichnen: $\mathcal{L}_3 = \mathcal{L}_4 \cap \mathcal{T}_4$. Nach (2.7) und (2.10) wird diese Gruppe durch

$$(2.12) \quad \begin{cases} \overline{x} = a + x \\ \overline{y} = b + cx + y \end{cases}$$

beschrieben; sie ist 3-gliedrig, da a,b,c freie Parameter sind.

Gegenüber Transformationen dieser Gruppe besitzen je zwei Punkte $A, B \in I_2$ eine Invariante, nämlich $d(A,B)$, falls A und B nicht parallel sind und $s(A,B)$, falls sie parallel sind.

<u>Definition 2.5:</u> Die Transformationsgruppe (2.12) heißt Gruppe der *ebenen isotropen Bewegungen*. Die Geometrie $(I_2, \mathscr{L}_3)$ heißt *ebene isotrope Bewegungsgeometrie*.

Die ebene isotrope Bewegungsgeometrie ist das Analogon zur euklidischen Bewegungsgeometrie; sie ist unter allen ebenen isotropen Geometrien am weitesten entwickelt.

Wir wollen jetzt für Geradenpaare Invarianten einführen. Dazu beweisen wir den

<u>SATZ 2.4:</u> Jede nicht isotrope Gerade $g \subset I_2$ läßt sich in der Normalform

(2.13) $y = ux + v$

darstellen. Bei einer allgemeinen isotropen Ähnlichkeit transformieren sich die Geradenkoordinaten (u,v) einer nicht isotropen Geraden nach dem Gesetz

$$(2.14) \quad \begin{cases} \bar{u} = \dfrac{c}{p} + \dfrac{q}{p}\, u \\[2ex] \bar{v} = (b - a\,\dfrac{c}{p}) - a\,\dfrac{q}{p}\, u + qv. \end{cases}$$

<u>Beweis:</u>

Eine Gerade g in P_2 wird in projektiven Koordinaten $(x_o : x_1 : x_2)$ durch $u_o x_o + u_1 x_1 + u_2 x_2 = o$ mit $(u_o, u_1, u_2) \neq (o,o,o)$ dargestellt. g inzidiert mit dem absoluten Punkt $F(o:o:1)$ genau dann, wenn $u_2 = o$ gilt. Somit werden nicht isotrope Geraden durch

$\dfrac{u_o}{u_2} + \dfrac{u_1}{u_2}\, x + y = o$ dargestellt, wenn man mittels $\dfrac{x_1}{x_o} = x$, $\dfrac{x_2}{x_o} = y$

zu affinen Koordinaten übergeht.

Setzt man $\dfrac{u_1}{u_2} =: -u$, $\dfrac{u_o}{u_2} =: -v$, so folgt (2.13).

Unterwirft man $g(u,v)\ldots y = ux + v$ einer allgemein isotropen Ähnlichkeit (2.5), so erhält man die Bildgerade $\bar{g}(\bar{u},\bar{v})\ldots\bar{y} = \bar{u}\bar{x} + \bar{v}$, da mit g auch $\bar{g}$ nicht isotrop ist. Damit folgt über

(2.5): $b + cx + qy = \bar{u}(a+px) + \bar{v} \Rightarrow y = \dfrac{\bar{u}p - c}{q}\, x + \dfrac{\bar{v} + \bar{u}a - b}{q}$ wegen $q \neq o$.

Ein Vergleich mit $y = ux + v$ liefert schließlich über $u = \dfrac{\bar{u}p - c}{q}$,

$v = \dfrac{\overline{v} + \overline{u}a - b}{q}$ die Formel (2.14). ◆

<u>Bemerkung</u>: Ein Vergleich von (2.14) mit (2.5) zeigt, daß die Transformationsgleichungen der Geradenkoordinaten (u,v) dieselbe Bauart haben, wie die Abbildungsgleichungen der Ähnlichkeitsgruppe $\mathcal{G}_5$. Die Abbildung der Geraden ist auch regulär, da die Abbildungsmatrix die Determinante $\dfrac{q^2}{p} \neq o$ besitzt.

<u>Definition 2.6</u>: Sind $g_1(u_1,v_1)$, $g_2(u_2,v_2)$ zwei nicht isotrope Geraden der isotropen Ebene, so heißt der Ausdruck

(2.15) $\varphi := \angle(g_1,g_2) := u_2 - u_1$

ihr *isotroper Winkel*.

Bei einer Transformation aus $\mathcal{G}_5$ gilt für den isotropen Winkel zweier nicht isotroper Geraden g_1, g_2 : $\overline{\varphi} = \angle(\overline{g}_1, \overline{g}_2) = \overline{u}_2 - \overline{u}_1 =$

$= \dfrac{c}{p} + \dfrac{q}{p} u_2 - \dfrac{c}{p} - \dfrac{q}{p} u_1 = \dfrac{q}{p}(u_2 - u_1) = \dfrac{q}{p} \varphi$, d.h. φ ist nur eine relative Invariante bezüglich $\mathcal{G}_5$. Für $q = p$ ist jedoch φ eine absolute Invariante. Nun gilt aber der

<u>SATZ 2.5</u>: Alle Transformationen der Gestalt

(2.16) $\begin{cases} x = a + px \\ y = b + cx + py \end{cases}$ mit $p \neq o$

bilden eine 4-gliedrige Untergruppe $\mathcal{W}_4 \subset \mathcal{G}_5$, die Gruppe der *winkeltreuen isotropen Ähnlichkeiten*. Der Winkel (2.15) zweier nicht isotroper Geraden ist eine absolute Invariante bezüglich $\mathcal{W}_4$. Die Geometrie $(I_2, \mathcal{W}_4)$ heißt ebene *isotrope winkeltreue Ähnlichkeitsgeometrie*.

Der <u>Beweis</u> erfolgt wie der von SATZ 2.2.

<u>Folgerungen</u>:
1) Wie die Streckenmessung, so ist auch die Winkelmessung in der isotropen Ebene orientiert, denn es gilt: $\varphi(g_2,g_1) = u_1 - u_2 =$
   $= -(u_2 - u_1) = -\varphi(g_1,g_2)$.
2) Für parallele nicht isotrope Geraden gilt stets $\varphi = o$ und man muß sich um eine geeignete Ersatzinvariante umsehen (vgl. unten).
3) Der Winkel zweier nicht isotroper Geraden ist nun eine relative Invariante bezüglich der allgemeinen isotropen Ähnlichkeitsgruppe. Hingegen ist der Quotient aus zwei Winkeln zwi-

schen nicht parallelen und nicht isotropen Geraden eine absolute $\mathcal{G}_5$-Invariante.

4) Will man aus (2.5) nur jene Transformation aussondern, für die $\varphi(g_1,g_2) = |u_2-u_1|$ invariant ist, so kommt auch $p = -q$ als Lösung in Frage. Die Transformationen

$$(2.17) \qquad \begin{cases} \overline{x} = a - px \\ \overline{y} = b + cx + py \end{cases} \qquad \text{mit } p \neq o$$

bilden aber keine Gruppe und könnten als ungleichsinnige winkeltreue Ähnlichkeiten bezeichnet werden.

5) Aus (2.7) und (2.16) bzw. (2.10) und (2.16) folgt $\mathcal{L}_4 \cap \mathcal{W}_4 = \mathcal{L}_3$ bzw. $\mathcal{T}_4 \cap \mathcal{W}_4 = \mathcal{L}_3$. Die isotrope Bewegungsgruppe besitzt somit auch den Winkel φ nicht isotroper Geraden als Invariante.

6) Die *Winkelmessung* ist in der isotropen Ebene *eindeutig* und *nicht periodisch* wie in der euklidischen Ebene. φ ist im Längenmaß und nicht im Gradmaß anzugeben.

Sind g_1 und g_2 zwei nicht parallele und nicht isotrope Geraden aus I_2, dann gestattet ihr Winkel φ eine sehr einfache isotrope bzw. euklidische Deutung (siehe Figur 2).

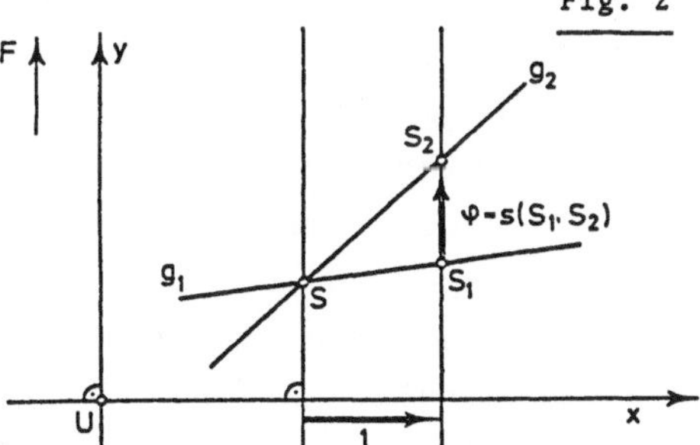

SATZ 2.6: φ ist die isotrope Spanne $s(S_1S_2)$ jener beiden Punkte $S_1 \in g_1$, $S_2 \in g_2$, die vom Schnittpunkt S **der beiden Geraden den** isotropen Abstand $d(S,S_1) = d(S,S_2) = 1$ haben. φ ist gleich dem euklidischen Abstand der Punkte $S_1 \in g_1$, $S_2 \in g_2$, die auf jener y-Parallelen des kartesischen Standardkoordinatensystems liegen, die von S den euklidischen Abstand 1 besitzt.

Beweis:

Die erste Deutung ist isotroper Natur; sie führt die isotrope Winkelmessung auf die isotrope Längenmessung zurück. Um diese Deutung zu beweisen, kann man o.B.d.A. den Schnittpunkt S der Geraden g_1,g_2 als Ursprung des Koordinatensystems wählen. Dies ist nämlich durch eine Schiebung erreichbar, und eine solche ändert alle bisherigen isotropen Invarianten nicht, da sie für $c = 1$ in der isotropen Bewegungsgruppe (2.12) enthalten ist.

Aus den Geradengleichungen $g_1 \ldots y = u_1 x$, $g_2 \ldots y = u_2 x$ folgt damit: $S_1(1, u_1)$, $S_2(1, u_2)$, d.h. $\varphi(g_1, g_2) = u_2 - u_1 = s(S_1, S_2)$. Die euklidische Deutung ist evident (vgl. Figur 2). ◆

Aus Figur 2 ist auch ersichtlich, daß $\varphi \rightarrow \infty$ strebt, wenn man g_2 gegen eine isotrope Gerade konvergieren läßt. Volle Umdrehungen sind daher in der isotropen Ebene unmöglich und daher *kein Walzertanzen*.

Sind zwei nicht isotrope Geraden $g_1(u_1, v_1)$, $g_2(u_2, v_2)$ parallel, dann gilt $u_1 = u_2$ und es wird $\varphi = 0$. In diesem Fall führt man als Invariante den isotropen Abstand

$$(2.18) \quad \varphi^*(g_1, g_2) = v_2 - v_1$$

der beiden parallelen Geraden ein. Nach (2.14) folgt wegen $u_1 = u_2$: $\varphi^*(\overline{g}_1, \overline{g}_2) = \overline{v}_2 - \overline{v}_1 = q(v_2 - v_1) = q\varphi^*(g_1, g_2)$, d.h. φ^* ist relativ invariant bezüglich Transformationen aus $\mathcal{G}_5$. Für $q = 1$, d.h. bei Transformationen aus der Gruppe der spannentreuen Ähnlichkeiten $\mathcal{T}_4$ ist φ^* eine absolute Invariante. φ^* ist somit auch eine $\mathcal{L}_3$-Invariante.

Auch der Abstand φ^* zweier paralleler nicht isotroper Geraden erlaubt eine einfache isotrope bzw. euklidische Deutung, die in Figur 3 dargestellt ist. φ^* ist gleich der Spanne $s(S_1, S_2)$ zweier paralleler Punkte $S_1 \in g_1$, $S_2 \in g_2$. Hierbei hängt φ^* von der Wahl der isotropen Geraden $x = x_0$ nicht ab.

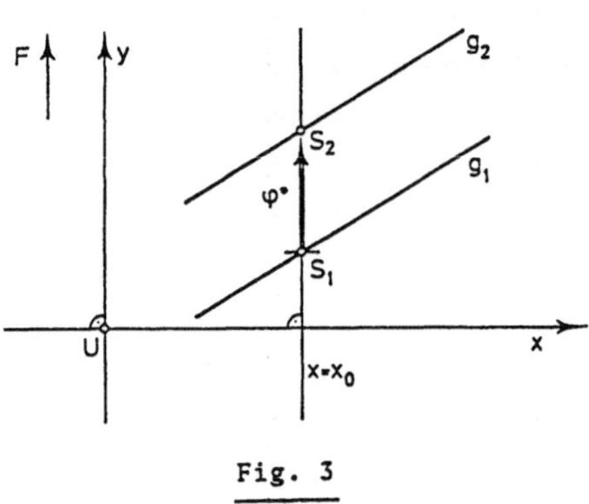

Fig. 3

Euklidisch betrachtet ist φ^* der euklidische Abstand zweier Punkte $S_1 \in g_1$, $S_2 \in g_2$, die auf einer beliebigen y-Parallelen des Standardkoordinatensystems liegen. Diese Aussage beweist man analog wie den SATZ 2.6.

Die Bestimmung der Invarianten von Geraden der isotropen Ebene wird abgeschlossen durch den

<u>SATZ 2.7:</u> Zwei isotrope Geraden $g_1(x = x_1^{(0)})$, $g_2(x = x_2^{(0)})$ besitzen die $\mathcal{L}_4$-Invariante

(2.19) $\tilde{\varphi} = x_2^{(o)} - x_1^{(o)}$.

$\tilde{\varphi}$ ist eine relative Invariante bezüglich $\mathcal{G}_5$. Eine nicht isotrope und eine isotrope Gerade besitzen keine Invariante bezüglich $\mathcal{L}_3$ und damit bezüglich $\mathcal{L}_4$, $\mathcal{W}_4$ und $\mathcal{G}_5$.

Beweis:

(I) Bei Transformationen aus $\mathcal{G}_5$ gilt in der Tat nach (2.5) $\tilde{\bar{\varphi}} =$ $= \bar{x}_2^{(o)} - \bar{x}_1^{(o)} = a + p\,x_2^{(o)} - a - p\,x_1^{(o)} = p(x_2^{(o)} - x_1^{(o)}) = p\,\tilde{\varphi}$, d.h. $\tilde{\varphi}$ ist absolut invariant für $p = 1$, also bei längentreuen isotropen Ähnlichkeiten.

(II) Um die letzte Aussage einzusehen, zeigen wir zunächst, daß es bei einem vorgegebenen nicht isotropen Geradenpaar $g_1(u_1,v_1)$, $g_2(u_2,v_2)$ stets eine isotrope Bewegung gibt, die g_1 auf g_2 abbildet und eine gegebene isotrope Gerade h als Ganzes festläßt. Ist die isotrope Gerade h durch $x = x^{(o)} = $ konst. gegeben, so hat man zunächst in (2.12) a=o zu setzen. Hiermit und $p = q = 1$ folgt aus (2.14) $\bar{u} = c + u$, $\bar{v} = b + v$.

Die Bestimmungsgleichungen $u_2 = c+u_1$, $v_2 = b+v_1$ liefern damit die gesuchten Koeffizienten b und c der entsprechenden $\mathcal{L}_3$- -Transformation, die g_1 auf g_2 abbildet. Für eine Invariante I müßte somit gelten $I(h,g_1) = I(h,g_2)$ bezüglich $\mathcal{L}_3$, was einer sinnvollen Invariantendefinition widerspricht. ◆

Wir bemerken noch, daß auch $\tilde{\varphi}$ eine $\mathcal{L}_3$-Invariante ist.

SATZ 2.8: Die isotrope Bewegungsgruppe $\mathcal{L}_3$ ist ein Normalteiler in der Gruppe $\mathcal{W}_4$ der winkeltreuen isotropen Ähnlichkeiten.

Beweis:
Man zeigt, daß $G\,\mathcal{L}_3 = \mathcal{L}_3\,G$ für jede Transformation $G \in \mathcal{W}_4$ gilt.

Gilt G ...
$\begin{cases} \bar{x} = a + px \\ \bar{y} = b + cx + py \end{cases}$,
B_1 ...
$\begin{cases} \bar{x} = a_1 + x \\ \bar{y} = b_1 + c_1 x + y \end{cases}$,

B_2 ...
$\begin{cases} \bar{x} = a_2 + x \\ \bar{y} = b_2 + c_2 x + y \end{cases}$,
$B_1, B_2 \in \mathcal{L}_3$, so liefert die Bedin-

gung $G \circ B_1 = B_2 \circ G$ das Gleichungssystem $\{p\,a_1 = a_2,\ c_1 = c_2,\ c\,a_1 + p\,b_1 = b_2 + c_2\,a\}$. Dieses System ist bei festen $a,b,c,p\neq o$ und vorgegebenen a_1,b_1,c_1 stets eindeutig nach a_2, b_2, c_2 auflösbar und umgekehrt. ◆

<u>Definition 2.7:</u> Ist g eine nicht isotrope Gerade, $P \notin g$, so versteht man unter der *isotropen Normalen* von P auf g die isotrope Gerade durch P.

Nach dieser Definition ist die isotrope Normale eindeutig bestimmt; umgekehrt ist aber jede Gerade $g \subset I_2$ eine Normale auf jede isotrope Gerade. Ersichtlich ist diese Definition $\mathcal{G}_5$-invariant. Der eingeführte Normalenbegriff und die bisher angegebenen Invarianten erlauben es, weitere Invarianten in der isotropen Ebene einzuführen.

Wir erklären beispielsweise den Abstand eines Punktes $P(p_1,p_2)$ von einer nicht isotropen Geraden $g(u,v)$ bezüglich $\mathcal{L}_3$. Dazu bestimmen wir die isotrope Normale von P auf g und ihren Schnittpunkt S mit g. Die Spanne $s(S,P)$ ist dann $\mathcal{L}_3$-invariant (sogar $\mathcal{T}_4$-invariant) und kann als isotroper Abstand $\overline{Pg}$ definiert werden (Figur 4). Analytisch findet man

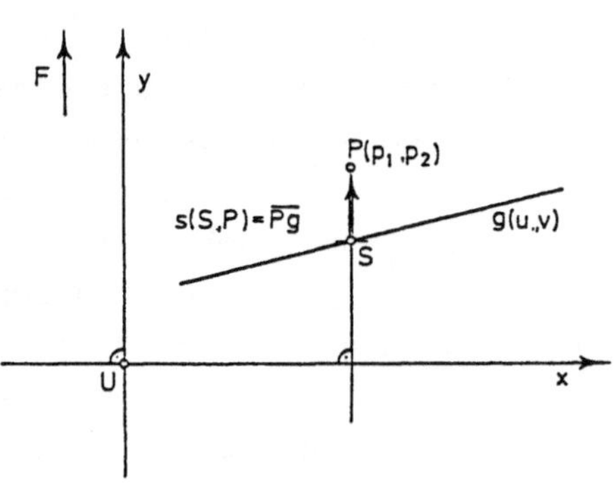

Fig. 4

$$(2.20) \qquad \overline{Pg} = p_2 - up_1 - v.$$

Zum Abschluß dieses Abschnittes beschäftigen wir uns mit der Definition des *Flächeninhaltes* in der isotropen Ebene. Dazu werde ein Parallelogramm A,B,C,D durch die Vektoren $\mathbf{a} = \overrightarrow{AB}$, $\mathbf{b} = \overrightarrow{AD}$ aufgespannt; $\mathbf{a}$, $\mathbf{b}$ sind l.u. Bei Anwendung einer Affinität (2.3) auf die Punkte A,B,C,D gilt für die zugeordnete Vektorabbildung $\overline{\mathbf{x}} = \mathcal{A}\mathbf{x}$ mit $\operatorname{Det} \mathcal{A} = \operatorname{Det}(a_{ik}) \neq o$; hieraus folgt die Beziehung $\operatorname{Det}(\overline{\mathbf{a}},\overline{\mathbf{b}}) = \operatorname{Det}(\mathbf{a},\mathbf{b}) \cdot \operatorname{Det} \mathcal{A}$. Wir setzen i.f. $\operatorname{Det}(\mathbf{a},\mathbf{b}) = [\mathbf{a},\mathbf{b}]$. Dann gilt speziell bei allgemeinen isotropen Ähnlichkeiten

$$(2.21) \qquad [\overline{\mathbf{a}},\overline{\mathbf{b}}] = [\mathbf{a},\mathbf{b}]pq.$$

Die Determinante $[\mathbf{a},\mathbf{b}]$ ist somit eine relative Invariante bezüglich $\mathcal{G}_5$, aber eine absolute Invariante gegenüber jenen isotropen Ähnlichkeiten, für die zusätzlich $pq = 1$ gilt.

<u>Definition 2.8:</u> Unter dem isotropen Flächeninhalt eines von $\mathbf{a}$ und $\mathbf{b}$ aufgespannten Parallelogramms in I_2 versteht man die Deter-

minante $[\mathfrak{a},\mathfrak{b}]$. Isotrope Ähnlichkeiten mit pq = 1 heißen *inhalts-treue isotrope Ähnlichkeiten*.

SATZ 2.9: Die inhaltstreuen isotropen Ähnlichkeiten bilden eine 4-gliedrige Untergruppe $\mathcal{A}_4 \subset \mathcal{G}_5$. Die Geometrie $(I_2, \mathcal{A}_4)$ heißt *inhaltstreue isotrope Ähnlichkeitsgeometrie*.

Der Beweis erfolgt wie der von SATZ 2.2.

Bemerkungen:
1) Der eingeführte Flächeninhalt ist orientiert, denn es gilt $[\mathfrak{b},\mathfrak{a}] = -[\mathfrak{a},\mathfrak{b}]$. In der Affingeometrie führt man diesen In-haltsbegriff gegenüber äquiaffinen Abbildungen ein. Dieser Inhaltsbegriff stimmt auch überein mit dem elementaren Flä-chenbegriff in der euklidischen Ebene E_2.
2) Der isotrope Inhalt ist speziell $\mathcal{L}_3$-invariant, da p = 1 q = 1 gilt. Aus den bisherigen Überlegungen ergibt sich un-mittelbar folgender

SATZ 2.10: Die isotropen Bewegungen sind längentreu, spannentreu, winkeltreu, inhaltstreu und lassen φ^* und φ invariant. Längen-treue Ähnlichkeiten sind i.a. nicht winkeltreu und nicht inhalts-treu. Spannentreue Ähnlichkeiten sind i.a. weder längentreu noch winkeltreu noch inhaltstreu.

Dieser Satz zeigt, daß zwischen der euklidischen Ähnlichkeits-geometrie und der isotropen Geometrie erhebliche Unterschiede be-stehen. In der euklidischen Geometrie folgt aus der Längentreue bekanntlich die Winkeltreue und **die Inhaltstreue. Gemäß** den ver-schiedenen isotropen Ähnlichkeitsgruppen ist die isotrope Ähn-lichkeitsgeometrie aber wesentlich formenreicher als die eukli-dische Ähnlichkeitsgeometrie.

Eine systematische Untersuchung der verschiedenen Typen von iso-tropen Ähnlichkeiten gibt N.M. MAKAROWA in [53].

§ 3 Elementargeometrie der isotropen Ebene.

Unter der Elementargeometrie der isotropen Ebene wollen wir die Entwicklung der *Dreiecks-* und *Kreislehre* in I_2 bezüglich der isotropen Bewegungsgruppe $\mathcal{L}_3$ verstehen; da diese Gruppe alle

bisher eingeführten metrischen Invarianten gestattet, ist sie
ja zum Aufbau einer Geometrie vortrefflich geeignet. Bezüglich
der Literatur verweisen wir auf die Arbeiten von L. BERWALD [5],
V.R. BOLOTIN [12], D. FOG [20], N. KUIPER [47], K. STRUBECKER
[99], und die systematischen Abhandlungen von N. MAKAROWA [52]-
-[55]. Der Zusammenhang der ebenen isotropen Geometrie mit den
9 Typen ebener Cayley-Kleinscher Geometrien wird in [57] studiert.

<u>Definition 3.1:</u> Unter einem *Dreieck* in der isotropen Ebene I_2
versteht man eine geordnete Menge von drei Punkten $\{A,B,C\}$, die
nicht kollinear sind. A,B,C heißen die *Ecken*, $A \vee B =: c$, $B \vee C =: a$,
$C \vee A =: b$ heißen die *Seiten* des Dreiecks. Ein Dreieck heißt *zulässig*, wenn keine seiner Seiten isotrop ist.

Da $\{A,B,C\}$ geordnet ist, wird hierdurch über die Reihenfolge $A \rightarrow$
$\rightarrow B \rightarrow C \rightarrow A$ dem Dreieck ein Umlaufsinn zugewiesen. Ist das Dreieck
zulässig, dann existieren $d(A,B) =: |c|$, $d(B,C) =: |a|$, $d(C,A) =:$
$=: |b|$ und es gilt $|a| \neq o$, $|b| \neq o$, $|c| \neq o$. Analog gilt für die
orientierten Winkel $\alpha := \sphericalangle(b,c) \neq o$, $\beta := \sphericalangle(c,a) \neq o$, $\gamma := \sphericalangle(a,b) \neq$
$\neq o$.

<u>SATZ 3.1:</u> In einem zulässigen Dreieck der isotropen Ebene ist
die Summe der orientierten Seiten gleich Null; die Summe der
orientierten Winkel ist ebenfalls gleich Null.

<u>Beweis:</u>
(I) Aus den Koordinaten der Ecken $A = (a_1, a_2)$, $B = (b_1, b_2)$, $C =$
$= (c_1, c_2)$ folgt mittels (2.8): $|a| = d(B,C) = c_1 - b_1$, $|b| =$
$= d(C,A) = a_1 - c_1$, $|c| = d(A,B) = b_1 - a_1$ und somit $|a| + |b| +$
$+ |c| = o$.

(II) Betrachtet man die Vektoren $\overrightarrow{AB} = (b_1 - a_1, b_2 - a_2)$, $\overrightarrow{BC} = (c_1 -$
$- b_1, c_2 - b_2)$, $\overrightarrow{CA} = (a_1 - c_1, a_2 - c_2)$, so folgt für die u-Werte
(vgl. (2.13) der Verbindungsgeraden c, a, b: $u(c) = u(A \vee B) =$

$$= \frac{b_2 - a_2}{b_1 - a_1}, \quad u(a) = u(B \vee C) = \frac{c_2 - b_2}{c_1 - b_1}, \quad u(b) = u(C \vee A) = \frac{a_2 - c_2}{a_1 - c_1} .$$

Damit gewinnt man unter Beachtung von (2.15): $\alpha = u(c) - u(b) =$

$$= \frac{b_2 - a_2}{b_1 - a_1} - \frac{a_2 - c_2}{a_1 - c_1}, \quad \beta = u(a) - u(c) = \frac{c_2 - b_2}{c_1 - b_1} - \frac{b_2 - a_2}{b_1 - a_1}, \quad \gamma = u(b) - u(a) =$$

$$= \frac{a_2 - c_2}{a_1 - c_1} - \frac{c_2 - b_2}{c_1 - b_1}$$ und schließlich nach kurzer Rechnung $\alpha +$

$+ \beta + \gamma = 0$.

Der SATZ 3.1 zeigt bereits, daß die
isotrope Dreiecksgeometrie von der
euklidischen Geometrie sehr verschieden ist. In Figur 5 ist im Standardkoordinatensystem der geometrische
Sachverhalt anschaulich dargestellt.

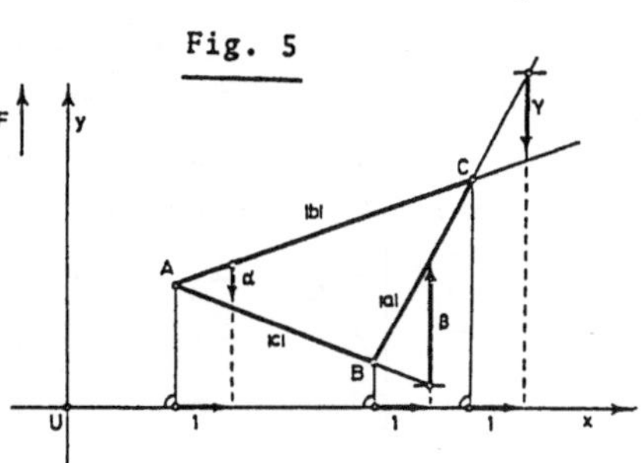

<u>Definition 3.2</u>: Unter einem *isotro-
pen Kreis* versteht man eine reguläre
Kurve 2. Ordnung in $P_2(\mathbb{R})$, die F enthält und in F die absolute
Gerade f berührt.

Bezeichnet man eine reguläre Kurve 2. Ordnung in der projektiven
Ebene P_2 als Kegelschnitt und das Absolutgebilde $\{F,f\}$ als absolutes Linienelement, so kann ein isotroper Kreis kurz als Kegelschnitt, der das absolute Linienelement enthält, definiert werden.

<u>SATZ 3.2</u>: In der isotropen Ebene I_2 existiert bezüglich $\mathscr{L}_3$ ei-
ne dreiparametrige Mannigfaltigkeit von isotropen Kreisen, die
sich durch

(3.1) $y = Rx^2 + \alpha x + \beta$ mit $R \neq 0$, $\alpha, \beta \in \mathbb{R}$

beschreiben läßt. Jeder Kreis läßt sich auf die $\mathscr{L}_3$-Normalform

(3.2) $y = Rx^2$ mit $R \neq 0$

transformieren. R ist eine $\mathscr{L}_3$-Invariante, genannt isotroper
Kreisradius. Jedes zulässige Dreieck besitzt einen eindeutigen
isotropen Umkreis.

<u>Beweis</u>:
1) In projektiven Koordinaten $(x_0 : x_1 : x_2)$ in $P_2(\mathbb{R})$ wird eine Kurve 2. Ordnung c durch eine quadratische Form

   $$\alpha_{00} x_0^2 + \alpha_{11} x_1^2 + \alpha_{22} x_2^2 + 2\alpha_{01} x_0 x_1 + 2\alpha_{02} x_0 x_2 + 2\alpha_{12} x_1 x_2 = 0 \quad (*)$$

   mit $\alpha_{ij} \in \mathbb{R}$ beschrieben. Soll $F(0:0:1)$ der Gleichung $(*)$ genügen, so folgt $\alpha_{22} = 0$. Bestimmt man nun die Schnittpunkte
   der Kurve 2. Ordnung c mit der Ferngeraden $x_0 = 0$, so erhält

man wegen $\alpha_{22} = o$ die Bedingung $\alpha_{11}x_1^2 + 2\alpha_{12}x_1x_2 = o$ (**).
Die Lösung $x_1 = o$ liefert den Punkt $F(o:o:1)$, wie es sein
muß. Da f eine Tangente in F an c ist, existiert kein von F
verschiedener Schnittpunkt von f mit c, d.h. $x_1 = o$ muß noch-
mals Lösung der Gleichung (**) sein. Dies ist nur möglich für
$\alpha_{12} = o$. Die Koeffizientenmatrix der verbleibenden quadratischen Form hat die Gestalt

$$A = \begin{bmatrix} \alpha_{oo} & \alpha_{o1} & \alpha_{o2} \\ \alpha_{o1} & \alpha_{11} & o \\ \alpha_{o2} & o & o \end{bmatrix}$$. Wäre $\alpha_{o2} = o$, so würde gelten Rg A$\leq$

≤ 2 und c wäre keine reguläre Kurve 2. Ordnung. Analog findet
man $\alpha_{11} \neq o$. Geht man schließlich zu affinen Koordinaten über,
so erhält man die Kegelschnittgleichung $\alpha_{oo} + \alpha_{11}x^2 + 2\alpha_{o1}x +$
$+ 2\alpha_{o2}y = o$ mit $\alpha_{o2} \neq o$. Mit den Abkürzungen

$$- \frac{\alpha_{11}}{2\alpha_{o2}} =: R \neq o, \quad - \frac{\alpha_{o1}}{\alpha_{o2}} =: \alpha, \quad - \frac{\alpha_{oo}}{2\alpha_{o2}} =: \beta \quad \text{folgt damit (3.1).}$$

2) Wir wollen jetzt eine $\mathcal{L}_3$-*Normalform* eines Kreises (3.1) aufsuchen, d.h. unter Anwendung von isotropen Bewegungen (2.12)
die Bauart von (3.1) möglichst vereinfachen. Bei vorgegebenem
R,α,β erhält man zunächst aus (3.1): $y = R(x+\frac{\alpha}{2R})^2 + \beta - \frac{\alpha^2}{4R}$.
Führt man nun die (ersichtlich) isotrope Bewegung

$$\begin{cases} \overline{x} = \dfrac{\alpha}{2R} + x \\ \overline{y} = \dfrac{\alpha^2}{4R} - \beta + y \end{cases} \quad \text{aus, so folgt } \overline{y} = R\,\overline{x}^2 \text{ und nach Weglassen}$$

der Querstriche (3.2).

3) Um die $\mathcal{L}_3$-Invarianz von R in (3.1) nachzuweisen, unterwerfen
wir (3.1) einer isotropen Bewegung (2.12). Dabei entsteht,
wenn von $\overline{y} = R\,\overline{x}^2 + \alpha\overline{x} + \beta$ ausgegangen wird nach kurzer Umformung $y = R\,x^2 + (2Ra+\alpha-c)x + Ra^2 + \alpha a + \beta - b$, d.h. der
Koeffizient bei x^2 bleibt invariant.

4) Sind die Punkte $A(x_1,y_1)$, $B(x_2,y_2)$, $C(x_3,y_3)$ die Ecken eines
zulässigen Dreiecks, so gilt einerseits - da die drei Punkte
nicht kollinear sind - $\begin{vmatrix} 1 & 1 & 1 \\ x_1 & x_2 & x_3 \\ y_1 & y_2 & y_3 \end{vmatrix} \neq o$, andererseits - da
keine zwei dieser Punkte parallel sind $(x_2-x_1)(x_3-x_1)(x_3-x_2)\neq$
$\neq o$. Sollen die 3 Punkte A,B,C einem Kreis (3.1) angehören,

so muß gelten $y_i = R\,x_i^2 + \alpha x_i + \beta$ für $i = 1,2,3$. Das daraus gebildete homogene lineare Gleichungssystem

$$\begin{cases} Rx^2 + \alpha x - y + \beta = o \\ Rx_1^2 + \alpha x_1 - y_1 + \beta = o \\ Rx_2^2 + \alpha x_2 - y_2 + \beta = o \\ Rx_3^2 + \alpha x_3 - y_3 + \beta = o \end{cases} \qquad \text{in den Unbekannten } R,\alpha,(-1),\beta$$

ist nicht trivial lösbar, woraus man als Gleichung des gesuchten
isotropen Kreises notwendig

$$(3.3) \qquad \begin{vmatrix} x^2 & x & y & 1 \\ x_1^2 & x_1 & y_1 & 1 \\ x_2^2 & x_2 & y_2 & 1 \\ x_3^2 & x_3 & y_3 & 1 \end{vmatrix} = o$$

enthält. Umgekehrt stellt (3.3) tatsächlich einen isotropen
Kreis dar, denn nach kurzer Umformung erhält man aus (3.3) als
explizite Darstellung

$$y(x_2 - x_1)(x_3 - x_1)(x_3 - x_2) = \begin{vmatrix} 1 & 1 & 1 \\ x_1 & x_2 & x_3 \\ y_1 & y_2 & y_3 \end{vmatrix} x^2 + Ax + B, \text{ wobei}$$

die Koeffizienten A und B nur von den x_i und y_i (i=1,2,3) abhängen und nicht weiter interessieren. Obige Gleichung beschreibt
nun in der Tat einen isotropen Kreis mit dem Radius

$$(3.4) \qquad R = \frac{\begin{vmatrix} 1 & 1 & 1 \\ x_1 & x_2 & x_3 \\ y_1 & y_2 & y_3 \end{vmatrix}}{(x_2 - x_1)(x_3 - x_1)(x_3 - x_2)} \neq o,$$

und dieser Kreis ist auch eindeutig bestimmt. ◆

Bemerkungen:

1) In euklidischer Sicht ist ein isotroper Kreis (3.2) eine Parabel mit isotroper Achsenrichtung. E. STUDY hat diesen Kreisbegriff in die isotrope Ebene eingeführt und spricht von *parabolischen Kreisen* [106,31].

2) Während in der euklidischen Ebene durch je 3 nicht kollineare
   Punkte ein Kreis bestimmt ist, ist die Situation in der isotropen Ebene komplizierter. Hier müssen je 2 Punkte als nicht

parallel vorausgesetzt werden.

3) Die Definition 3.2 eines isotropen Kreises wird in § 5 moti- viert werden.

4) Manche Autoren [99] setzen $R =: \dfrac{1}{2p}$ und bezeichnen p als den *Parameter* des isotropen Kreises.

5) Bezüglich der Gruppe $\mathcal{W}_4$ (2.16) ist die Normalform eines iso- tropen Kreises noch einfacher als gegenüber der Gruppe $\mathcal{L}_3$. Wendet man nämlich auf (3.2) die winkeltreue Ähnlichkeit $\{\overline{x} = Rx, \ \overline{y} = Ry\}$ an, so entsteht als Normalform: $\overline{y} = \overline{x}^2$. Da diese Normalform keine willkürliche Konstante mehr enthält, haben wir damit bewiesen: Bezüglich der Gruppe $\mathcal{W}_4$ der winkel- treuen Ähnlichkeiten sind alle isotropen Kreise ähnlich.

Die Formel (3.4) gestattet eine einfache geometrische Deutung. Die Zählerdeterminante ist nämlich gleich dem doppelten Flächen- inhalt des Dreiecks $\{A,B,C\}$. Wird dieser Flächeninhalt mit F be- zeichnet, so folgt wegen $x_2-x_1 = |c|$, $x_3-x_1 = -|b|$, $x_3-x_2 = |a|$: $R = - \dfrac{2F}{|a|\,|b|\,|c|}$. Mittels $R = \dfrac{1}{2p}$ entsteht - als Analogon zu einer Dreiecksformel der euklidischen Elementargeometrie -

$$(3.5) \qquad F = - \frac{|a|\,|b|\,|c|}{4p} \ , \qquad p \ldots \text{Parameter des Umkreises.}$$

Wie wir soeben ausführten, kann man gemäß (2.21) für 3 Punkte $A(a_1,a_2)$, $B(b_1,b_2)$, $C(c_1,c_2)$ gegenüber $\mathcal{L}_3$ die Invariante

$$(3.6) \qquad F = \frac{1}{2} \begin{vmatrix} 1 & 1 & 1 \\ a_1 & b_1 & c_1 \\ a_2 & b_2 & c_2 \end{vmatrix}$$

einführen, die den Flächeninhalt des Dreiecks A,B,C beschreibt. Für 3 verschiedene, nicht isotrope Geraden $g_i \ldots y = u_i x + v_i$ (i = 1,2,3) führen wir nun die Größe

$$(3.7) \qquad \hat{F} := \frac{1}{2} \begin{vmatrix} 1 & 1 & 1 \\ u_1 & u_2 & u_3 \\ v_1 & v_2 & v_3 \end{vmatrix} = (u_2-u_1)(v_3-v_1)-(u_3-u_1)(v_2-v_1)$$

ein und bezeichnen sie als *Dualinhalt* des von g_1,g_2,g_3 gebilde- ten Dreiseits. Nach (2.14) gilt für das Transformationsverhalten der Geradenkoordinaten einer nicht isotropen Geraden $\{\overline{u} = c+u,$ $\overline{v} = (b-ac)-au + v\}$ und hiermit bestätigt man durch Nachrechnen, daß $\overline{\hat{F}} = \hat{F}$ gilt, d.h., daß $\hat{F}$ eine absolute $\mathcal{L}_3$-Invariante ist.

Aus (3.7) folgert man leicht, daß $\hat{F} = o$ genau dann gilt, wenn g_1, g_2, g_3 entweder parallel sind oder einem Büschel angehören. Nach diesen Vorbereitungen beweisen wir

<u>SATZ 3.3:</u> Zu drei verschiedenen, paarweise nicht parallelen und nicht isotropen Geraden g_i (i = 1,2,3) existiert ein eindeutiger isotroper Kreis k, der alle 3 Geraden berührt. Mit den Bezeichnungen $\alpha = \sphericalangle(g_2, g_3)$, $\beta = \sphericalangle(g_3, g_1)$, $\gamma = \sphericalangle(g_1, g_2)$ gilt

(3.8) $\quad \hat{F} = \dfrac{p}{4} \alpha\beta\gamma$, $\quad$ p... Parameter des Inkreises.

<u>Beweis:</u>

Für den Beweis empfiehlt es sich (3.1) als Klassenkurve, d.h. als Menge von Tangenten darzustellen. Die Tangente in einem Punkt $P(x_o, y_o)$ von (3.1) ist durch $y = (\alpha+2Rx_o)x + (\beta-2Rx_o^2)$ gegeben und ist somit niemals isotrop. Mit $u = \alpha+2Rx_o$, $v = \beta- Rx_o^2$ folgt aus (3.1) sofort als Klassengleichung von k: $v = -\dfrac{p}{2}u^2 + p\alpha u + \dfrac{p}{2}(4R\beta-\alpha^2)$. $p = \dfrac{1}{2R}$ ist hierbei eine absolute $\mathcal{L}_3$-Invariante. Setzt man für einen isotropen Kreis - aufgefaßt als Klassenkurve - $v = \hat{R}u^2 + \hat{\alpha}u + \hat{\beta}$, wobei $\hat{R} = -\dfrac{p}{2} = -\dfrac{1}{4R}$ gilt, so können die Überlegungen aus dem Beweis von SATZ 3.2, Schritt (4) fast wörtlich übernommen werden. Soll k drei nicht isotrope Geraden $g_i : y = u_i x + v_i$ (i = 1,2,3) als Tangenten besitzen, so muß gelten $v_i = \hat{R}u_i^2 + \hat{\alpha}u_i + \hat{\beta}$ (i = 1,2,3). Die Bedingung $(u_2-u_1)(u_3-u_1)(u_3-u_2) \neq o$ besagt jetzt, daß keine 2 der gegebenen Geraden g_1, g_2, g_3 parallel sind, während die Bedingung

$$\begin{vmatrix} 1 & 1 & 1 \\ u_1 & u_2 & u_3 \\ v_1 & v_2 & v_3 \end{vmatrix} = \hat{F} \neq o$$

aussagt, daß g_1, g_2, g_3 keinem Büschel angehören, und auch nicht parallel sind. In Analogie zu (3.4) findet man nun

$$\hat{R} = \frac{\begin{vmatrix} 1 & 1 & 1 \\ u_1 & u_2 & u_3 \\ v_1 & v_2 & v_3 \end{vmatrix}}{(u_2-u_1)(u_3-u_1)(u_3-u_2)} \neq o .$$

Mit (3.7) und $\alpha = u_3-u_2$, $\beta = u_1-u_3$, $\gamma = u_2-u_1$ entsteht hieraus $\hat{R} = -\dfrac{2\hat{F}}{\alpha\beta\gamma}$, wobei mittels $\hat{R} = -\dfrac{p}{2}$ die Formel (3.8) folgt.

Zum Unterschied von der euklidischen Geometrie - wo es stets
vier Kreise gibt, die 3 Geraden allgemeiner Lage berühren - gibt
es in der isotropen Ebene genau einen Kreis, der 3 Geraden allgemeiner Lage berührt.

Da die Seiten eines zulässigen Dreiecks nicht isotrop, aber auch
nicht kopunktal oder parallel sind, besitzt ein zulässiges Dreieck einen *eindeutig bestimmten Inkreis*. Der Inkreisradius wird
i.f. mit ρ bezeichnet, während R den Umkreisradius bezeichnet.
Wir suchen i.f. Zusammenhänge auf, die zwischen den Seiten $|a|$,
$|b|$, $|c|$, den Winkeln α, β, γ, den Radien R, ρ und den Invarianten
F, $\hat{F}$ eines zulässigen Dreiecks der isotropen Ebene bestehen.
Hierbei betrachten wir auch die *isotropen Höhen* h_a, h_b, h_c und die
Höhenabschnitte $|h_a|$, $|h_b|$, $|h_c|$ des Dreiecks (vgl. Figur 6). Die

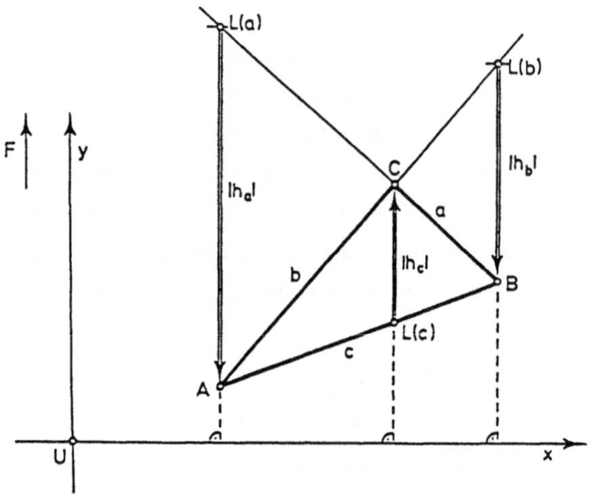

Höhe h_c z.B. wird erhalten,
indem man von C aus die isotrope Normale auf die Drei-
ecksseite $c = A \vee B$ zeichnet.
h_c schneidet c in einem Punkt
L(c) und wir setzen $|h_c| :=$
$:= s(L(c), C)$. Analog werden
$|h_a|$ und $|h_b|$ definiert. We-
gen $h_a \parallel h_b \parallel h_c$ besitzt ein
Dreieck in der isotropen Ebe-
ne keinen Höhenschnittpunkt;
in der projektiven Erweiterung könnte der absolute Punkt
F als solcher angesprochen werden.

SATZ 3.4: Zwischen den Bestimmungsstücken eines zulässigen Dreiecks der isotropen Ebene bestehen folgende Abhängigkeiten

$$(3.9a) \qquad \frac{|a|}{\alpha} = \frac{|b|}{\beta} = \frac{|c|}{\gamma} = -\frac{1}{R} \; ; \qquad \frac{\alpha}{|a|} = \frac{\beta}{|b|} = \frac{\gamma}{|c|} = -4\rho \; .$$

$$(3.9b) \qquad |h_c| = |b|\,\alpha, \quad |h_a| = |c|\,\beta, \quad |h_b| = |a|\,\gamma;$$

$$2F = |a|\,|h_a| = |b|\,|h_b| = |c|\,|h_c| \; .$$

$$(3.9c) \qquad 2\hat{F} = -\alpha\,|h_a| = -\beta\,|h_b| = -\gamma\,|h_c| \; ; \quad \frac{\hat{F}}{F} = R; \quad R = 4\rho \; .$$

Beweis:

Um die angegebenen Formeln zu beweisen, bringen wir das Dreieck

A,B,C durch eine isotrope Bewegung in folgende spezielle Lage:
A liegt im Ursprung des Standardkoordinatensystems (vgl. Figur
7); dies ist durch eine $\mathscr{L}_3$-
-Transformation stets erreichbar. Aus den Koordinaten $A(o,o)$,
$B(b_1,o)$, $C(c_1,c_2)$ berechnet man
dann der Reihe nach:

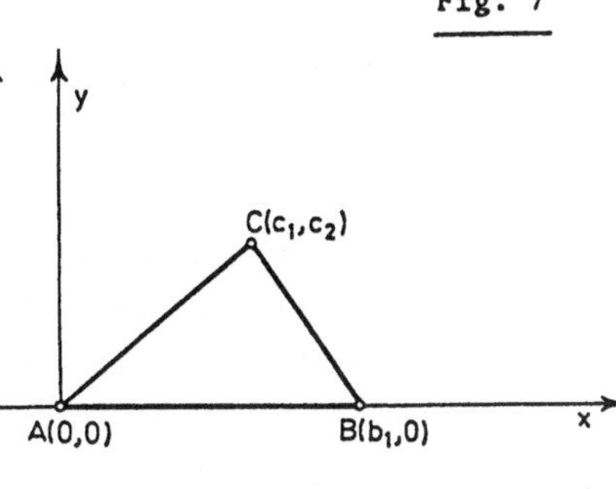

$$\overrightarrow{AB} = (b_1,o) \implies |c| = b_1; \quad u(\overrightarrow{AB}) = o$$

$$\overrightarrow{BC} = (c_1-b_1,c_2) \implies |a| = c_1-b_1;$$

$$u(\overrightarrow{BC}) = \frac{c_2}{c_1-b_1}$$

$$\overrightarrow{CA} = (a_1-c_1, a_2-c_2) = (-c_1,-c_2) \implies |b| = -c_1; \quad u(\overrightarrow{CA}) = \frac{c_2}{c_1}$$

$$\alpha = \measuredangle(b,c) = u(\overrightarrow{AB}) - u(\overrightarrow{CA}) = -\frac{c_2}{c_1}$$

$$\beta = \measuredangle(c,a) = u(\overrightarrow{BC}) - u(\overrightarrow{AB}) = \frac{c_2}{c_1-b_1}$$

$$\gamma = \measuredangle(a,b) = u(\overrightarrow{CA}) - u(\overrightarrow{BC}) = -\frac{c_2 b_1}{c_1(c_1-b_1)}$$

(1): Hieraus folgt sofort $\dfrac{|a|}{\alpha} = \dfrac{|b|}{\beta} = \dfrac{|c|}{\gamma} = -\dfrac{c_1(c_1-b_1)}{c_2}$.
Da man aus (3.4) die Beziehung $R = \dfrac{c_2}{c_1(c_1-b_1)}$ erhält, ist damit
die erste Formel (3.9a) bewiesen. Für die Dreiecksseiten $c = g_1$,
$a = g_2$, $b = g_3$ berechnet man: $u_1 = o$, $v_1 = o$; $u_2 = \dfrac{c_2}{c_1-b_1}$, $v_2 =$
$= -\dfrac{c_2 b_1}{c_1-b_1}$, $u_3 = \dfrac{c_2}{c_1}$, $v_3 = o$. Hiermit fließt aus (3.7)
$\hat{F} = \dfrac{1}{2} \dfrac{c_2^2 b_1}{c_1(c_1-b_1)} = -\dfrac{1}{2}\alpha\beta|c|$. Mittels (3.8) folgt hieraus, wenn
$\rho = \dfrac{1}{2p}$ beachtet wird $-\dfrac{1}{2}|c| = \dfrac{p}{4}\gamma$ und schließlich $\dfrac{\gamma}{|c|} = -4\rho$.
Damit ist (3.9a) vollständig bewiesen.

(2): Nach (2.20) berechnet man $|h_c| = c_2 = |b|\alpha$;
$|h_a| = \dfrac{c_2 b_1}{c_1-b_1} = |c|\beta$; $|h_b| = -b_1\dfrac{c_2}{c_1} = |c|\alpha = |a|\gamma$.
Nach (3.5) gilt $2F = -|a||b||c|R = |a||b|\gamma = |h_b||b|$, wobei
(3.9a) und die zuletzt bewiesene Formel verwendet wurden. Die
restlichen Formeln aus (3.9b) zeigt man analog.

(3): Aus der Beziehung $2\hat{F} = -\alpha\beta\,|c|$ folgt nach (3.9b): $2\hat{F} = -\alpha$
$|h_a|$. Aus (3.9a) und (3.9b) findet man schließlich $\alpha\,|h_a| = \beta\,|h_b| =$
$= \gamma\,|h_c|$. Aus den schon hergeleiteten Formeln gewinnt man noch

$$\frac{\hat{F}}{F} = -\frac{\gamma\,|h_a|}{|a|\,|h_a|} = R, \text{ sowie } R = 4\rho.\qquad\blacklozenge$$

Der SATZ 3.4 beinhaltet die *isotrope Trigonometrie* zulässiger
Dreiecke in der isotropen Ebene. So tritt z.B. (3.9a) an die
Stelle des Sinus-Satzes der euklidischen Trigonometrie. Das interessante Ergebnis, daß der Radius des isotropen Umkreises eines Dreiecks viermal so groß ist als der Radius des isotropen Inkreises findet sich schon bei L. BERWALD [5,228]; eine geometrische Herleitung gibt H. KUIPER [47, 101].

Die isotrope Trigonometrie gestattet es nun in einfacher Weise
Kongruenzsätze für zulässige Dreiecke der isotropen Ebene anzugeben.

<u>Definition 3.3:</u> Zwei zulässige Dreiecke $\{A,B,C\}$, $\{\overline{A},\overline{B},\overline{C}\}$ der iso-
tropen Ebene heißen *kongruent*, wenn es eine isotrope Bewegung
$T \in \mathcal{L}_3$ gibt mit $TA = \overline{A}$, $TB = \overline{B}$, $TC = \overline{C}$.

Ersichtlich stimmen kongruente zulässige Dreiecke in allen Bestimmungsstücken, wie $a,b,c,\alpha,\beta,\gamma,\ldots$ überein. Kongruenzsätze
machen nun Aussagen, welche Bestimmungsstücke man vorgeben kann,
damit zwei Dreiecke schon kongruent sind. Auch in der hyperbolischen und euklidischen Geometrie der Ebene entwickelt man derartige Kongruenzsätze für Dreiecke. Z.B. gilt in der hyperbolischen Ebene [2,79]: Zwei Dreiecke sind *hyperbolisch kongruent*,
wenn sie in den 3 Winkeln übereinstimmen. Dieser Satz gilt in
der euklidischen Ebene nicht; dort hat man z.B. die Aussage:
Zwei Dreiecke sind euklidisch kongruent, wenn sie in den 3 Seiten übereinstimmen. Beide Aussagen sind in der isotropen Ebene
falsch. Bezüglich der Seiten
wird dies durch die Figur 8 be-
legt: Die beiden zulässigen
Dreiecke $\{A,B,C\}$ und $\{\overline{A},\overline{B},\overline{C}\}$
stimmen zwar in den 3 Seiten
überein, aber es gilt $\overline{\alpha} = 2\alpha$.
In der isotropen Ebene gilt je-
doch der

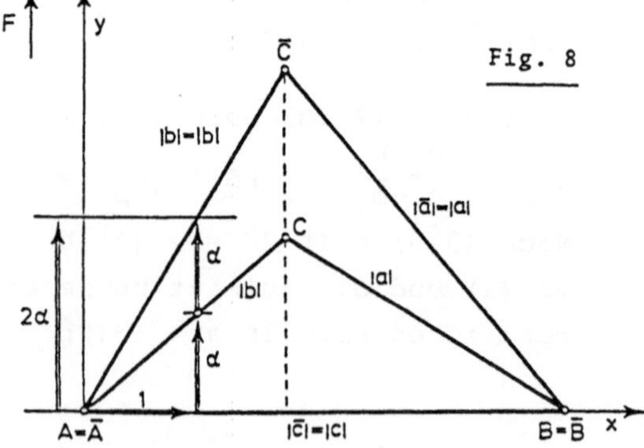

<u>SATZ 3.5:</u> Zwei zulässige Dreiecke der isotropen Ebene sind kongruent

a) wenn sie in den 3 Seiten und einem Winkel übereinstimmen oder

b) wenn sie in den 3 Winkeln und einer Seite übereinstimmen.

<u>Beweis:</u>

(a): Die Ecken der beiden zulässigen Dreiecke besitzen die Koordinaten $A = (a_1, a_2)$, $B = (b_1, b_2)$, $C = (c_1, c_2)$, $\overline{A} = (\overline{a}_1, \overline{a}_2)$, $\overline{B} = (\overline{b}_1, \overline{b}_2)$, $\overline{C} = (\overline{c}_1, \overline{c}_2)$. Falls die Dreiecke kongruent sind, muß eine isotrope Bewegung $\{\overline{x} = \alpha + x,\ \overline{y} = \beta + \gamma x + y\}$ - mit noch zu bestimmenden Koeffizienten α, β, γ - existieren, die A auf $\overline{A}$, B auf $\overline{B}$ und C auf $\overline{C}$ abbildet. Man erhält somit das inhomogene lineare Gleichungssystem

$$\begin{cases} \overline{a}_1 = \alpha + a_1 & \overline{a}_2 = \beta + \gamma a_1 + a_2 \\ \overline{b}_1 = \alpha + b_1 & \overline{b}_2 = \beta + \gamma b_1 + b_2 \\ \overline{c}_1 = \alpha + c_1 & \overline{c}_2 = \beta + \gamma c_1 + c_2 \end{cases} ,$$

bestehend aus 6 Gleichungen für die 3 Unbekannten α, β, γ. Diese Gleichungen sind aber verträglich: Aus den Gleichungen der ersten Spalte folgt nämlich $\alpha = \overline{a}_1 - a_1 = \overline{b}_1 - b_1 = \overline{c}_1 - c_1$, d.h. $\overline{b}_1 - \overline{a}_1 = b_1 - a_1$, $\overline{c}_1 - \overline{b}_1 = c_1 - b_1$, $\overline{a}_1 - \overline{c}_1 = a_1 - c_1$. Diese Bedingungen sind aber erfüllt, da die Dreiecke in den drei Seiten übereinstimmen. Damit liegt α eindeutig fest. Die 3 Gleichungen der zweiten Spalte sind ebenfalls verträglich; nach Elimination von β findet man nämlich

$$\frac{\overline{a}_2 - \overline{b}_2}{\overline{a}_1 - \overline{b}_1} - \frac{a_2 - b_2}{a_1 - b_1} = \gamma = \frac{\overline{c}_2 - \overline{b}_2}{\overline{c}_1 - \overline{b}_1} - \frac{c_2 - b_2}{c_1 - b_1} \quad \text{und diese Bedingung ist}$$

gleichwertig mit

$$\frac{c_2 - b_2}{c_1 - b_1} - \frac{b_2 - a_2}{b_1 - a_1} = \frac{\overline{c}_2 - \overline{b}_2}{\overline{c}_1 - \overline{b}_1} - \frac{\overline{b}_2 - \overline{a}_2}{\overline{b}_1 - \overline{a}_1} \ , \quad \text{wegen } c_1 - b_1 = \overline{c}_1 - \overline{b}_1,\ a_1 - b_1 =$$

$\overline{a}_1 - \overline{b}_1$. Diese Bedingung ist aber erfüllt, denn sie besagt, daß der Winkel bei B mit dem Winkel bei $\overline{B}$ übereinstimmt. Die ersten beiden Gleichungen der zweiten Spalte des Systems liefern schließlich β und γ eindeutig, denn für die Koeffizientendeterminante

gilt $\begin{vmatrix} 1 & a_1 \\ 1 & b_1 \end{vmatrix} = b_1 - a_1 \neq o$, da A und B nicht parallel sind. Demnach existiert T eindeutig.

(b): Sind die Winkel α, β, γ und z.B. die Seite $|a|$ gegeben, so sind die Seiten $|b|$ und $|c|$ gemäß (3.9a) eindeutig bestimmt. Mittels (a) folgt sofort dieser zweite Kongruenzsatz. ◆

Kongruenzsätze für nicht zulässige Dreiecke finden sich bei KUIPER [47,97].
Wie in der euklidischen Elementargeometrie ist auch in der isotropen Bewegungsgeometrie die Entwicklung der *elementaren Kreisgeometrie* besonders reizvoll. Wir beginnen mit dem Beweis eines Satzes, der das Analogon zum euklidischen *Peripheriewinkelsatz* darstellt.

SATZ 3.6: Sind P,Q zwei verschiedene Punkte eines isotropen Kreises k, $A \neq P$, $A \neq Q$ ein beliebiger Punkt auf k, so hängt der isotrope Winkel $\angle(\overrightarrow{PA}, \overrightarrow{QA}) =: \varphi$ nicht ab von der Lage des Punktes $A \in k$.

Beweis:
Ohne Einschränkung der Allgemeinheit wählen wir k in der Normalform (3.2): $y = Rx^2$. Mittels $R = \dfrac{1}{2p}$ läßt sich k in folgender Weise parametrisieren

$$(3.10) \qquad \{x = 2pt, \quad y = 2pt^2\}, \quad t \in (-\infty, +\infty).$$

Hierbei gehören zu verschiedenen Punkten auf k verschiedene Parameterwerte t. Es gelte der Reihe nach $P(2pt_1, 2pt_1^2)$, $Q(2pt_2, 2pt_2^2)$, $A(2pt, 2pt^2)$ mit $t_1 \neq t_2$, $t \neq t_1$, $t \neq t_2$; dann berechnet man den isotropen Peripheriewinkel φ wie folgt:

$$\overrightarrow{PA} = (2p(t-t_1), 2p(t^2-t_1^2)), \quad \overrightarrow{QA} = (2p(t-t_2), 2p(t^2-t_2^2)) \Rightarrow u(\overrightarrow{PA}) =$$

$$= \frac{t^2-t_1^2}{t-t_1} = t + t_1, \quad u(\overrightarrow{QA}) = t + t_2 \Rightarrow \varphi = u(\overrightarrow{QA}) - u(\overrightarrow{PA}) = t + t_2 - $$

$- t - t_1 = t_2 - t_1$. Andererseits gilt für den Abstand $d := d(P,Q)$ der Bezugspunkte P,Q : $d = 2pt_2 - 2pt_1 = 2p(t_2-t_1)$, woraus insgesamt die Beziehung

$$(3.11) \qquad d = 2p\varphi$$

folgt. Da d nur von P und Q abhängt, p aber nur von k abhängt, ist somit φ unabhängig von der Lage des Punktes $A \in k$. ◆

Wie in der euklidischen Geometrie erhält man beim Grenzübergang
A → P bzw. A → Q eine zu Satz 3.6 analoge Aussage, die man als
Tangentenwinkelsatz bezeichnet. Hierbei bezeichnen wir als Tangentenwinkel jenen Winkel, den die Tangente in P bzw. Q mit der
Sehne PᵥQ bildet.

SATZ 3.7: In jedem isotropen Kreis k sind die an eine Sehne PᵥQ
anliegenden isotropen Tangentenwinkel dem Betrage nach gleich
dem Peripheriewinkel über der Sehne PᵥQ.

Beweis:
Für den Tangentenvektor $\mathfrak{t}_P$ im Punkt $P \in k$ findet man $\mathfrak{t}_P =$

$= \begin{cases} 2p \\ 4pt_1 \end{cases} \Rightarrow u(\mathfrak{t}_P) = 2t_1$. Damit berechnet man den Tangenten-

winkel α_P im Punkt P wie folgt: $\overrightarrow{PQ} = \begin{cases} 2p(t_2-t_1) \\ 2p(t_2^2-t_1^2) \end{cases}$, $u(\overrightarrow{PQ}) = t_2 +$

$+t_1 \Rightarrow \alpha_P = u(\overrightarrow{PQ}) - u(\mathfrak{t}_P) = t_2-t_1 = \varphi$. Analog findet man $\alpha_Q =$

$= u(\overrightarrow{PQ}) - u(\mathfrak{t}_Q) = t_2+t_1-2t_2 = t_1-t_2 = -\varphi$, d.h. $|\alpha_Q| = |\varphi|$. ◆

Folgerungen:

1) Schneidet eine Gerade g einen
   isotropen Kreis k in zwei reellen verschiedenen Punkten
   P,Q, dann sind die Schnittwinkel von g mit k in den
   Punkten P und Q betragsgleich.

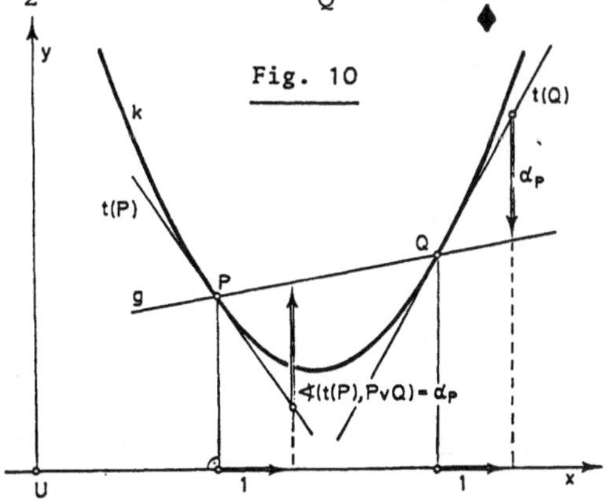

Beweis:
Als Schnittwinkel von g mit k
bezeichnen wir den Winkel, den die Tangente in einem Schnittpunkt von k und g mit g bildet. Wegen $P \neq Q$ ist g nicht isotrop.
Aus dem Beweis von SATZ 3.7 entnehmen wir $\alpha_Q = -\alpha_P$, d.h. $|\alpha_Q| =$
$= |\alpha_P|$. ◆

Wir bemerken noch, daß die Schnittwinkel α_P und α_Q dem Vorzeichen nach entgegengesetzt gleich sind.

2) Schneiden sich zwei isotrope Kreise k_1, k_2 in zwei reellen
   verschiedenen Punkten S_1, S_2, so sind die Schnittwinkel bei
   S_1 und S_2 betragsgleich.   •

Beweis:

Als Schnittwinkel von k_1 mit
k_2 bezeichnen wir den Winkel,
den die Tangenten t_1 an k_1
und t_2 an k_2 in einem Punkt
von $k_1 \cap k_2$ bilden. Wird die
Gerade $g := S_1 \vee S_2$ eingeführt,
so folgt die Behauptung unmittelbar aus Folgerung 1). ◆

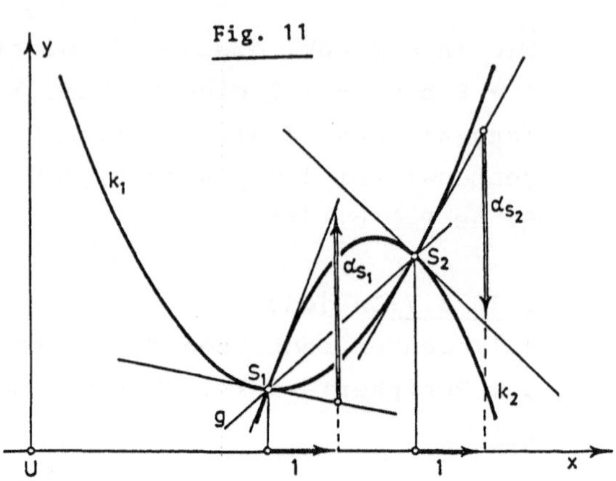

Wir bemerken noch, daß die
Schnittwinkel α_{S_1} und α_{S_2} der beiden isotropen Kreise k_1 und k_2
dem Vorzeichen nach entgegengesetzt gleich sind (Figur 11).

3) Bezeichnet man $d = d(P,Q)$ als *isotrope Bogen* $\overparen{PQ}$ (Begründung
   in § 6), dann gilt: In jedem isotropen Kreis k ruhen über
   gleichen isotropen Bogen auch gleiche isotrope Peripheriewinkel.

Beweis:

Sind $\overparen{PQ} = d$ und $\overparen{P_1Q_1} = d_1$ zwei Bogen von k, φ und φ_1 die zugehörigen Peripheriewinkel, so gilt nach (3.11):

$d = 2p\varphi$, $d_1 = 2p\varphi_1$. Mit $d = d_1$ folgt daher $\varphi = \dfrac{d}{2p} = \dfrac{d_1}{2p} = \varphi_1$. ◆

4) In jedem isotropen Kreis k gehören zu gleichen isotropen Peri-
   pheriewinkeln auch gleiche isotrope Bogen.

Beweis:

Aus $d = 2p\varphi$, $d_1 = 2p\varphi_1$ folgt mittels $\varphi_1 = \varphi$: $d = d_1$. ◆

5) Die isotrope Kreisgeometrie liefert in euklidischer Sicht
   Sätze über Parabeln mit gleicher Achsenrichtung. Sätze über
   Parabeln dieser Art wurden - ohne den Begriff der isotropen
   Ebene - schon 1935 von U. GRAF und R. KAHLAU angegeben [25],
   [26]; man vergleiche auch [4]. Wir geben im folgenden eine
   punktweise Konstruktion eines isotropen Kreises k an, von dem
   3 verschiedene, nicht kollineare und paarweise nicht parallele Punkte A,B,C gegeben sind.
   Nach SATZ 3.2 existiert k eindeutig. Bezeichnet X einen weiteren Punkt auf k, so gilt nach SATZ 3.6: $\angle(CBX) = \angle(CAX)$,
   wobei die Winkel im isotropen Sinn zu verstehen sind. Hieraus

fließt folgende einfache Konstruktion: Wähle eine beliebige Hilfsgerade h durch A, ermittle den isotropen Winkel φ von h gegen A$\vee$C und bestimme eine Gerade h_1 durch B so, daß h_1 mit B$\vee$C denselben isotropen Winkel φ bildet; h_1 ist eindeutig bestimmt. Der Schnittpunkt X von h mit h_1 ist ein Punkt von k. Variiert man h im Büschel um A, so erhält man beliebig viele

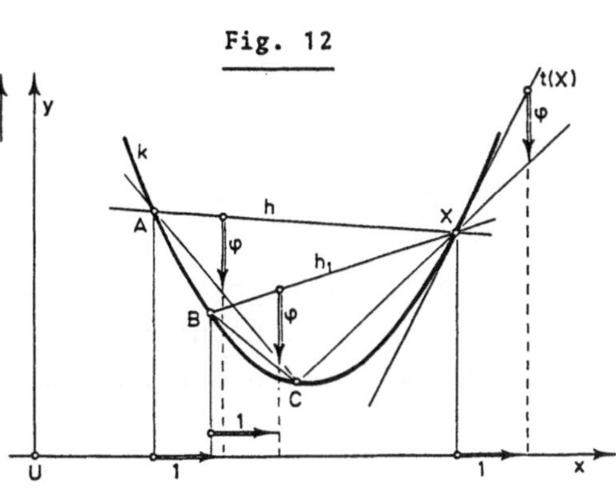

weitere Kreispunkte. Die Tangente in X oder C kann mit dem Tangentenwinkelsatz angegeben werden (Figur 12).

In euklidischer Sicht haben wir damit folgende Konstruktionsaufgabe gelöst: Man ermittle eine Parabel punkt- und tangentenweise, wenn von ihr die Achsenrichtung und 3 verschiedene Punkte gegeben sind. Durch eine einfache Modifikation der Konstruktion lassen sich die Scheitel und der Parabelbrennpunkt angeben (Figur 13). Dazu wählt man h normal zur Achsenrichtung d und bestimmt den Parabelpunkt X = $\bar{A}$ auf h. Der Halbierungspunkt H von $\overline{A\bar{A}}$ ist ein Punkt der Parabelachse a, die somit gezeichnet werden kann. Nach Ermittlung der Tangente t in $\bar{A}$ kann der Scheitel S der Parabel (mittels $\overline{HS} = \overline{ST}$) und der Brennpunkt F (mittels F$\vee$N $\perp$ t) sofort angegeben werden.

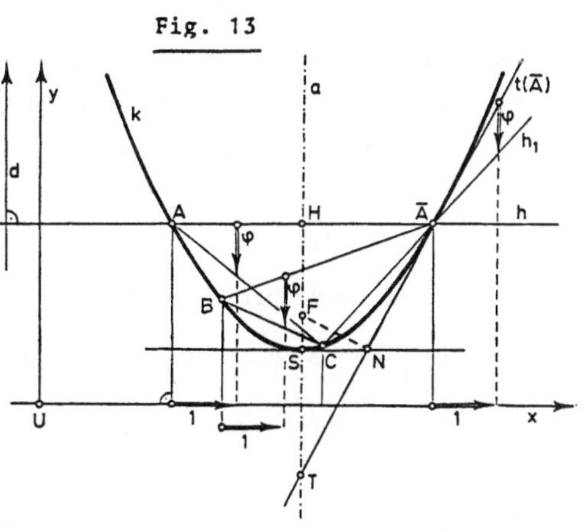

Das angegebene Beispiel zeigt, wie verschiedene Deutungen ein und desselben Sachverhaltes oft neue Einsichten und neue geometrische Erkenntnisse liefern.

Die Kreisdefinition 3.2 benützt die projektiv abgeschlossene isotrope Ebene. Um eine Kreisdefinition in der isotropen Ebene zu geben, könnte man versuchen - in Analogie zur euklidischen Ebene - zu definieren: Ein isotroper Kreis ist die Menge aller Punkte X(x,y) die von einem festen Punkt M(x_o,y_o) den konstanten

Abstand $|r_o| \neq o$ besitzen. Dies
liefert aber sichtlich ein tri-
viales Ergebnis, nämlich die
beiden isotropen Geraden $g_1, g_2 \ldots$
$\ldots x = x_o \pm r_o$. Wir bezeichnen
dieses Gebilde als *singulären*
isotropen Kreis. Eine elementare
Definition, die nicht von der
projektiven Ebene Gebrauch macht,
ergibt sich durch Umkehrung des
Peripheriewinkelsatzes. Diese
Definition, die sich bei uns als

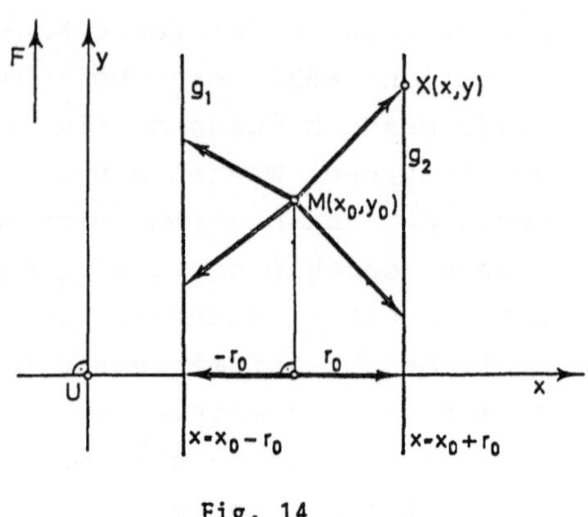

Fig. 14

Satz einstellt, wurde von N. KUIPER [47,98] beim Aufbau der isotropen Kreisgeometrie zugrunde gelegt.

<u>SATZ 3.8:</u> Die Menge der Punkte der isotropen Ebene I_2, von denen
aus zwei verschiedene, nicht parallele Punkte P,Q unter konstantem isotropen Winkel $\varphi_o \neq o$ gesehen werden, liegen auf einem
isotropen Kreis k, der P und Q enthält.

<u>Beweis:</u>
Bezeichnet X(x,y) einen laufenden Punkt, so berechnet man aus
den Koordinaten von $P(p_1,p_2)$ und $Q(q_1,q_2)$:

$$u(\overrightarrow{PX}) = \frac{y-p_2}{x-p_1} \ , \quad u(\overrightarrow{QX}) = \frac{y-q_2}{x-q_1} \Rightarrow \frac{y-q_2}{x-q_1} - \frac{y-p_2}{x-p_1} = \varphi_o \neq o.$$

Daraus folgt für die Menge der Punkte X die Gleichung

$$y(q_1-p_1) = \varphi_o x^2 + (q_2-p_2-\varphi_o q_1-\varphi_o p_1)x + \varphi_o p_1 q_1 + q_1 p_2 - p_1 q_2 \ ,$$

die wegen $q_1 \neq p_1$ und $\varphi_o \neq o$ nach (3.1) einen isotropen Kreis
darstellt. ◆

Ausgehend von der euklidischen Kreisgeometrie, kann man versuchen, bekannte Sätze in die isotrope Ebene zu übertragen. Wir
stellen hier einen Satz über das *isotrope Höhenfußpunktdreieck*
vor, der von K. STRUBECKER [102,195f] gefunden wurde. Betrachten
wir zunächst an Figur 15 die euklidische Situation!

Auf einem euklidischen Kreis k sind 3 verschiedene Punkte P_1,
P_2, P_3 samt Tangenten t_1, t_2, t_3 gegeben. Zum Dreieck $\{P_1, P_2,$
$P_3\}$ gehört ein Höhenfußpunktdreieck $\{H_1, H_2, H_3\}$, welches von

den Höhenfußpunkten im Dreieck
$\{P_1, P_2, P_3\}$ gebildet wird.
Dann gilt nach einem bekannten
Satz der Elementargeometrie:
Es ist $t_1 \parallel H_2 \vee H_3$, $t_2 \parallel H_3 \vee H_1$,
$t_3 \parallel H_1 \vee H_2$.
Das isotrope Analog dazu ist
sogar noch eleganter als die
euklidische Aussage. Es gilt
nämlich der

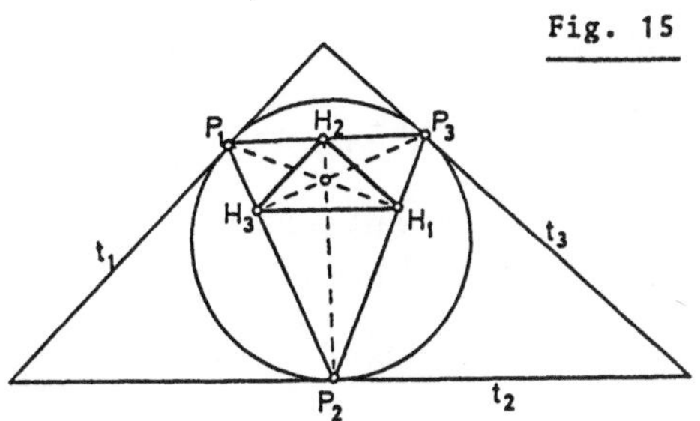

SATZ 3.9: Die Tangenten t_1, t_2, t_3 in drei verschiedenen Punkten
P_1, P_2, P_3 eines isotropen Kreises sind parallel zu den entsprechenden Seiten des isotropen Höhenfußpunktdreieckes $\{H_1, H_2, H_3\}$.
Diese Tangenten verbinden entsprechende Seitenmitten des Dreiecks $\{H_1, H_2, H_3\}$.

Beweis:
Ohne Einschränkung der Allgemeinheit wählen wir den Kreis k in
der Normalform (3.10) : $\{x = 2pt, y = 2pt^2\}$. Die Punkte P_i mögen zu den Parameterwerten t_i (i = 1,2,3) gehören. Die Verbindungsgerade $g_{ik} := P_i \vee P_k$ besitzt den Richtungsvektor $\eta_{ik} :=$
$:= \{x_k - x_i, y_k - y_i\}$, woraus folgt

$$u(\overrightarrow{P_i P_k}) = \frac{y_k - y_i}{x_k - x_i} = \frac{2pt_k^2 - 2pt_i^2}{2pt_k - 2pt_i} =$$

$= t_k + t_i$. Wird g_{ik} in der Form
$y = (t_k + t_i)x + v_{ik}$ angesetzt,
so bestimmt man v_{ik} daraus,
daß g_{ik} den Punkt P_i ($2pt_i$,
$2pt_i^2$) enthält; dies liefert
$v_{ik} = -2pt_i t_k$ und somit gilt:
$g_{ik} \ldots y = (t_k + t_i)x - 2pt_i t_k$.
Den Höhenschnittpunkt H_1 findet
man als Schnittpunkt der isotro-

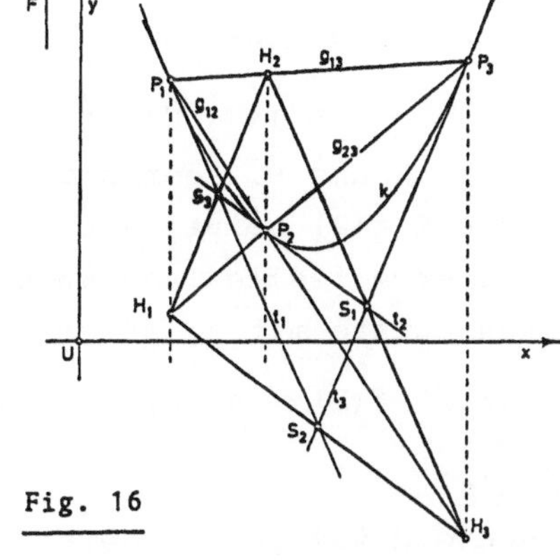

pen Geraden $x = 2pt_1$ mit $g_{23} \ldots y = (t_3 + t_2)x - 2pt_3 t_2$. Man erhält
$H_1[2pt_1, 2p(t_1 t_2 - t_2 t_3 + t_1 t_3]$ und analog

$H_2[2pt_2, 2p(t_2 t_3 - t_3 t_1 + t_2 t_1]$

$H_3[2pt_3, 2p(t_3 t_1 - t_1 t_2 + t_3 t_2]$ (wende die zyklische Vertauschung $1 \to 2 \to 3 \to 1$ an!). Hiermit berechnet man:

$$\overrightarrow{H_3H_2} = \{2p(t_2-t_3),\ 4pt_1(t_2-t_3)\} \implies u(\overrightarrow{H_3H_2}) = 2t_1$$

$$\overrightarrow{H_2H_1} = \{2p(t_1-t_2),\ 4pt_3(t_1-t_2)\} \implies u(\overrightarrow{H_2H_1}) = 2t_3$$

$$\overrightarrow{H_1H_3} = \{2p(t_3-t_1),\ 4pt_2(t_3-t_1)\} \implies u(\overrightarrow{H_1H_3}) = 2t_2.$$

Andererseits entnehmen wir aus dem Beweis von SATZ 3.7 den Anstieg der Tangente t_i $(i = 1,2,3)$ zu $u(t_i) = 2t_i$, d.h. es ist

$$H_3 \vee H_2 \parallel t_1, \quad H_2 \vee H_1 \parallel t_3, \quad H_1 \vee H_3 \parallel t_2.$$

Um die zweite Aussage des Satzes zu beweisen, berechnen wir die Koordinaten der Seitenmitten S_1, S_2, S_3 der Strecken $\overline{H_2H_3}$, $\overline{H_3H_1}$ und $\overline{H_1H_2}$. Man findet $S_1[p(t_2+t_3),\ 2pt_2t_3]$, $S_2[p(t_1+t_3),\ 2pt_1t_3]$, $S_3[p(t_1+t_2),\ 2pt_1t_2]$. Andererseits errechnet man die Gleichung der Tangente t_i zu $y = 2t_i x - 2pt_i^2$ $(i = 1,2,3)$ und verifiziert mühelos durch Einsetzen, daß die Punkte S_k für $k \neq i$ auf der Tangente t_i $(i,k = 1,2,3)$ liegen. $\blacklozenge$

Auch der Begriff der *isotropen Potenz* bezüglich eines isotropen Kreises kann nunmehr eingeführt werden.

SATZ 3.10: Ist k ein Kreis der isotropen Ebene, P ein Punkt der nicht k angehört und bezeichnen S_1, S_2 die Schnittpunkte einer nicht isotropen Geraden g durch P mit k, dann hängt das Produkt der isotropen Abstände

$$(3.12) \quad d(P,S_1) \cdot d(P,S_2) =: f(P)$$

nur von k und P, aber nicht von der Lage der Geraden g ab. Der Ausdruck $f(P)$ heißt isotrope Potenz des Punktes P bezüglich k. Existieren reelle Tangenten von P an k und bezeichnen T_1, T_2 ihre Berührpunkte mit k, so gilt

$$(3.13) \quad f(P) = d^2(P,T_1) = d^2(P,T_2).$$

Beweis:

Ausgehend von der allgemeinen Kreisgleichung $y = Rx^2 + \alpha x + \beta$ und dem Punkt $P(x_o, y_o)$ berechnen wir die Schnittpunkte S_1, S_2 einer durch P laufenden Geraden g mit k. Unter Verwendung eines Parameters μ kann g in der Form $\{x = x_o + \mu v_1,\ y = y_o + \mu v_2\}$ angesetzt werden, wobei $\boldsymbol{w} := (v_1, v_2)$ einen Richtungsvektor von g bezeichnet. Da g nicht isotron ist, gilt $v_1 \neq o$. Hieraus erhält

man als Schnittbedingung die quadratische Gleichung in $\mu : Rv_1^2\mu^2 +$
$+ (2Rx_0v_1 + av_1 - v_2)\mu + Rx_0^2 + ax_0 - y_0 + \beta = o$, die wegen $R \neq o$,
$v_1 \neq o$ im algebraischen Sinn stets 2 Lösungen besitzt. Nach
Vietà gilt für die Lösungen μ_1, μ_2:

$$\mu_1\mu_2 = \frac{Rx_0^2 + ax_0 - y_0 + \beta}{Rv_1^2} \quad . \text{ Andererseits erhält man } d(P,S_1) \cdot$$

$\cdot d(P,S_2) = \mu_1\mu_2 v_1^2$, d.h. $d(P,S_1) \cdot d(P,S_2) = x_0^2 + \frac{a}{R}x_0 - \frac{1}{R}y_0 +$
$+ \frac{1}{R}\beta$. Dieser Ausdruck hängt aber nur von k und P ab. Falls $\mu_1 =$
$= \mu_2$ gilt, d.h. eine Tangente von P an k gewählt wurde, bleibt
die Überlegung richtig und liefert (3.13). ◆

Folgerungen:

1) Das Bildungsgesetz für die isotrope Potenz wird besonders einfach, wenn $R = \frac{1}{2p}$ gesetzt wird und die Kreisgleichung in der
   normierten Form $f(x,y) = x^2 - 2py + 2pax + 2p\beta$ geschrieben
   wird. Aus dem letzten Beweis entnimmt man dann

   (3.13) $f(P) = x_0^2 - 2py_0 + 2pax_0 + 2p\beta$, $P(x_0, y_0)$.

2) Wir spezialisieren die Formel (3.12) auf die Normalform $y =$
   $= \frac{1}{2p}x^2$ eines isotropen Kreises. Wählt man $P(x,o)$ und auf k
   die mit P kollinearen Punkte $S_1(x_1, \frac{1}{2p}x_1^2)$, $S_2(x_2, \frac{1}{2p}x_2^2)$, so
   findet man aus (3.12) und (3.13): $(x_1-x)(x_2-x) = x^2$, d.h.
   $x_1x_2 = x(x_1+x_2)$. Diese Gleichung kann für x_1, x_2 $x| \neq o$ in der
   Form

   (3.14) $\dfrac{1}{x} = \dfrac{1}{x_1} + \dfrac{1}{x_2}$

   geschrieben werden. Die Anwendung des Potenzsatzes 3.10 liefert somit ein *Nomogramm* einer
   in der Physik wichtigen Gleichung (vgl. z.B.: Parallelschal-
   tung von Widerständen). Liegt
   eine Normparabel $y = \frac{1}{2p}x^2$ mit
   genügender Genauigkeit gezeichnet vor, so kann durch Eintra-
   gen der Abszissen x_1, x_2 und
   Aufsuchen der Geraden $S_1 \vee S_2$
   die Abszisse x des Punktes P
   konstruktiv bestimmt werden (siehe Figur 17).

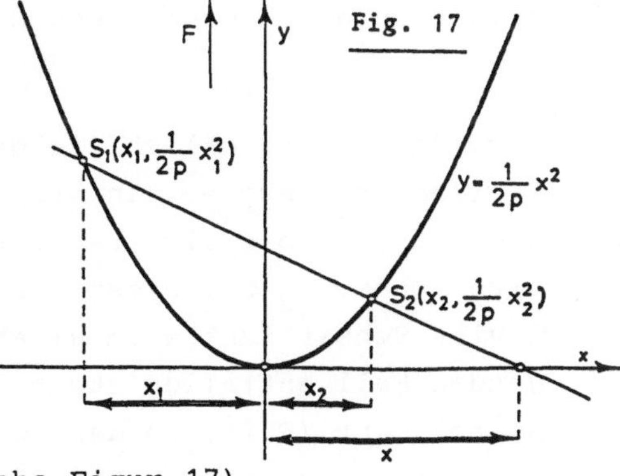

<u>Definition 3.4:</u> Zwei isotrope Kreise k_i : $y = R_i x^2 + \alpha_i x + \beta_i$ (i = 1,2) heißen *kongruent*, wenn gilt $R_1 = R_2$; sie heißen *konzentrisch*, wenn gilt $\alpha_1 = \alpha_2$.

Aus (3.2) folgt unmittelbar, daß kongruente Kreise durch eine $\mathcal{L}_3$-Transformation ineinander überführbar sind, was obige Definition motiviert.

<u>SATZ 3.11:</u> Die Menge aller Punkte der isotropen Ebene, die bezüglich zweier nicht gleichzeitig kongruenter und konzentrischer Kreise k_1, k_2 gleiche Potenz haben, gehört einer Geraden p an, welche die *Potenzgerade* der beiden isotropen Kreise heißt. p enthält die eventuellen Schnittpunkte von k_1 mit k_2. p ist isotrop genau dann, wenn k_1 und k_2 kongruent, aber nicht konzentrisch sind. p ist die Ferngerade der projektiv abgeschlossenen isotropen Ebene, wenn k_1 und k_2 kongruent und konzentrisch sind.

<u>Beweis:</u>
Sind k_1 und k_2 gegeben durch $f_1(x,y) = x^2 - 2p_1 y + 2p_1 \alpha_1 x + 2p_1 \beta_1$ bzw. $f_2(x,y) = x^2 - 2p_2 y + 2p_2 \alpha_2 x + 2p_2 \beta_2$, so folgt nach (3.13) als Menge der Punkte X(x,y) gleicher Potenz bezüglich k_1 und k_2: $x^2 - 2p_1 y + 2p_1 \alpha_1 x + 2p_1 \beta_1 = x^2 - 2p_2 y + 2p_2 \alpha_2 x + 2p_2 \beta_2$

(*) $\Rightarrow (p_2 - p_1)y + (p_1 \alpha_1 - p_2 \alpha_2)x + p_1 \beta_1 - p_2 \beta_2 = o$.
Diese Gleichung stellt für $(p_2 - p_1, p_1 \alpha_1 - p_2 \alpha_2) \neq (o,o)$ eine Gerade p dar. Diese Bedingung ist ersichtlich nur für kongruente und konzentrische Kreise verletzt; wegen $\beta_1 \neq \beta_2$ erhält man in diesem Ausnahmefall die Ferngerade. Die Schnittpunkte von k_1 und k_2, d.h. die gemeinsamen Nullstellen von $f_1(x,y) = o$ und $f_2(x,y) = o$ genügen ersichtlich auch der Gleichung (*). Schließlich ist p isotrop genau dann, wenn $p_1 = p_2$, d.h. $R_1 = R_2$ gilt, aber $\alpha_1 \neq \alpha_2$ ist. $\blacklozenge$

Wir können schließlich die gegenseitige Lage von 2 isotropen Kreisen untersuchen. In projektiver Sicht handelt es sich um zwei irreduzible algebraische Kurven 2. Ordnung in der projektiven Ebene $P_2(\mathbb{R})$. Diese besitzen nach dem Satz von Bézout über $\mathbb{C}$ vier Schnittpunkte im algebraischen Sinn [16,78f]. Im vorliegenden Fall entfallen stets 2 Schnittpunkte auf das absolute Linienelement (F,f), so daß zwei Kreise der isotropen Ebene 2 Schnittpunkte in I_2 - bei algebraischer Zählung - besitzen. Diese Aussage, die in Analogie zur euklidischen Situation steht, präzisieren wir in

SATZ 3.12: Zwei inkongruente Kreise der isotropen Ebene besitzen über $\mathbb{C}$ stets 2 Schnittpunkte im algebraischen Sinn. Zwei kongruente aber nicht konzentrische Kreise besitzen genau einen Schnittpunkt in I_2. Zwei kongruente und konzentrische Kreise besitzen keinen Schnittpunkt in I_2.

Beweis:

Für 2 isotrope Kreise $k_i : y = R_i x^2 + \alpha_i x + \beta_i$ $(i=1,2)$ ist das

Gleichungssystem
$$\begin{cases} y - R_1 x^2 - \alpha_1 x - \beta_1 = o \\ y - R_2 x^2 - \alpha_2 x - \beta_2 = o \end{cases}$$
zu diskutieren.

Durch Subtraktion erhält man die quadratische Gleichung $(R_2 - R_1)x^2 + (\alpha_2 - \alpha_1)x + \beta_2 - \beta_1 = o$ (*), die für inkongruente Kreise $(R_1 \neq R_2)$ genau 2 Lösungen über $\mathbb{C}$ im algebraischen Sinn besitzt. Für kongruente Kreise $(R_1 = R_2)$ bleibt die lineare Gleichung $(\alpha_2 - \alpha_1)x + \beta_2 - \beta_1 = o$, die für $\alpha_1 \neq \alpha_2$ eine einzige Lösung liefert. Für $\alpha_2 = \alpha_1$ erhält man keine Lösung in I_2. $\qquad\blacklozenge$

Folgerungen:

1) Berechnet man die Diskriminante Δ der quadratischen Gleichung (*), so findet man

(3.15) $\quad \Delta = (\alpha_2 - \alpha_1)^2 - 4(R_2 - R_1)(\beta_2 - \beta_1)$.

Je nachdem $\Delta > o$, $\Delta < o$ oder $\Delta = o$ gilt, schneiden sich die **beiden inkongruenten Kreise in 2 verschiedenen reellen Punkten, sie schneiden sich nicht reell oder sie berühren sich.** Wir vermerken noch die *Berührbedingung* für 2 inkongruente Kreise

(3.15) $\quad (\alpha_2 - \alpha_1)^2 - 4(R_2 - R_1)(\beta_2 - \beta_1) = o$.

Zwei kongruente Kreise berühren sich in keinem Punkt von I_2; sie oskulieren einander daher im absoluten Punkt F, der als (mindestens) dreifacher Schnittpunkt zählt. Die kongruenten isotropen Kreise bilden somit ein *Oskulationsbüschel* von Kegelschnitten mit Berührelement (F,f).

2) Für kongruente und konzentrische Kreise $k_1 \dots y = R_1 x^2 + \alpha_1 x + \beta_1$ und $k_2 \dots \overline{y} = R_2 \overline{x}^2 + \alpha_2 \overline{x} + \beta_2$ gilt $R_1 = R_2$ und $\alpha_1 = \alpha_2$,

so daß man sie durch die isotrope Schiebung $\{\bar{x} = x,\ \bar{y} = y +$ $+\beta_2 - \beta_1\}$ aufeinander abbilden kann. Diese Kreise besitzen keinen eigentlichen Schnittpunkt und hyperoskulieren einander somit im vierfach zu zählenden Schnittpunkt F. Kongruente und konzentrische isotrope Kreise bilden daher ein *Hyperoskula-tionsbüschel* von Kegelschnitten mit Berührelement (F,f).

3) Oskulierende isotrope Kreise, die der Berührbedingung (3.15) genügen, hyperoskulieren einander im absoluten Punkt F.

<u>Beweis:</u>
Da zwei isotrope Kreise nach SATZ 3.12 nie einen dreifachen Schnittpunkt in I_2 besitzen, sind oskulierende Kreise stets kongruent $(R_1 = R_2)$ und oskulieren sich in F. Mit $R_1 = R_2$ folgt aus (3.15) aber $\alpha_1 = \alpha_2$.   ◆

Wie schon bewiesen, schneiden sich zwei isotrope Kreise k_1, k_2 in reellen und verschiedenen Schnittpunkten S_1, S_2 unter betragsgleichem isotropem Winkel. Genauer gilt der

<u>SATZ 3.13:</u> Zwei nicht kongruente Kreise $k_i : y = R_i x^2 + \alpha_i x + \beta_i$ (i = 1,2) der isotropen Ebene mit reellen Schnittpunkten $S_1 \neq S_2$ schneiden sich in diesen Punkten unter dem Winkel

$$(3.16) \qquad \varphi^2(k_1,k_2) = (\alpha_2 - \alpha_1)^2 - 4(R_2 - R_1)(\beta_2 - \beta_1).$$

Zwei kongruente, aber nicht konzentrische Kreise schneiden sich im eigentlichen Schnittpunkt S unter dem Winkel

$$(3.17) \qquad \varphi = \alpha_2 - \alpha_1 .$$

<u>Beweis:</u>
Die Tangentensteigung u_i in einem Punkt $S(x_o, y_o)$ eines Kreises k_i ist gegeben durch $\left.\frac{dy}{dx}\right|_S = 2R_i x_o + \alpha_i$.
Damit gilt $\varphi = u_2 - u_1 = 2(R_2 - R_1)x_o + (\alpha_2 - \alpha_1)$. Sind k_1 und k_2 inkongruent, so findet man aus der Gleichung (*) im Beweis von SATZ 3.12 die Nullstellen

$$x_o^{(1,2)} = \frac{(\alpha_1 - \alpha_2) \pm \sqrt{(\alpha_2 - \alpha_1)^2 - 4(R_2 - R_1)(\beta_2 - \beta_1)}}{2(R_2 - R_1)} \ , \text{ woraus nach}$$

obigem (3.16) folgt. Dabei haben wir, um die Existenz reeller und verschiedener Schnittpunkte S_1, S_2 zu sichern

$$\sqrt{(\alpha_2 - \alpha_1)^2 - 4(R_2 - R_1)(\beta_2 - \beta_1)} > o \text{ vorauszusetzen. Sind hingegen } k_1$$

und k_2 kongruent, aber nicht konzentrisch, so wird der einzige, stets reelle Schnittpunkt von k_1 und k_2 in I_2 - nach Beweis von SATZ 3.12 - durch $x_o = \dfrac{\beta_2 - \beta_1}{\alpha_1 - \alpha_2}$ festgelegt. Wegen $R_2 = R_1$ beeinflußt er aber obige Gleichung für φ nicht und man erhält (3.17). ◆

An Hand von (3.16) und (3.15) erkennt man, daß sich berührende isotrope Kreise im Berührungspunkt unter dem Winkel $\varphi = o$ schneiden, wie man erwartet.

Figur 18 zeigt in einer Skizze in projektiver Sicht die drei Typen von Lagemöglichkeiten isotroper Kreise in $I_2(\mathbb{C})$. Der Fall a) ist hierbei im algebraischen Sinn zu verstehen, d.h. es wird zugelassen, daß S_1 und S_2 konjugiert komplex sind, bzw. zusammenfallen.

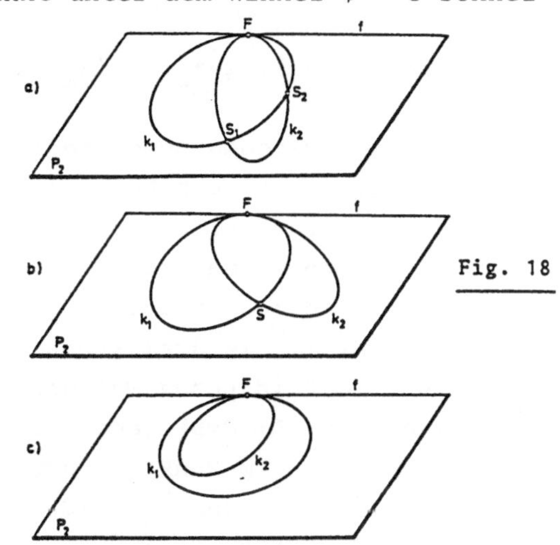

Fig. 18

Einen interessanten Zugang zur *höheren Dreiecksgeometrie* hat J. LANG in [49] vorgeschlagen. Hierbei wird ein vorgegebenes Dreieck zunächst durch Anwendung einer allgemeinen isotropen Ähnlichkeit auf Normgestalt transformiert und sodann werden in diesem Normdreieck Sätze abgeleitet; anschließend muß noch überlegt werden, daß die gewonnenen metrischen Aussagen auch im Ausgangsdreieck gelten, also $\mathcal{G}_5$-invariant sind. Diese Methode bringt rechentechnisch große Vereinfachungen mit sich und gestaltet die Herleitung tiefliegender Resultate. Wir beweisen zunächst folgenden

Hilfssatz: Jedes zulässige Dreieck mit den Ecken $\tilde{A}(a_1,a_2)$; $\tilde{B}(b_1, b_2)$; $\tilde{C}(c_1,c_2)$ läßt sich durch eine Ähnlichkeit aus $\mathcal{G}_5$ in ein Dreieck mit den Eckpunktkoordinaten $A(o,o)$; $B(1,o)$; $C(c,1)$ mit $c \neq 1$ überführen. Das Dreieck $\{A,B,C\}$ heißt *Normdreieck*.

Beweis:
Ersichtlich wird das Verlangte von jener allgemeinen isotropen Ähnlichkeit (2.5) geleistet, die man erhält, wenn man

$$a = \frac{a_1}{a_1-b_1} \; ,$$

$$b = \frac{a_2 b_1 - b_2 a_1}{D} \; ,$$

$$c = \frac{b_2-a_2}{D} \; ,$$

$$p = \frac{1}{b_1-a_1} \; , \qquad q = \frac{a_1-b_1}{D}$$

mit $D := (a_1-b_1)(c_2-a_2) - (a_2-b_2)(c_1-a_1)$ setzt. $\quad\blacklozenge$

Als erste Anwendung beweisen wir den sogenannten Satz von BRO-
CARD in der isotropen Ebene ([99,386],[49,2]). Ist $\{A,B,C\}$ ein
zulässiges Dreieck, so bezeichnen wir mit $k_1 = (A; B \vee C)$ jenen
isotropen Kreis, der durch A läuft und die Gerade $B \vee C$ im Punkt
B berührt; analog definiert man die Kreise $k_2 = (B; C \vee A)$ und
$k_3 = (C; A \vee B)$. Die drei Kreise k_1, k_2, k_3 heißen die *BROCARDSCHEN
Kreise 1. Art* in Bezug auf das Dreieck $\{A,B,C\}$. Entsprechend bezeichne $\hat{k}_1 = (A; C \vee B)$ jenen isotropen Kreis, der A enthält und
die Gerade $C \vee B$ im Punkt C berührt; analog definiert man die Krei-
se $\hat{k}_2 = (B; A \vee C)$ und $\hat{k}_3 = (C; B \vee A)$. Die drei Kreise $\hat{k}_1, \hat{k}_2, \hat{k}_3$
heißen *BROCARDSCHE Kreise 2. Art* in Bezug auf das Dreieck $\{A,B,$
$C\}$. Es gilt der

SATZ 3.14: Die drei Brocardschen Kreise erster bzw. zweiter Art
eines zulässigen Dreiecks schneiden sich je in einem Punkt W_1
bzw. W_2 dem *ersten* bzw. *zweiten Brocardschen Punkt*. Die Verbindungsgeraden von W_1 bzw. W_2 mit den Dreiecksecken A,B,C bilden
dabei mit den Dreiecksseiten $A \vee B$, $B \vee C$, $C \vee A$ bzw. $A \vee C$, $B \vee A$, $C \vee B$
je denselben isotropen Winkel ω_1 bzw. ω_2, wobei $\omega_1 = -\omega_2$ gilt.
Die Winkel ω_1 bzw. ω_2 heißen *Brocardsche Winkel*. Der Winkel ω_1
ist mit den Winkeln α, β, γ des Dreiecks durch die Relation

$$(3.18) \qquad -\frac{1}{\omega_1} = \frac{1}{\alpha} + \frac{1}{\beta} + \frac{1}{\gamma}$$

verknüpft. Die Quotienten $\tilde{a} := \dfrac{d(A,W_1)}{d(A,W_2)}$, $\tilde{b} := \dfrac{d(B,W_1)}{d(B,W_2)}$, $\tilde{c} = \dfrac{d(C,W_1)}{d(C,W_2)}$

sind proportional zu den Quotienten der den entsprechenden Eck-
punkten anliegenden Seiten, d.h. es gilt

$$(3.19) \qquad \tilde{a} : \tilde{b} : \tilde{c} = \frac{|b|}{|c|} : \frac{|c|}{|a|} : \frac{|a|}{|b|} \; .$$

<u>Beweis:</u>

Wir führen den Beweis am Normdreieck $A(o,o)$; $B(1,o)$; $C(c,1)$. Da $k_1 \ldots y = R_1 x^2 + \alpha_1 x + \beta_1$ die Punkte A und B enthält, findet man zunächst die Bedingungen $\beta_1 = o$, $\alpha_1 = -R_1$. Der Anstieg der Kreistangente in B ist durch $y'(B) = 2R_1 + \alpha_1 = R_1$ gegeben und muß nach Konstruktion (vgl. Figur 19) mit $u(\overrightarrow{BC}) = \dfrac{1}{c-1}$ übereinstimmen. Hieraus folgt $R_1 = \dfrac{1}{c-1}$, $\alpha_1 = \dfrac{1}{1-c}$ und damit als Gleichung von k_1:

$$(1) \qquad y = \frac{1}{c-1} x^2 - \frac{1}{c-1} x.$$

Analog findet man nach einiger Rechnung für k_2 bzw. k_3 die Gleichungen

$$(2) \qquad y = - \frac{1}{c(c-1)^2} x^2 + \frac{1+c^2}{c(c-1)^2} x - \frac{c}{(c-1)^2} \qquad \text{bzw.}$$

$$(3) \qquad y = \frac{1}{c^2} x^2.$$

Diese drei isotropen Kreise sind genau dann paarweise inkongruent, wenn $c^2 - c + 1 \neq o$ gilt. Dies ist aber der Fall, da $c^2 - c + 1$ keine reelle Nullstelle besitzt. Nach SATZ 3.12 besitzen damit je 2 der Kreise k_i $(i=1,2,3)$ im algebraischen Sinn stets zwei Schnittpunkte. Da ein Schnittpunkt eine Dreiecksecke ist und sich die hindurchlaufenden Kreise dort nicht berühren, besitzen je 2 Kreise k_i einen weiteren von den Dreiecksecken verschiedenen reellen Schnittpunkt. Aus (1), (2) und (3) berechnet man sofort, daß alle drei Kreise k_i durch den Punkt

$$(3.20) \qquad W_1 \left(\frac{c^2}{c^2-c+1} \quad , \quad \frac{c^2}{(c^2-c+1)^2} \right)$$

hindurchgehen. Die behauptete Winkelgleichheit erkennt man durch zweimalige Anwendung des Peripherie - bzw. Tangentenwinkelsatzes, und zwar auf die Sehne $\overline{BW_1}$ im Kreis k_1 und auf die Sehne $\overline{CW_1}$ im Kreis k_2. Weiter berechnet man mittels

$$(3.20) \quad \omega_1 = \sphericalangle(\overrightarrow{AB}, \overrightarrow{AW_1}) = \frac{1}{c^2-c+1}.$$

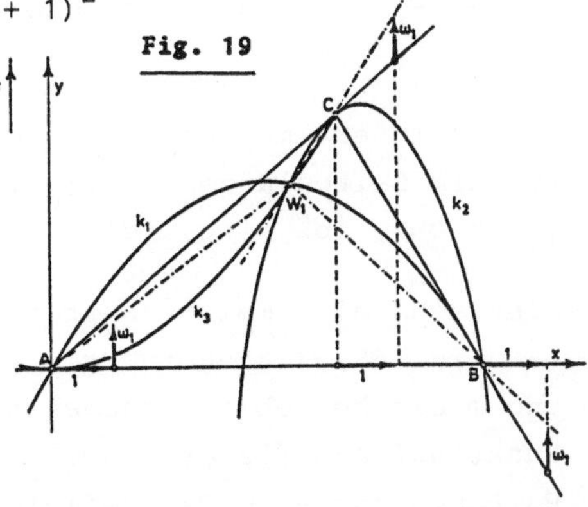

Spezialisiert man die im Beweis von SATZ 3.4 gewonnenen Formeln für α, β und γ, so ergibt sich $\alpha = -\dfrac{1}{c}$, $\beta = \dfrac{1}{c-1}$, $\gamma = \dfrac{1}{c(1-c)}$, womit man (3.18) bestätigt.

Diese am Normdreieck gewonnenen Aussagen sind allgemein gültig, da bei einer Transformation aus $\mathcal{G}_5$ zwar jeder Winkel mit einem Faktor $\frac{q}{p}$ multipliziert wird, dieser aber in (3.18) wieder herausfällt und die gezeigte Winkelgleichheit nicht stört.

Die Brocardschen Kreise 2. Art $\hat{k}_1, \hat{k}_2, \hat{k}_3$ und der *zweite Brocardsche Punkt* werden analog bestimmt. Man findet zunächst

$$(1) \quad \hat{k}_1 \ \ldots \ y = \frac{1}{c^2(c-1)} \, x^2 + \frac{c-2}{c(c-1)} \, x$$

$$(2) \quad \hat{k}_2 \ \ldots \ y = -\frac{1}{c} \, x^2 + \frac{1}{c} \, x$$

$$(3) \quad \hat{k}_3 \ \ldots \ y = \frac{1}{(c-1)^2} \, (x-1)^2$$

und hiermit

$$(3.21) \quad W_2 \left(\frac{c}{c^2-c+1} \ , \ \frac{(c-1)^2}{(c^2-c+1)^2} \right) \ .$$

Mittels (3.21) berechnet man jetzt $\omega_2 = \sphericalangle(\overrightarrow{AC}, \overrightarrow{AW_2}) = -\frac{1}{c^2-c+1} = -\omega_1$.

Die behauptete Winkelgleichheit bestätigt man wieder unter Anwendung des Peripherie- und Tangentenwinkelsatzes. Weiter berechnen wir $d(A,W_1) = \frac{c^2}{c^2-c+1}$, $d(B,W_1) = \frac{c-1}{c^2-c+1}$, $d(C,W_1) = -\frac{c(c-1)^2}{c^2-c+1}$, $d(A,W_2) = \frac{c}{c^2-c+1}$, $d(B,W_2) = -\frac{(c-1)^2}{c^2-c+1}$, $d(C,W_2) = \frac{c^2(1-c)}{c^2-c+1}$, woraus man sofort $\tilde{a} = c$, $\tilde{b} = -\frac{1}{c-1}$ und $\tilde{c} = \frac{c-1}{c}$ gewinnt.

Spezialisiert man die im Beweis von SATZ 3.4 gewonnenen Formeln für die Seitenlängen $|a|, |b|, |c|$ auf das Normdreieck, so folgt $|a| = c-1$, $|b| = -c$, $|c| = 1$, woraus mit obigem (3.19) folgt. $\blacklozenge$

Eine sehr allgemeine, aber tragfähige Begriffsbildung hat J. LANG in [49,3] eingeführt. Ist $\{A,B,C\}$ ein zulässiges Dreieck und φ ein beliebig vorgegebener Winkel, so bezeichne P_C jenen Punkt auf $A \vee B$ für den $\sphericalangle AW_1 P_C = \varphi$ gilt; analog werden die Punkte $P_A \in B \vee C$ und $P_B \in C \vee A$ definiert. Weiter bezeichne $\tilde{P}_C$ jenen Punkt auf $A \vee C$ für den $\sphericalangle BW_2 \tilde{P}_C = -\varphi$ gilt und analog werden die Punkte $\tilde{P}_A \in B \vee C$ und $\tilde{P}_B \in C \vee A$ erklärt. Dann gilt der bemerkenswerte

SATZ 3.15: Bei vorgegebenem zulässigem Dreieck $\{A,B,C\}$ und festem φ liegen die Punkte P_A, P_B, P_C, $\tilde{P}_A$, $\tilde{P}_B$ und $\tilde{P}_C$ alle auf einem Kreis k_φ, genannt *TUCKER-Kreis* des Dreiecks $\{A,B,C\}$ zum Winkel φ.

Beweis:

Ersichtlich sind die Punkte P_A, P_B, ... , $\tilde{P}_C$ eindeutig bestimmt. Im Normdreieck erhält man nach einiger Rechnung ihre Koordinaten zu $P_A(\frac{\varphi c^2+1}{N}, \frac{\varphi}{N})$, $P_B(\frac{c(1+\varphi c)}{N}, \frac{1+\varphi c}{N})$, $P_C(\frac{\varphi c^2}{N}, o)$, $\tilde{P}_A(\frac{c(1+\varphi)}{N}, \frac{1-\varphi(c-1)}{N})$, $\tilde{P}_B(\frac{c\varphi}{N}, \frac{\varphi}{N})$, $\tilde{P}_C(\frac{1+\varphi c}{N}, o)$, wobei zur Abkürzung $N := 1+\varphi(c^2-c+1)$ gesetzt wurde. Diese Punkte liegen aber ersichtlich auf dem Kreis k_φ

$$(3.22) \qquad \frac{c(c-1)}{N} \left[y - \frac{(c^2-\varphi c-1)^2}{4c(1-c)\,N} \right] = \left(x - \frac{\varphi c^2+\varphi c+1}{2N} \right)^2 . \qquad \blacklozenge$$

Bezüglich verschiedener Anwendungen vergleiche man [49]. Ein interessanter Zusammenhang zwischen höherer Dreiecksgeometrie und Kreisgeometrie wird durch folgenden Begriff hergestellt [49, 5]: Sind ein zulässiges Dreieck $\{A,B,C\}$, ein Punkt P und ein Winkel $\delta \neq o$ vorgegeben, so kann man Punkte P^a, P^b, P^c auf den Dreiecksseiten $B \vee C$, $C \vee A$ und $A \vee B$ durch die Bedingungen $\measuredangle(P^a P, B \vee C) = \delta$, $\measuredangle(P^b P, C \vee A) = \delta$, $\measuredangle(P^c P, A \vee B) = \delta$ in eindeutiger Weise bestimmen (Figur 20). Das Dreieck $\{P^a, P^b, P^c\}$ heißt *verallgemeinertes Fußpunktdreieck* des Punktes P bezüglich des Dreiecks $\{A,B,C\}$. Es gilt der

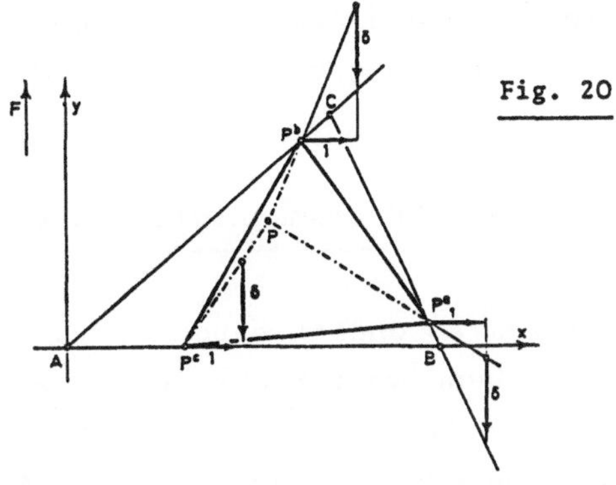

SATZ 3.16: Für jedes $\delta \neq o$ ist die Fläche des verallgemeinerten Fußpunktdreiecks eines Punktes P proportional zur isotropen Potenz $f(P)$ von P bezüglich des Umkreises k_u von $\{A,B,C\}$.

Beweis:

Nach einiger Rechnung findet man zum Punkt $P(x_o,y_o)$ als Koordinaten der Ecken des Fußpunktdreiecks im Normdreieck $\{A,B,C\}$:

$$P^c\left(\frac{1}{\delta}(\delta x_o+y_o), o \right), \quad P^b\left(\frac{(\delta c-1)x_o+cy_o}{\delta c}, \frac{(\delta c-1)x_o+cy_o}{\delta c^2} \right),$$

- 48 -

$$P^a \left(\frac{(1-x_o) + (c-1)(\delta x_o + y_o)}{\delta(c-1)} \quad \frac{y_o(c-1) + (1-x_o)[1-\delta(c-1)]}{\delta(c-1)^2} \right. .$$

Nach einiger Rechnung gewinnt man damit für den Flächeninhalt F des Dreiecks $\{P^a, P^b, P^c\}$

$$(3.23) \qquad F = \frac{1}{2} \frac{x_o(x_o-1) - c(c-1)y_o}{\delta^2 c^2 (c-1)^2} .$$

Andererseits berechnet man gemäß (3.3) die Gleichung des Umkreises des Normdreiecks zu $f(x,y) = x^2 - x - y\, c(c-1) = o$, womit als Potenz von P folgt $f(P) = x_o(x_o-1) - y_o c(c-1)$; dies ist aber gerade der Zähler in (3.23). ◆

Liegt P auf dem Umkreis k_u, so ist $f(P) = o$ und P^a, P^b, P^c sind für jedes $\delta \neq o$ kollinear. Auf diese Weise kann man jedem Punkt $P \in k_u$ bei festem $\delta \neq o$ eine Gerade $g(\delta)$ zuordnen. Wir werden die Abbildung $P \to g(\delta)$ bei variablem δ im § 5 näher betrachten. Zu dem bekannten *Satz von MORLEY* in der euklidischen Ebene existiert ebenfalls ein isotropes Analogon, das von W. VETTER in [113,332] angegeben wurde.
Bezüglich weiterer Sätze aus der höheren isotropen Kreisgeometrie, speziell des *Büschelsatzes* und des *Satzes von MIQUEL* vergleiche man die Arbeit [92] von E. SCHRÖDER sowie die ausgezeichnete Darstellung von I.M. JAGLOM [34].

§ 4 Lineare Kreismannigfaltigkeiten der isotropen Ebene.

In diesem Abschnitt bauen wir die Theorie der Kreise in der isotropen Ebene weiter aus, wobei wir nach Einführung eines geeigneten *Übertragungsprinzips*, speziell *lineare Kreismannigfaltigkeiten* untersuchen werden. Wir folgen hierbei den Arbeiten [54], [55] von N. MAKAROWA und der Arbeit [87] von H. SACHS, wobei wir ein in [55] angedeutetes Übertragungsprinzip konsequent benützen. In SATZ 3.10 wurde für Kreise der isotropen Ebene bereits ein Potenzbegriff eingeführt; wir werden jetzt einen dazu *dualen Potenzbegriff* - nämlich die isotrope Potenz eines Kreises in einer Geraden - einführen. Hierzu erinnern wir vorerst an den Beweis des SATZES 3.3, wo ein Kreis k

$$(4.1) \qquad y = Rx^2 + \alpha x + \beta, \qquad R \neq o$$

in Geradenkoordinaten (u,v) beschrieben wurde. Ist $P(x_o,y_o)$ der Berührungspunkt einer Tangente $y = ux + v$ mit k, so gilt

$$(4.2) \quad u = 2Rx_o + \alpha$$

$$v = -Rx_o^2 + \beta$$

und die Gleichung von k lautet in Geradenkoodinaten

$$(4.3) \quad v = - \frac{1}{4R} u^2 + \frac{\alpha}{2R} u + \frac{4R\beta - \alpha^2}{4R} \quad .$$

<u>SATZ 4.1:</u> Ist k ein Kreis der isotropen Ebene I_2, g eine nicht isotrope Gerade, die keine Tangente von k ist, und X ein beliebiger Punkt auf g. Bezeichnen dann Θ_1, Θ_2 jene Winkel, die die von X an k legbaren Tangenten mit g bilden, dann hängt das Winkelprodukt $\Theta_1\Theta_2 =: \not{p}$ (g,k) nicht von der Lage des Punktes $X \in g$ ab. $\not{p}$ (g,k) heißt die *Potenz* des Kreises k *in der Geraden* g.

<u>Beweis:</u>
g werde durch $y = Ax+B$ beschrieben. Wir beschreiben P als Schnittpunkt von g mit der nicht isotropen Geraden $g_1 \ldots y = A_1x + B_1$. Für den Winkel Θ einer nicht isotropen Geraden des Büschels $\lambda g + \mu g_1 = o$ gegen g berechnet man

$$(4.4) \quad \Theta = \frac{\mu}{\lambda + \mu} (A_1 - A) \quad ,$$

wobei $\lambda + \mu \neq o$ gilt, da $\lambda = - \mu$ die isotrope Büschelgerade beschreibt. Die Geradenkoordinaten einer nicht isotropen Geraden dieses Büschels lauten

$$(4.5) \quad u = \frac{\lambda A + \mu A_1}{\lambda + \mu} \quad , \quad v = \frac{\lambda B + \mu B_1}{\lambda + \mu} \quad .$$

Durch Einsetzen von (4.5) in (4.3) erhält man eine quadratische Gleichung

$$(4.6) \quad a\lambda^2 + b\lambda\mu + c\mu^2 = o \quad ,$$

deren Koeffizienten von $A, B, A_1, B_1, \alpha, \beta$ und R abhängen. Die Lösungen $(\lambda_1 : \mu_1)$, $(\lambda_2 : \mu_2)$ von (4.6) liefern die aus X an k legbaren Tangenten. Da g keine Tangente von k ist, ist $\mu = o$ keine Lösung von (4.6) und somit $a \neq o$. Aus (4.4) und (4.6) erhält man unter Benützung der Vietàschen Wurzelsätze die Beziehung $\Theta_1\Theta_2 (1 - \frac{b}{a} + \frac{c}{a}) = (A_1 - A)^2$, woraus man nach einfacher Rechnung die Gleichung

$$(4.7) \quad \Theta_1\Theta_2 = (A-\alpha)^2 + 4R(B-\beta)$$

gewinnt. (4.7) zeigt, daß $\Theta_1\Theta_2$ nicht von A_1,B_1, also nicht von $X \in g$ abhängt. ◆

<u>Bemerkungen:</u>

1) Die Winkel Θ_1, Θ_2 in SATZ 4.1 sind gemäß (2.15) als *orientiert* zu betrachten. Bezeichnen t_1, t_2 die von X an k legbaren Tangenten, so haben wir gesetzt $\Theta_1 = \angle(g,t_1)$, $\Theta_2 = \angle(g,t_2)$. Ist $\wp(g,k) > o$, so ist sgn $\Theta_1 =$ sgn Θ_2 und g schneidet k in 2 verschiedenen, reellen Punkten. Für $\wp(g,k) < o$ ist sgn $\Theta_1 \neq$ $\neq$ sgn Θ_2 und g schneidet k nicht reell; dies folgt unmittelbar aus (3.15) für $\alpha_2 = A$, $\alpha_1 = \alpha$, $R_2 = o$, $R_1 = R$, $\beta_2 = B$ und $\beta_1 = \beta$.

2) Der SATZ 4.1 ist ein isotropes Analogon zu einem bekannten Resultat über Kreise in der euklidischen Ebene [62,23].

3) Ein Vergleich von (4.7) mit (4.3) zeigt, daß die Potenz $\wp$ (g, k) erhalten wird, indem man die Gleichung von k in Geradenkoordinaten so normiert, daß der Koeffizient bei u^2 gleich 1 wird, und in die normierte Gleichung die Koordinaten von g einsetzt.

Berechnet man nach (3.16) den Schnittwinkel φ eines Kreises $y = Rx^2 + \alpha x + \beta$ mit einer nicht isotropen Geraden $y = Ax + B$, so findet man $\varphi^2 = (A-\alpha)^2 + R(B-\beta)$ und ein Vergleich mit (4.7) ergibt somit den

<u>SATZ 4.2:</u> Die Potenz $\wp$ (g,k) eines Kreises k der isotropen Ebene in einer nicht isotropen Geraden g stimmt überein mit dem Quadrat des Schnittwinkels von g mit k.

Auch dieser Satz steht in Analogie zu einem euklidischen Resultat [62,23]. Die Bedeutung dieses SATZES 4.2 liegt darin, daß man hiermit eine geometrische Deutung für den Schnittwinkel φ einer Geraden g mit einem Kreis k gefunden hat, auch wenn φ rein imaginär ist, d.h., wenn k von g nicht reell geschnitten wird. Während sich kongruente Kreise stets unter reellem Winkel (3.17) schneiden, ist dies für inkongruente Kreise nicht immer der Fall. Um auch in diesen Fällen eine geometrische Deutung des Schnittwinkels φ zu geben, beweisen wir vorerst den

<u>SATZ 4.3:</u> Zwei inkongruente Kreise k_1,k_2 der isotropen Ebene, die

sich nicht berühren, besitzen stets zwei reelle oder konjugiert-
-komplexe gemeinsame Tangenten. Für den *Tangentialabstand* d der
beiden Kreise gilt

$$(4.8) \qquad d^2 = \frac{1}{4R_1R_2} \, [\,(\alpha_2-\alpha_1)^2 - 4(R_2-R_1)(\beta_2-\beta_1)\,] = \frac{1}{4R_1R_2}\Delta = \frac{1}{4R_1R_2}\,\varphi^2.$$

<u>Beweis:</u>
Die gemeinsamen Tangenten (u,v) der Kreise k_1,k_2 werden nach (4.3)
als Lösungen der beiden Gleichungen

$$v = -\frac{1}{4R_i}\,u^2 + \frac{\alpha_i}{2R_i}\,u + \frac{4R_i\beta_i - \alpha_i^2}{4R_i} \qquad\qquad (i = 1,2)$$

erhalten. Deuten wir (u,v) als Punktkoordinaten im Dualraum und
beachtet man, daß diese Gleichungen dieselbe Bauart haben wie die
Gleichung (4.1), so kann man die Resultate über die Schnittpunkte
von isotropen Kreisen aus § 3 anwenden und wieder dualisieren.
Wegen $R_1 \neq R_2$ sind die dualen Kreise $\hat{k}_1, \hat{k}_2$ ebenfalls inkongruent
und sie berühren sich nicht. Nach SATZ 3.12 besitzen sie daher
über $\mathbb{C}$ zwei verschiedene Schnittpunkte T_1,T_2. Diesen Schnittpunkten entsprechen dual zwei gemeinsame Tangenten t_1,t_2 der Kreise
k_1,k_2. Ist t eine dieser Tangenten mit den Berührpunkten $T_1(x_1,$
$y_1) \in k_1$, $T_2(x_2,y_2) \in k_2$, so werden wir zeigen, daß der isotrope
Abstand $\overline{T_1T_2} =: d$ nicht davon abhängt, ob die Tangente t_1 oder
t_2 gewählt wird; d heißt *Tangentialabstand* der beiden Kreise. In
der Tat findet man nach (4.2) die Beziehungen

$$(4.9) \qquad 2R_1x_1 + \alpha_1 = 2R_2x_2 + \alpha_2$$

$$\beta_1 - R_1x_1^2 = \beta_2 - R_2x_2^2 \qquad\qquad ,$$

aus denen mittels der Abstandsformel $d^2 = (x_2-x_1)^2$ unschwer die
von der Wahl der gemeinsamen Tangente t unabhängige Formel (4.8)
folgt. Den letzten Teil der Formel (4.8) erhält man aus (3.16). ◆

<u>SATZ 4.4:</u> Sind k_1,k_2 zwei inkongruente Kreise der isotropen Ebene,
die sich nicht berühren, und bezeichnen R_1,R_2 deren Radien, φ
ihren Schnittwinkel, d ihren Tangentialabstand und l die Spanne
jener Punkte $P_1 \in k_1$, $P_2 \in k_2$, die auf einer isotropen Geraden
so liegen, daß die Tangenten in P_1 an k_1 bzw. in P_2 an k_2 parallel sind, dann gilt:

(a) Schneiden sich k_1 und k_2 nicht reell, aber besitzen k_1 und
k_2 einen reellen Tangentialabstand, dann gilt

(4.10) $\varphi^2 = 4R_1 R_2 \, d^2$.

(b) Schneiden sich k_1 und k_2 nicht reell, und besitzen k_1 und k_2
auch keinen reellen Tangentialabstand, dann gilt

(4.11) $\varphi^2 = 4l(R_1 - R_2)$.

Beweis:

Die erste Aussage folgt aus (4.8), wobei zu beachten ist, daß in
diesem Fall $\Delta < o$ und somit $R_1 R_2 < o$ gilt. Im Fall (b) hingegen
gilt $R_1 R_2 > o$. Bestimmt man das Punktepaar $P_1(x_1, y_1) \in k_1$, $P_2(x_2,$
$y_2) \in k_2$ so, daß die Tangenten in diesen Punkten an k_1 bzw. k_2
parallel sind, und daß die Verbindungsgerade von P_1 und P_2 isotrop ist, so liefert eine kurze Rechnung $4l(R_1 - R_2) = (\alpha_2 - \alpha_1)^2 -$
$-4(\beta_2 - \beta_1)(R_2 - R_1)$. Hieraus und (3.16) folgt die Behauptung (b).
◆

Um lineare Kreislaufmannigfaltigkeiten in der isotropen Ebene I_2
zu studieren, empfiehlt es sich, ähnlich wie in der euklidischen
Kreisgeometrie [9, 30f] geeignete *Kreiskoordinaten* und ein mit
ihnen zusammenhängendes *Übertragungsprinzip* einzuführen. Ausgehend von der - im Beweis von SATZ 3.2 gewonnenen - allgemeinen
Kreisgleichung

(4.12) $\alpha_{11} x^2 + 2\alpha_{o1} x + 2\alpha_{o2} y + \alpha_{oo} = o$

bezeichnen wir mit N. MAKAROWA [55, 70] das Quadrupel

(4.13) $\eta_o : \eta_1 : \eta_2 : \eta_3 = \alpha_{11} : \alpha_{o1} : \alpha_{o2} : \alpha_{oo}$

als *tetrazyklische Koordinaten*. Für $\alpha_{11} \neq o$ legt (4.12) eindeutig
einen Kreis fest, wobei wir die Menge der bisher betrachteten parabolischen Kreise noch um die Menge der reellen bzw. konjugiert
komplexen isotropen Geradenpaare sowie um die Menge der isotropen
Doppelgeraden zu erweitern haben. Läßt man auch $\alpha_{11} = o$ zu, dann
hat man diese Kreismenge noch um die Menge der isotropen und nicht
isotropen Geraden einschließlich der Ferngeraden f zu erweitern.
Die so definierte Kreismenge ist dann bijektiv zur Menge der Quadrupel $\eta_o : \eta_1 : \eta_2 : \eta_3 \neq o : o : o : o$. Aus (4.13) definieren
wir für $\alpha_{o2} \neq o$ die *pentazyklischen Koordinaten*

(4.14) $\qquad x_o : x_1 : x_2 : x_3 : x_4 = \alpha_{11} : \alpha_{o1} : \alpha_{o2} : \alpha_{oo} : \dfrac{\alpha_{o1}^2 - \alpha_{11}\alpha_{oo}}{\alpha_{o2}}$.

Durch diese Koordinaten werden somit nur parabolische Kreise
(3.1) bzw. für $\alpha_{11} = o$ nicht isotrope Geraden beschrieben. Die
Menge der parabolischen Kreise und der nicht isotropen Geraden
werde i.f. mit $\mathfrak{H}$ bezeichnet. Die pentazyklischen Koorinaten sind
nicht unabhängig, sondern es besteht zwischen ihnen die Beziehung

(4.15) $\qquad x_1^2 - x_o x_3 - x_2 x_4 = o,$

die man sofort aus (4.14) folgert. Interpretiert man die homogenen Quintupel (x_i) als projektive Koordinaten in einem vier-
dimensionalen reellen projektiven Raum P_4, so stellt (4.15) eine
dreidimensionale Hyperfläche 2. Ordnung $M_3^2 \subset P_4$ dar. Zur näheren
Untersuchung wenden wir auf (4.15) die Projektivität $\{x_o = y_o + y_3,$
$x_1 = y_1, \quad x_2 = y_2 + y_4, \quad x_3 = y_o - y_3, \quad x_4 = y_2 - y_4\}$ an, wodurch
$-y_o^2 + y_1^2 - y_2^2 + y_3^2 + y_4^2 = o$ entsteht. Die M_3^2 ist somit eine *Hyperquadrik*. Nach einem bekannten Satz aus der linearen Algebra [45,
196] liegen auf der M_3^2 lineare Unterräume der maximalen Dimension
$u = 4-2-1 = 1$, d.h. Geraden. Die Hyperebene $H_o \ldots x_2 = o$ ist Tangentialhyperebene im Punkt $S(o:o:o:o:1)$ an die M_3^2 und schneidet
die M_3^2 nach einem *einteiligen Kegel 2. Ordnung* N_2^2 mit S als
Spitze. Schneidet man die M_3^2 längs des Kegels N_2^2 auf, d.h. bildet man $\overset{*}{M}_3^2 = M_3^2 \setminus N_2^2$, so erhält man eine bijektive Abbildung

(4.16) $\qquad \sigma : \mathfrak{H} \rightarrow \overset{*}{M}_3^2 = M_3^2 \setminus N_2^2 \subset P_4 $,

die i.f. als geeignetes Übertragungsprinzip verwendet wird. Sind
$k_1(x_o : x_1 : x_2 : x_3 : x_4)$ und $k_2(y_o : y_1 : y_2 : y_3 : y_4)$ zwei inkongruente bzw.
zwei kongruente, nicht konzentrische Kreise, so folgt aus (3.16)
bzw. (3.17) mittels $\alpha_1 = -\dfrac{x_1}{x_2}$, $R_1 = -\dfrac{x_o}{2x_2}$, $\beta_1 = -\dfrac{x_3}{2x_2}$;
$\alpha_2 = -\dfrac{y_1}{y_2}$, $R_2 = -\dfrac{y_o}{2y_2}$, $\beta_2 = -\dfrac{y_3}{2y_2}$ unter Beachtung von (4.15)
für den Schnittwinkel φ der Kreise k_1, k_2

(4.17) $\qquad \varphi^2 = \dfrac{-2x_1 y_1 + x_o y_3 + x_3 y_o + x_2 y_4 + x_4 y_2}{x_2 y_2}$.

Ist k_1 ein isotroper Kreis und k_2 eine nicht isotrope Gerade bzw.
sind k_1 und k_2 zwei nicht isotrope, nicht parallele Geraden, so
gelangt man ausgehend von (3.16) bzw. (2.15) ebenfalls zur Formel

(4.17). Speziell erhält man als *Berührbedingung* zweier Kreise k_1, $k_2 \in \sigma$:

(4.18) $-2x_1y_1 + x_0y_3 + x_3y_0 + x_2y_4 + x_4y_2 = 0$.

Da die linke Seite von (4.18) die Polarform zu $2(x_1^2 - x_0x_3 - x_2x_4)$ ist, haben wir somit den

__SATZ 4.5:__ Zwei Kreise k_1, k_2 aus σ berühren sich genau dann, wenn ihre Bildpunkte $\sigma(k_1)$, $\sigma(k_2) \in P_4$ bezüglich der M_3^2 polar konjugiert liegen.

Im Rahmen dieser Überlegungen kann auch das *Apollonische Berührproblem* in der isotropen Ebene gelöst werden, das - in Analogie zur euklidischen Situation (vgl. [62, 53f]) - verlangt, zu drei vorgegebenen Kreisen $k_1, k_2, k_3 \in \mathcal{6}$ alle möglichen berührenden Kreise anzugeben. Wir zeigen zunächst einen

__Hilfssatz:__ Genau dann liegen die Bildpunkte $\sigma k_1, \sigma k_2, \sigma k_3$ dreier Kreise $k_1, k_2, k_3 \mid \in \mathcal{6}$ auf einer Geraden $g \subset M_3^2 \subset P_4$, wenn die Kreise entweder alle konzentrisch sind oder sich paarweise berühren.

__Beweis:__

Beschreibt man die Kreise k_1 und k_2 durch Koordinaten $k_1(2R_1:\alpha_1:-1:2\beta_1:4R_1\beta_1 - \alpha_1^2)$ und $k_2(2R_2:\alpha_2:-1:2\beta_2:4R_2\beta_2-\alpha_2^2)$, dann liegt die Verbindungsgerade $g \ldots X = \lambda k_1 + \mu k_2$ genau dann auf der M_3^2, wenn die Bedingung $(\alpha_2-\alpha_1)^2 = 4(\beta_2-\beta_1)(R_2-R_1) = 0$ erfüllt ist. Dann sind aber entweder k_1 und k_2 - und damit alle weiteren Kreise des Büschels - konzentrisch oder alle Kreise berühren sich. ◆

Hat man nun einen Kreis $k_z(z_0:z_1:z_2:z_3:z_4)$ zu bestimmen, der drei vorgegebene Kreise $k_i(x_0^{(i)}:x_1^{(i)}:x_2^{(i)}:x_3^{(i)}:x_4^{(i)})$ (i=1,...,3) berührt, so hat man nach (4.18) das Gleichungssystem

$$\left\{ \begin{array}{l} -2x_1^{(1)}z_1 + x_0^{(1)}z_3 + x_3^{(1)}z_0 + x_2^{(1)}z_4 + x_4^{(1)}z_2 = 0 \\[2ex] -2x_1^{(2)}z_1 + x_0^{(2)}z_3 + x_3^{(2)}z_0 + x_2^{(2)}z_4 + x_4^{(2)}z_4 = 0 \\[2ex] -2x_1^{(3)}z_1 + x_0^{(3)}z_3 + x_3^{(3)}z_0 + x_2^{(3)}z_4 + x_4^{(3)}z_4 = 0 \end{array} \right.$$

zu diskutieren. Setzt man voraus, daß k_1, k_2, k_3 paarweise nicht konzentrisch sind und sich je zwei dieser Kreise nicht berühren, dann sind $\sigma k_1, \sigma k_2$ und σk_3 linear unabhängige Punkte im P_4, und die Koeffizientenmatrix des obigen Gleichungssystems hat den Rang 3. Die Lösungsmenge ist dann eine Gerade $P_1 \subset P_4$. Diese Gerade liegt nicht ganz auf der M_3^2, sodaß im algebraischen Sinn genau zwei Schnittpunkte Z_1, Z_2 von P_1 mit M_3^2 existieren. Die Kreise $\sigma^{-1} Z_1 = k_z^{(1)}$ und $\sigma^{-1} Z_2 = k_z^{(2)}$ sind die gesuchten Lösungen des Berührproblems. Damit ist auf einem neuen Weg ein erstmals von J. LANG (vgl.[49,8])bewiesener Satz gezeigt:

<u>SATZ 4.6:</u> Sind in der isotropen Ebene drei paarweise nicht konzentrische und sich nicht berührende Kreise k_1, k_2, k_3 gegeben, dann existieren im algebraischen Sinn genau zwei Kreise (reell getrennt, zusammenfallend oder konjugiert-komplex), die k_1, k_2 und k_3 berühren.

<u>Bemerkungen:</u>
1) Der SATZ 4.6 wird in [49,7f] mit Hilfe der Theorie der Kegelschnittbüschel hergeleitet. Hierbei wird das Problem gelöst, zu drei vorgegebenen Kegelschnitten k_1, k_2, k_3 mit gemeinsamem Linienelement (T,t) einen weiteren Kegelschnitt, der das Linienelement (T,t) enthält, so zu bestimmen, daß er k_1, k_2, k_3 berührt. Eine konstruktiv auswertbare Lösung wird hierfür angegeben.
2) Das Apollonische Berührproblem der isotropen Ebene läßt sich auch im Sinne der *GERGONNE'schen Lösung* mit zyklographischen Methoden lösen (vgl.[62,58]).

Im folgenden setzen wir die Untersuchung des Übertragungsprinzips
$$\sigma : \mathfrak{6} \longrightarrow M_3^2 \subset P_4 \text{ fort.}$$

Aus (4.8) erhält man analog für den *Tangentialabstand* d zweier inkongruenter Kreise k_1, k_2 die sich nicht berühren

$$(4.19) \qquad d^2 = \frac{-2x_1y_1 + x_0y_3 + x_3y_0 + x_2y_4 + x_4y_2}{x_0y_0} \qquad .$$

Ist k_1 eine nicht isotrope Gerade und k_2 ein Kreis der isotropen Ebene, so kann ein Tangentialabstand gemäß (4.8) nicht definiert werden. Als Ersatzvariante definieren wir in diesem Fall die Potenz $\pi_0^2 =: \mathfrak{P}(k_1, k_2)$ des Kreises k_2 in der Geraden k_1. Sind schließlich k_1 und k_2 zwei nicht isotrope, nicht parallele Geraden, so wird ihr Schnittwinkel φ als Tangentialabstand interpretiert. Diese beiden Ausnahmefälle liefern die Formeln

$$(4.20) \qquad \pi_o^2 = \frac{-2x_1y_1 + x_oy_3 + x_3y_o + x_2y_4 + x_4y_2}{x_2y_2} \qquad \text{bzw.}$$

$$(4.21) \qquad \varphi^2 = \frac{-2x_1y_1 + x_2y_4 + x_4y_2}{x_2y_2} \qquad .$$

Nunmehr können wir lineare Kreismannigfaltigkeiten in I_2 definieren, indem wir Schnitte der M_3^2 mit k-dimensionalen Ebenen ($2 \leq k \leq 3$) des P_4 betrachten, und diese Schnittgebilde mit der Bijektion σ^{-1} wieder in die Menge δ abbilden.

Wir wollen i.f. nur jene linearen Kreismannigfaltigkeiten studieren, denen Schnitte der M_3^2 mit Hyperebenen entsprechen, die von der Ausnahmehyperebene $H_o \ldots x_2 = o$ verschieden sind. Derartige lineare Kreismannigfaltigkeiten bezeichnen wir als *lineare Kreiskomplexe*.

<u>Definition 4.1:</u> Die Menge der Kreise $k(x_o:x_1:x_2:x_3:x_4)$, die einer linearen Gleichung

$$(4.22) \qquad a_ox_o + a_1x_1 + a_2x_2 + a_3x_3 + a_4x_4 = o \quad \text{mit} \quad a_4 \neq o$$

genügen, heißt ein *lineares Kreissystem*. Das Quintupel $[a_o:a_1:a_2:a_3:a_4] =: [\alpha]$ bezeichnen wir als homogene Koordinaten des linearen Kreissystems. Ein lineares Kreissystem heißt *hyperbolisch*, *elliptisch* bzw. *parabolisch*, je nachdem für die Größe

$$(4.23) \qquad I[\alpha] := a_1^2 - 4a_oa_3 - 4a_2a_4$$

gilt $I > o$, $I < o$ bzw. $I = o$.

<u>SATZ 4.7:</u> Ein lineares parabolisches Kreissystem besteht aus allen Kreisen, die einen festen Kreis $k \in \delta$ berühren.

<u>Beweis:</u>
Die das Kreissystem definierende Hyperebene H_3 (4.22) besitzt bezüglich der M_3^2 den Pol $P(a_3 : -\frac{a_1}{2} : a_4 : a_o : a_2)$, der ersichtlich für $I[\alpha] = o$ auf der M_3^2 liegt. Wegen $a_4 \neq o$ gilt $P \in \overset{*}{M}_3^2$, d.h. $\sigma^{-1}P$ ist ein Kreis aus δ. Da P zu allen Punkten von $H_3 \cap M_3^2$ konjugiert ist, folgt aus SATZ 4.5 die Behauptung. $\blacklozenge$

Um auch zu einer geometrischen Deutung der hyperbolischen bzw.

elliptischen Kreissysteme zu gelangen, untersuchen wir zunächst
alle Kreise $k(x_o:x_1:x_2:x_3:x_4:x_5) \in \tau$, die einen festen Kreis
$\Omega(X_o:X_1:X_2:X_3:X_4:X_5) \in \tau$ unter konstantem reellen oder rein ima-
ginärem Winkel $\varphi \neq o$ schneiden. Nach (4.17) genügen diese Sphären
der linearen Gleichung

$$(4.24) \qquad X_3 x_o - 2X_1 x_1 + (X_4 - \varphi^2 X_2) x_2 + X_o x_3 + X_2 x_4 = o$$

mit $X_2 \neq O$, d.h. sie bilden ein lineares Kreissystem. Für dieses
Kreissystem berechnet man $I = 4X_2^2 \varphi^2$, wobei wegen $\Omega \in \tau$ die Beziehung $X_1^2 + X_2^2 - X_o X_4 - X_3 X_5 = o$ berücksichtigt wurde. Das entstehende System ist somit hyperbolisch bzw. elliptisch, je nachdem φ reell bzw. rein imaginär ist. Analog kann man mittels (4.19)
alle Kreise $k(y_o:y_1:y_2:y_3:y_4:y_5) \in \tau$ bestimmen, die von einem
festen parabolischen Kreis $\hat{\Omega}(Y_o:Y_1:Y_2:Y_3:Y_4:Y_5)$ den reellen oder
rein imaginären Tangentialabstand d besitzen. Man findet wegen
$Y_o \neq o$ das lineare Kreissystem

$$(4.25) \qquad (Y_3 - d^2 Y_o) y_o - 2Y_1 y_1 + Y_4 y_2 + Y_o y_3 + Y_2 y_4 = o$$

mit $Y_2 \neq O$. Mit (4.23) berechnet man für dieses System $I = 4d^2 y_o^2$.
Das entstehende System ist somit wegen $Y_o \neq o$ hyperbolisch bzw.
elliptisch, je nachdem d reell bzw. rein imaginär ist. Schließlich bilden alle Kreise $k \in \tau$, die in einer festen, nicht isotropen Geraden $\tilde{\Omega}(o:Z_1:Z_2:Z_3:Z_4)$ dieselbe Potenz π_o^2 haben das lineare Kreissystem

$$(4.26) \qquad Z_3 x_o - 2Z_1 x_1 + (Z_4 - \pi_o^2 Z_2) x_2 + Z_2 x_4 = o \ ,$$

wobei $I = 4Z_2^2 \pi_o^2$ gilt. Nunmehr beweist man leicht den

<u>SATZ 4.8:</u> Jedes hyperbolische (elliptische) Kreissystem kann er-
zeugt werden als Menge aller Kreise $k \in \tau$, die einen geeigneten
Kreis $\Omega \in \tau$ unter einem bestimmten konstanten reellen (rein imaginären) Winkel φ schneiden. Jedes hyperbolische (elliptische)
Kreissystem kann auch erzeugt werden als Menge aller Kreise $k \in \tau$;
die von einem geeigneten Kreis $\hat{\Omega} \in \tau$ einen bestimmten reellen
(rein imaginären) Tangentialabstand d besitzen. Sind die einem
Kreissystem zugeordneten Kreise Ω und $\hat{\Omega}$ parabolische Kreise, dann
sind sie kongruent.

<u>Beweis:</u>

Ist ein Kreissystem in der Form (4.22) vorgegeben, so liefert ein Koeffizientenvergleich mit (4.24) die Bedingungen

$$(4.27) \qquad X_O:X_1:X_2:X_3:X_4 = a_3 \; : \; - \frac{a_1}{2} \; :a_4:a_O:a_2 + \varphi^2 \, a_4 \; ,$$

womit die X_i (i=o,...,4) eindeutig festliegen, wenn φ gegeben ist. φ wird nun so bestimmt, daß die X_i gemäß (4.15) einen Kreis Ω definieren. Dies liefert die Beziehung $I = 4\varphi^2 \, a_4^2$, womit wegen $a_4 \neq o$ der Schnittwinkel φ eindeutig bestimmt ist. φ ist reell bzw. rein imaginär je nachdem $I > o$ bzw. $I < o$ gilt. Um die zweite Aussage zu beweisen, sei zunächst $a_3 \neq o$. Man erhält dann aus (4.22) und (4.25) die Koodinaten des Kreises $\hat{\Omega}$ zu

$$(4.28) \qquad Y_O:Y_1:Y_2:Y_3:Y_4 = a_3: \; - \frac{a_1}{2} \; :a_4:a_O + d^2a_3:a_2 \quad ,$$

wobei d gemäß $I = 4d^2a_3^2$ bestimmt ist. Wegen $a_3 \neq o$ ist $\hat{\Omega}$ ein Kreis vom parabolischen Typ und d ist reell bzw. rein imaginär, je nachdem $I > o$ bzw. $I < o$ gilt. Ist $a_3 = o$, so besteht das System aus allen Kreisen, die in der Geraden

$$(4.29) \qquad Z_O:Z_1:Z_2:Z_3:Z_4 = o \; : \; - \frac{a_1}{2} \; :a_4:a_O:a_2 + \pi_O^2 \, a_4$$

dieselbe Potenz π_O^2 haben, wobei $I = 4\pi_O^2 \, a_4^2$ gilt. Aus (4.27) und (4.28) berechnet man schließlich die Radien R bzw. $\hat{R}$ der parabolischen Kreise Ω bzw. $\hat{\Omega}$ zu

$$R = - \frac{X_O}{2X_2} = - \frac{a_3}{2a_4} \quad \text{bzw.} \quad \hat{R} = - \frac{Y_O}{2Y_2} = - \frac{a_3}{2a_4} \quad , \quad \text{so daß } R = \hat{R} \text{ gilt.} \qquad \blacklozenge$$

Die Kreise Ω bzw. $\hat{\Omega}$ bezeichnen wir als *ersten* bzw. *zweiten Zentralkreis* des linearen Kreissystems. Für $\Omega = \hat{\Omega}$ gelangen wir zu den parabolischen Kreissystemen zurück. Bildet man aus den Koordinaten $[\alpha]$ eines Kreissystems den Ausdruck

$$(4.30) \qquad \rho[\alpha] := \frac{a_1^2 - 4a_O a_3 - 4a_2 a_4}{4(a_3^2 + a_4^2)} \qquad \frac{I[\alpha]}{4(a_3^2 + a_4^2)} \quad ,$$

so erweist sich ρ als geometrische Größe. Bezeichnet man nämlich im Fall $a_3 \neq o$ mit $\varkappa := 2R$ die Krümmung des ersten Zentralkreises Ω des Kreissystems und bedeutet φ den Schnittwinkel der Kreise des Systems mit Ω, so findet man

$$(4.31) \quad \rho = \frac{\varphi^2}{1 + \varkappa^2} \; .$$

Da φ und $\varkappa$ geometrische Größen sind, ist auch ρ eine geometrische Größe. Im Fall $a_3 = o$, wo der Zentralkreis Ω eine nicht isotrope Gerade ist, erhält man $\rho = \varphi^2$, d.h. ρ stimmt überein mit der Potenz jedes Kreises des Systems in der Geraden Ω. Aus diesem Grund bezeichnen wir auch im allgemeinen Fall ρ als die *Potenz des linearen Kreissystems* $[\alpha]$. Mit dem zweiten Zentralkreis $\hat{\Omega}$ ist im Fall $a_3 \neq o$ die Potenz ρ durch die Beziehung

$$(4.32) \quad \rho = \frac{d^2}{1 + \hat{p}^2}$$

verknüpft, wobei d den Tangentialabstand der Kreise des Systems von $\hat{\Omega}$ und $\hat{p} = \frac{1}{2\hat{R}}$ den Parameter von $\hat{\Omega}$ bezeichnet.

Die Zweckmäßigkeit des eingeführten Übertragungsprinzips σ zeigt sich beim Beweis von

<u>SATZ 4.9:</u> Alle Kreise eines nicht parabolischen Kreissystems $[\alpha]$, die einen nicht dem System angehörenden Kreis k_1, der von dem Kreis $\tilde{k}_1 (a_3 : - \frac{a_1}{2} : a_4 : a_o : \frac{a_1^2 - 4a_o a_3}{4a_4})$ verschieden ist, berühren, berühren noch einen zweiten Kreis $k_1^* \neq k_1$, der nicht dem System angehört.

<u>Beweis:</u>
Alle Kreise $k(x_o : x_1 : x_2 : x_3 : x_4)$ eines linearen Kreissystems (4.32) die einen Kreis $k_1 (y_o : y_1 : y_2 : y_3 : y_4)$ berühren, genügen nach (4.22) und (4.18) den beiden linearen Gleichungen

$$H_3^{(1)} \ldots \; a_o x_o + a_1 x_1 + a_2 x_2 + a_3 x_3 + a_4 x_4 = o$$
$$H_3^{(2)} \ldots \; y_3 x_o - 2y_1 x_1 + y_4 x_2 + y_o x_3 + y_2 x_4 = o \qquad ,$$

die zwei Hyperebenen $H_3^{(1)}$, $H_3^{(2)}$ im P_4 darstellen. Die Bildpunkte σk dieser Kreise gehören daher dem Schnittraum $H_3^{(1)} \cap H_3^{(2)} =: T_2$ an. Bekanntlich berechnet man die projektive Dimension des zu einem Unterraum $U_k \subset P_n$ bezüglich einer Hyperquadrik total polaren Raumes U_k^p nach der Formel : $\dim U_k^p = n - 1 - \dim U_k$. Im vorliegenden Fall liefert dies $\dim T_2^p = 1$, d.h. T_2^p ist eine Gerade $G_1 \subset P_4$. G_1 wird als Verbindungsgerade der Pole $P^{(1)}$ bzw. $P^{(2)}$ von $H_3^{(1)}$ bzw. $H_3^{(2)}$ bezüglich der M_3^2 erhalten. Man findet $P^{(1)} (a_3 : - \frac{a_1}{2} :$

$:a_4:a_o:a_2)$ bzw. $P^{(2)}(y_o:y_1:y_2:y_3:y_4)$, wobei $P^{(2)} \in M_3^2$ gilt. Der Beweis läuft somit auf die Diskussion eventueller Restschnittpunkte von G_1 mit der M_3^2 hinaus. Wird G_1 in der Gestalt $\lambda P^{(1)}$ + $+ \mu P^{(2)}$ mit $(\lambda,\mu) \neq (o,o)$ angesetzt, so lautet die Schnittbedingung von G_1 mit der M_3^2 nach Abspalten der Lösung $(\lambda:\mu) = (o:1)$:

$\lambda I[\alpha] - 4\mu(a_o y_o + a_1 y_1 + a_2 y_2 + a_3 y_3 + a_4 y_4) = o$ (*); hierbei wurde die Beziehung $y_1^2 - y_o y_3 - y_2 y_4 = o$ bei der Berechnung von (*) benützt. Die Gleichung (*) besitzt die von $(o:1)$ verschiedene

Lösung $\nu := \dfrac{\lambda}{\mu} = \dfrac{4(a_o y_o + a_1 y_1 + a_2 y_2 + a_3 y_3 + a_4 y_4)}{I[\alpha]}$, die

schließlich den Kreis $k_1^*(y_o^*:y_1^*:y_2^*:y_3^*:y_4^*) = k_1^*(y_o + \nu a_3:y_1 - \nu \dfrac{a_1}{2}:y_2 + \nu a_4:y_3 + \nu a_o:y_4 + \nu a_2)$ liefert.

k_1^* gehört dem linearen Kreissystem $[\alpha]$ nicht an, da $a_o y_o^* + a_1 y_1^* + a_2 y_2^* + a_3 y_3^* + a_4 y_4^* = - (a_o y_o + a_1 y_1 + a_2 y_2 + a_3 y_3 + a_4 y_4) \neq o$ gilt. Damit k_1^* ein Kreis aus $\mathcal{Y}$ ist, muß $y_2^* = a_2 + \nu a_4 \neq o$ gelten und diese Bedingung ist gleichwertig damit, daß die Tangentialhyperebene $H_o \ldots x_2 = o$ der M_3^2 im Punkt $(o:o:o:o:1)$ nicht mit den Hyperebenen $H_3^{(1)}$ und $H_3^{(2)}$ in einem Büschel liegt. Demnach gilt $y_2^* = o$ genau dann, wenn die Pole $P^{(1)}$ bzw. $P^{(2)}$ der Hyperebenen $H_3^{(1)}$ bzw. $H_3^{(2)}$ mit dem Punkt $(o:o:o:o:1)$ kollinear sind. Eine kurze Rechnung zeigt, daß dies nur der Fall ist, wenn $y_o:y_1:y_2:$

$:y_3:y_4 = a_3 :- \dfrac{a_1}{2} : a_4 : a_o : \dfrac{a_1^2 - 4a_o a_3}{4a_4}$ gilt; der zugehörige Kreis $\tilde{k}_1$ ist daher auszuschließen. ◆

<u>Definition 4.2</u>: Die Menge aller Kreise $k(x_o:x_1:x_2:x_3:x_4)$, die einer linearen Gleichung

$$(4.33) \quad a_o x_o + a_1 x_1 + a_2 x_2 + a_3 x_3 = o \quad \text{mit} \quad a_3 \neq o$$

genügen, heißt ein *lineares Kreisbündel*. Ein lineares Kreisbündel heißt *hyperbolisch*, *elliptisch* bzw. *parabolisch*, je nachdem für die Größe

$$(4.34) \quad I[\alpha] = a_1^2 - 4a_o a_3$$

$I[\alpha] > o$, $I[\alpha] < o$ bzw. $I[\alpha] = o$ gilt. Die gemäß (4.30) gebildete Größe

$$(4.35) \quad \rho[\alpha] := \dfrac{I[\alpha]}{4a_3^2}$$

heißt die *Potenz des Kreisbündels*.

SATZ 4.10: Ein lineares hyperbolisches (elliptisches) Kreisbündel besteht aus allen Kreisen, die von einem festen Punkt P konstanten reellen (rein imaginären) Tangentialabstand d besitzen. Ein parabolisches Kreisbündel besteht aus allen Kreisen, die mit einem festen Punkt inzidieren. $\rho[\alpha]$ hat geometrische Bedeutung und stimmt mit der elementaren isotropen Potenz des Punktes P in bezug auf alle Kreise des Bündels überein.

Beweis:

Für das Quadrat des Tangentialabstandes d eines Punktes $P(p_1,p_2)$ in bezug auf einen Kreis $k(x_0:x_1:x_2:x_3:x_4)$ mit $x_0 \neq o$ erhält man nach (3.13), wenn man berücksichtigt, daß d^2 mit der Potenz des Punktes P bezüglich k übereinstimmt

$$d^2 = p_1^2 - \frac{1}{R}\, p_2 + \frac{1}{R}\, \alpha p_1 + \frac{1}{R}\, \beta = p_1^2 + 2\,\frac{x_1}{x_0}\, p_1 + 2\,\frac{x_2}{x_0}\, p_2 + \frac{x_3}{x_0}\,.$$

Hieraus folgt die in den x_i lineare Gleichung

$$(4.36) \qquad (p_1^2-d^2)x_0 + 2p_1 x_1 + 2p_2 x_2 + x_3 = o.$$

Alle diese Kreise k bilden somit ein Kreisbündel mit $I = 4d^2$. Das Bündel ist daher hyperbolisch, elliptisch bzw. parabolisch, je nachdem d reell, rein imaginär bzw. gleich Null ist. Im letzten Fall enthalten alle Kreise den Punkt P. Ist umgekehrt ein Kreisbündel in der Form (4.33) vorgegeben, so liefert ein Koeffizientenvergleich mit (4.36)

$$p_1 = \frac{a_1}{2a_3}\,, \quad p_2 = \frac{a_2}{2a_3}\,, \quad a_0 = a_3(p_1^2-d^2).$$ Aus diesen Gleichungen folgt schließlich $d^2 = \dfrac{I[\alpha]}{4a_3^2}$, womit wegen (4.35) gezeigt ist, daß ρ mit der elementaren Potenz d^2 übereinstimmt. $\blacklozenge$

Für ein hyperbolisches Kreisbündel liegt der Punkt P im Außengebiet aller Kreise, d.h. von P laufen an jeden Kreis zwei reelle Tangenten. Hingegen liegt für ein elliptisches Kreisbündel P im Innengebiet sämtlicher Bündelkreise; die Tangenten von P an sämtliche Bündelkreise sind konjugiert-komplex.

Es ist bemerkenswert, daß sich die linearen Kreiskomplexe *vollständig klassifizieren* lassen. Wir folgen hierbei der Arbeit [87] des Verfassers. Außer den schon behandelten 2 Typen von linearen Kreiskomplexen - den linearen Kreissystemen und den linearen Kreisbündeln - studieren wir zunächst drei weitere Beispiele von line-

aren Kreiskomplexen. Betrachten wir zunächst alle parabolischen
Kreise der isotropen Ebene I_2, die bei einer Spiegelung in Richtung s an einer isotropen Geraden g als Ganzes festbleiben; hierbei darf s nicht isotrop sein. Wählt man g ohne Einschränkung
der Allgemeinheit als $x = o$ und s parallel zu $y = o$, was durch
eine isotrope Bewegung stets zu erreichen ist, dann wird obige
Spiegelung durch $\{\overline{x} = -x,\ \overline{y} = y\}$ beschrieben. Ein parabolischer
Kreis (4.1) bleibt bei einer Spiegelung dieser Art aber nur dann
als Ganzes fest, wenn in (4.1) $\alpha = o$ gilt. Dies bedeutet nach
(4.14), daß der Kreis dem linearen Kreiskomplex $x_1 = o$ angehört.
Ebenso gehören alle Spiegelstrahlen diesem linearen Komplex an.
Umgekehrt können auch alle Kreise des Komplexes $x_1 = o$ so erzeugt werden. Wir bezeichnen einen linearen Kreiskomplex dieser
Art als *Komplex isotrop-symmetrischer Kreise*. Als zweites Beispiel eines linearen Kreiskomplexes betrachten wir alle kongruenten parabolischen Kreise in I_2. Für diese ist in (4.1) $R = R_o =$
$= \text{konst.} \neq o$, woraus nach (4.14) folgt $R_o = -\dfrac{\alpha_{11}}{2\,\alpha_{o2}} = -\dfrac{x_o}{2x_1}$.
Alle diese Kreise bilden somit den linearen Kreiskomplex

$$(4.37) \qquad x_o + 2R_o x_1 = o \qquad \text{mit} \quad R_o \neq o.$$

Wir bezeichnen den Kreiskomplex (4.37) als *Komplex der kongruenten parabolischen Kreise*. Als drittes Beispiel kann man schließlich alle nicht isotropen Geraden betrachten; sie bilden den
linearen Kreiskomplex $x_o = o$.
Durch Modifikation eines vom Verfasser in [87,215] gegebenen Be-
weises zeigen wir nun den

SATZ 4.11: Bezüglich der isotropen Bewegungsgruppe $\mathcal{L}_3$ ist jeder
lineare Kreiskomplex entweder ein lineares Kreissystem oder Kreisbündel, ein Komplex isotrop-symmetrischer Kreise, ein Komplex
kongruenter parabolischer Kreise oder er besteht aus allen nicht
isotropen Geraden.

Beweis:
Nach den bisherigen Überlegungen bleiben nur mehr jene linearen
Kreiskomplexe zu untersuchen, die durch eine lineare Gleichung
der Bauart

$$(4.38) \qquad a_o x_o + a_1 x_1 + a_2 x_2 = o$$

beschrieben werden. Dazu untersuchen wir vorerst, wie sich eine isotrope Bewegung (2.12) auf die Hyperebenenkoordinaten a_o, a_1, a_2 auswirkt. Die Anwendung einer Transformation (2.12) auf

$$\bar{\alpha}_{11}\bar{x}^2 + 2\bar{\alpha}_{o1}\bar{x} + 2\bar{\alpha}_{o2}\bar{y} + \bar{\alpha}_{oo} = o$$ liefert zunächst das Transformationsverhalten

$$(4.39) \quad \begin{cases} \alpha_{11} = \bar{\alpha}_{11} \\ \alpha_{o1} = a\bar{\alpha}_{11} + \bar{\alpha}_{o1} + c\bar{\alpha}_{o2} \\ \alpha_{o2} = \bar{\alpha}_{o2} \\ \alpha_{oo} = \bar{\alpha}_{oo} + 2\bar{\alpha}_{o1}a + 2\bar{\alpha}_{o2}b + \bar{\alpha}_{11}a^2 \end{cases}$$

wonach mittels (4.14) die Auswirkung einer isotropen Bewegung auf eine Hyperebene (4.38) verfolgt werden kann. Man findet wegen $\{x_o = \bar{x}_o, \quad x_1 = a\bar{x}_o + \bar{x}_1 + c\bar{x}_2, \quad x_2 = \bar{x}_2\}$:

$$(4.40) \quad (a_o + aa_1)\bar{x}_o + a_1\bar{x}_1 + (a_2 + a_1c)\bar{x}_2 = o \ .$$

Gilt in der Ausgangsdarstellung der Hyperebene (4.38) $a_1 = o$, so ist sicher $a_o \neq o$, denn sonst würde die Ausnahmehyperebene H_o vorliegen. Somit kann (4.38) in der Form (4.37) geschrieben werden und je nachdem $R_o \neq o$ oder $R_o = o$ gilt, liegt ein Komplex aus kongruenten Kreisen oder der Komplex aller nicht isotropen Geraden vor. Gilt in (4.38) jedoch $a_1 \neq o$, so kann durch eine isotrope Bewegung erreicht werden, daß (4.40) die Normalform $\bar{x}_1 = o$ annimmt; hierzu ist nur $a = -\dfrac{a_o}{a_1}$, $c = -\dfrac{a_2}{a_1}$ zu wählen. Dann liegt aber ein isotrop-symmetrischer linearer Kreiskomplex vor. ◆

§ 5 Kurven 2. Ordnung in der isotropen Ebene.

Die Kurven 2. Ordnung in der isotropen Ebene I_2 wurden erstmals von N. MAKAROWA bezüglich der Bewegungsgruppe $\mathscr{B}_3$ klassifiziert und systematisch untersucht [56]. Bezüglich der Gruppe $\mathscr{G}_5$ der allgemeinen isotropen Ähnlichkeiten wurden die (irreduziblen) Kegelschnitte von K. STRUBECKER [99,386f] klassifiziert, wobei vor allem ihre geometrischen Eigenschaften studiert wurden. Wir folgen zunächst der Abhandlung [56,233f], wobei wir von den Kurven 2. Ordnung der affinen Ebene A_2 ausgehen, die sich in einem affinen Koordinatensystem durch eine Gleichung der Bauart

(5.1) $\quad a_{11}x^2 + 2a_{12}xy + a_{22}y^2 + 2a_1x + 2a_2y + a_0 = o$

mit a_{ij}, a_1, a_2, $a_0 \in \mathbb{R}$ beschreiben lassen. Durch Anwendung von Transformationen aus der Gruppe $\mathscr{B}_3$ der isotropen Bewegungen (2.12) werden wir versuchen, die verschiedenen Typen der Kurven 2. Ordnung (5.1) dadurch zu klassifizieren, daß wir (5.1) auf möglichst einfache Gestalt transformieren. Um derartige Normalformen zu erstellen, ist es zweckmäßig zunächst eine isotrope Bewegung der Gestalt

(5.2) $\quad x = \bar{x}$

$\qquad y = \alpha\bar{x} + \bar{y}$

auf (5.1) anzuwenden. Hierdurch entsteht, wenn man die Abkürzungen

(5.2a) $\quad \bar{a}_{11} := a_{11} + 2a_{12}\alpha + a_{22}\alpha^2$

$\qquad \bar{a}_{12} = a_{12} + a_{22}\alpha$

$\qquad \bar{a}_{22} = a_{22}$

$\qquad \bar{a}_1 = a_1 + a_2\alpha$

$\qquad \bar{a}_2 = a_2$

$\qquad \bar{a}_0 = a_0$

einführt, die Gleichung

(5.3) $\quad \bar{a}_{11}\bar{x}^2 + 2\bar{a}_{12}\overline{xy} + \bar{a}_{22}\bar{y}^2 + 2\bar{a}_1\bar{x} + 2\bar{a}_2\bar{y} + \bar{a}_0 = o.$

Im folgenden sind zwei Hauptfälle mit entsprechenden Unterfällen zu diskutieren:

<u>Hauptfall A:</u> $\quad a_{22} \neq o.$

In diesem Fall kann α so gewählt werden, daß $\bar{a}_{12} = o$ wird; man hat nur $\alpha = -\dfrac{a_{12}}{a_{22}}$ zu setzen. Die Gleichung (5.3) vereinfacht sich dann zu

(5.4) $\quad \bar{a}_{11}\bar{x}^2 + \bar{a}_{22}\bar{y}^2 + 2\bar{a}_1x + 2\bar{a}_2y + \bar{a}_0 = o$

<u>Unterfall A 1:</u> $\quad \bar{a}_{11} \neq o, \quad \bar{a}_{22} \neq o.$

Wir formen (5.4) in diesem Fall durch quadratische Ergänzung um zu

$\quad \bar{a}_{11}(\bar{x} + \dfrac{\bar{a}_1}{\bar{a}_{11}})^2 + \bar{a}_{22}(\bar{y} + \dfrac{\bar{a}_2}{\bar{a}_{22}})^2 + \bar{a}_0 - \dfrac{\bar{a}_1^2}{\bar{a}_{11}} - \dfrac{\bar{a}_1^2}{\bar{a}_{22}} = o.$

Nach Anwendung der Translation (spezielle isotrope Bewegung!)

$$(5.5) \quad \tilde{x} = \bar{x} + \frac{\bar{a}_1}{\bar{a}_{11}} \, , \qquad \tilde{y} = \bar{y} + \frac{\bar{a}_2}{\bar{a}_{22}}$$

erhält man aus dieser Gleichung - wenn noch die Abkürzung

$$(5.6) \quad A_o := \bar{a}_o - \frac{\bar{a}_1^2}{\bar{a}_{11}} - \frac{\bar{a}_2^2}{\bar{a}_{22}}$$

eingeführt wird -

$$(5.7) \quad \bar{a}_{11}\tilde{x}^2 + \bar{a}_{22}\tilde{y}^2 + A_o = o.$$

Gilt $A_o \neq o$, so kann mittels $\lambda := - \dfrac{A_o}{\bar{a}_{11}}$, $\mu := - \dfrac{A_o}{\bar{a}_{22}}$ die Gleichung (5.7) in der Form

$$(5.8) \quad \frac{x^2}{\lambda} + \frac{y^2}{\mu} = 1$$

geschrieben werden, wobei an Stelle von $\tilde{x},\tilde{y}$ wieder x,y geschrieben wurde; ist hingegen $A_o = o$, so folgt mit $\lambda := \dfrac{1}{\bar{a}_{11}}$, $\mu := \dfrac{1}{\bar{a}_{22}}$

$$(5.8a) \quad \frac{x^2}{\lambda} + \frac{y^2}{\mu} = o.$$

Aus den Gleichungen (5.8) und (5.8a) findet man nunmehr durch Diskussion der verschiedenen Vorzeichenmöglichkeiten für λ und μ folgende Typen von Kurven 2. Ordnung:

I: (5.8) mit $\lambda > o$, $\mu > o$: *Ellipse*

Wird $\lambda =: a^2$, $\mu =: b^2$ gesetzt, so erhält man als Normalform einer Ellipse

$$(5.9) \quad \frac{x^2}{a^2} + \frac{y^2}{b^2} = 1 \ .$$

II: (5.8) mit $\lambda < o$, $\mu < o$: *Imaginäre Ellipse*

Wird $- \lambda =: a^2$, $-\mu =: b^2$ gesetzt, so erhält man als Normalform einer imaginären Ellipse

$$(5.10) \quad \frac{x^2}{a^2} + \frac{y^2}{b^2} = -1 \ .$$

III: (5.8) mit $\lambda > o$, $\mu < o$: *Hyperbel 1. Art*

Wird $\lambda =: a^2$, $- \mu =: b^2$ gesetzt, so erhält man als Normalform einer Hyperbel 1. Art

$$(5.11) \quad \frac{x^2}{a^2} - \frac{y^2}{b^2} = 1 \ .$$

IV: (5.8) mit $\lambda < o$, $\mu > o$: *Hyperbel 2. Art*

Wird $-\lambda =: a^2, \mu^2 =: b^2$ gesetzt, so erhält man als Normalform eine Hyperbel 2. Art

$$(5.12) \quad \frac{x^2}{a^2} - \frac{y^2}{b^2} = -1 \ .$$

<u>V: (5.8a) mit $\lambda > o, \ \mu > o$</u>: *Schneidendes konjugiert-komplexes Geradenpaar*

Wird $\lambda =: a^2, \ \mu =: b^2$ gesetzt, so lautet die Gleichung dieses Gebildes in Normalform

$$(5.13) \quad \frac{x^2}{a^2} + \frac{y^2}{b^2} = o \ .$$

Über $\mathbb{R}$ besteht (5.13) aus dem einzigen Punkt $S(x=o, \ y=o)$; in der komplexen Erweiterung besteht (5.13) jedoch aus den beiden Geraden $\frac{x}{a} + i \frac{y}{b} = o$ bzw. $\frac{x}{a} - i \frac{y}{b} = o$, die sich in S schneiden.

<u>VI: (5.8a) mit $\lambda > o, \ \mu < o$</u>: *Reelles schneidendes Geradenpaar*

Wird $\lambda =: a^2, \ - \mu = b^2$ gesetzt, so erhält man als Normalform in diesem Fall

$$(5.14) \quad \frac{x^2}{a^2} - \frac{y^2}{b^2} = o, \quad \text{d.h.}$$

die beiden Geraden $\frac{x}{a} + \frac{y}{b} = o$ bzw. $\frac{x}{a} - \frac{y}{b} = o$.
Der Fall $\lambda < o, \ \mu > o$ führt ebenfalls auf diesen Fall.

<u>Unterfall A 2:</u> $\bar{a}_{11} = o, \ \bar{a}_{22} \neq o$.

Dieser Fall führt auf zwei Unterfälle:

<u>a</u>) Es gilt $\bar{a}_1 \neq o$. In diesem Fall lautet (5.4) $\bar{a}_{22}\bar{y}^2 + 2\bar{a}_1\bar{x} +$
$+ 2\bar{a}_2 y + \bar{a}_o = o$ und kann wegen $\bar{a}_1 \neq o$ umgeformt werden zu

$$\bar{a}_{22}(\bar{y} + \frac{\bar{a}_2}{\bar{a}_{22}})^2 + 2\bar{a}_1 [\bar{x} + \frac{1}{2\bar{a}_1}(\bar{a}_o - \frac{\bar{a}_2^2}{\bar{a}_{22}})] = o \ .$$ Wendet man nun-

mehr die Translation $\{ x = \bar{x} + \frac{1}{2\bar{a}_1}(\bar{a}_o - \frac{\bar{a}_2^2}{\bar{a}_{22}}), \ y = \bar{y} + \frac{\bar{a}_2}{\bar{a}_{22}} \}$ an,

so findet man - wenn noch $p := - \frac{\bar{a}_2}{\bar{a}_{22}}$ gesetzt wird -

$$(5.15) \quad y^2 = 2px \quad \text{mit} \quad p \neq o.$$

Eine Kurve 2. Ordnung mit dieser Normalform heißt eine *Parabel* der isotropen Ebene und wird als *Typ VII* tabelliert.

<u>b</u>) Es gilt $\bar{a}_1 = o$. Die Gleichung (5.4) lautet in diesem Fall $\bar{a}_{22}\bar{y}^2 + 2\bar{a}_2\bar{y} + \bar{a}_o = o$ und kann wegen $\bar{a}_{22} \neq o$ umgeformt werden

zu $\bar{a}_{22}(\bar{y} + \frac{\bar{a}_2}{\bar{a}_{22}})^2 + \bar{a}_o - \frac{\bar{a}_2^2}{\bar{a}_{22}} = o \ .$

Wendet man die Translation $\{y = \bar{y} + \frac{\bar{a}_2}{\bar{a}_{22}}, \ x = \bar{x}\}$ in isotroper Richtung an, so findet man, wenn noch $c_o := \dfrac{1}{\bar{a}_{22}} \left(\dfrac{\bar{a}_2^2}{\bar{a}_{22}} - a_o \right)$ gesetzt wird, die Normalform

$$(5.16) \qquad y^2 = c_o \ .$$

Je nach dem Vorzeichen von c_o ergeben sich drei Typen von Kurven 2. Ordnung

__VIII: $c_o > o$: *Reelles paralleles Geradenpaar*__

Wird $c_o =: a^2$ gesetzt, so erhält man

$$(5.17) \qquad (y+a)(y-a) = o.$$

__IX: $c_o < o$: *Konjugiert komplexes paralleles Geradenpaar*__

Wird $c_o =: -a^2$ gesetzt, so erhält man

$$(5.18) \qquad (y+ia)(y-ia) = o.$$

__X: $c_o = o$: *Doppelgerade* mit der Gleichung__

$$(5.19) \qquad y^2 = o.$$

Wegen $\bar{a}_{22} = a_{22}$ führt die weitere Diskussion zum

__Hauptfall B:__ $a_{22} = o$

Die Gleichung (5.1) lautet in diesem Fall

$$(5.20) \qquad a_{11}x^2 + 2a_{12}xy + 2a_1x + 2a_2y + a_o = o \ .$$

Wir unterscheiden wieder einige Unterfälle:

__Unterfall B1:__ $a_{12} \neq o$

Wendet man auf (5.20) die Bewegung (5.2) an, so lautet die erste Gleichung aus (5.2a) $\bar{a}_{11} = a_{11} + 2a_{12}\alpha$, d.h. man kann erreichen, daß $\bar{a}_{11} = o$ wird; hierzu ist $\alpha = -\dfrac{a_{11}}{2a_{12}}$ zu wählen. Wegen $\bar{a}_{22} = a_{22}$ lautet nun (5.3) $2\bar{a}_{12}\bar{x}\bar{y} + 2\bar{a}_1\bar{x} + 2\bar{a}_2\bar{y} + \bar{a}_o = o$. Auf diese Gleichung wenden wir eine Translation $\{\bar{x} = \tilde{x} + a, \ \bar{y} = \tilde{y} + b\}$ an, wobei wir a,b so bestimmen, daß in der transformierten Gleichung die Koeffizienten bei $\tilde{x}$ und $\tilde{y}$ verschwinden. Eine kurze Rechnung ergibt hierfür die Bedingungen $\bar{a}_{12}a + \bar{a}_2 = o, \quad \bar{a}_{12}b + \bar{a}_1 = o,$ die wegen $\bar{a}_{12} \neq o$ die eindeutigen Lösungen $a = -\dfrac{\bar{a}_2}{\bar{a}_{12}}, \quad b = -\dfrac{\bar{a}_1}{\bar{a}_{12}}$ liefern.

Die transformierte Gleichung lautet nunmehr $2\bar{a}_{12}\tilde{x}\tilde{y} = \dfrac{\bar{a}_1\bar{a}_2}{\bar{a}_{12}} - \bar{a}_o$.
Wird noch $k := \dfrac{\bar{a}_1\bar{a}_2}{\bar{a}_{12}^2} - \dfrac{\bar{a}_o}{2\bar{a}_{12}}$ gesetzt, so erhalten wir, wenn $\tilde{x},\tilde{y}$
durch x,y ersetzt wird

(5.21) $xy = k$.

Gegenüber der Bewegungsgruppe $\mathcal{B}_3$ liefert (5.21) gemäß dem Vorzeichen von k drei Kurventypen 2. Ordnung

XI: k > o : *Spezielle Hyperbel 1. Art*
XII: k < o : *Spezielle Hyperbel 2. Art*
XIII: k = o : *Schneidendes Geradenpaar, wobei eine Gerade iso-*
                      trop ist.

<u>Unterfall B2:</u> $\bar{a}_{12} = o$, $\bar{a}_{11} \neq o$, $\bar{a}_2 \neq o$

Die Gleichung (5.3) lautet jetzt $\bar{a}_{11}\bar{x}^2 + 2\bar{a}_1\bar{x} + 2\bar{a}_2\bar{y} + \bar{a}_o = o$

und kann zu $\bar{a}_{11}(\bar{x} + \dfrac{\bar{a}_1}{\bar{a}_{11}})^2 + 2\bar{a}_2 [\bar{y} + \dfrac{1}{2\bar{a}_2} (\bar{a}_o - \dfrac{\bar{a}_1}{\bar{a}_{11}})] = o$ umge-

formt werden. Wendet man die Translation $\{ \tilde{x} = \bar{x} + \dfrac{\bar{a}_1}{\bar{a}_{11}},\ \ \tilde{y} = \bar{y} +$

$+ \dfrac{1}{2\bar{a}_2} (\bar{a}_o - \dfrac{\bar{a}_1^2}{\bar{a}_{11}}) \}$ an, so gelangt man - wenn noch die Abkürzung

$R := - \dfrac{\bar{a}_{11}}{2\bar{a}_2}$ verwendet wird, und wenn man an Stelle von $\tilde{x},\tilde{y}$ wieder

x,y schreibt - zur Gleichung

(5.22) $y = Rx^2$ mit $R \neq o$.

Dies ist die Normalform eines *parabolischen Kreises*; wir tabel-
lieren diesen Typ einer Kurve 2. Ordnung als *Typ XIV*.

<u>Unterfall B3:</u> $\bar{a}_{12} = o$, $\bar{a}_{11} \neq o$, $\bar{a}_2 = o$

Die Gleichung (5.3) lautet jetzt $\bar{a}_{11}\bar{x}^2 + 2\bar{a}_1\bar{x} + \bar{a}_o = o$ und kann

zu $\bar{a}_{11}(\bar{x} + \dfrac{\bar{a}_1}{\bar{a}_{11}})^2 + \bar{a}_o - \dfrac{\bar{a}_1^2}{\bar{a}_{11}} = o$ umgeformt werden. Hieraus ent-

steht nach Anwendung der Translation $\{\tilde{x} = \bar{x} + \dfrac{\bar{a}_1}{\bar{a}_{11}},\ \ \tilde{y} = y\}$ mit

der Abkürzung $d_o := \dfrac{1}{\bar{a}_{11}} (\dfrac{\bar{a}_1^2}{\bar{a}_{11}} - \bar{a}_o)$ und nach Rückkehr zur alten

Bezeichnung x,y die Normalform

(5.23) $x^2 = d_o$.

Gemäß dem Vorzeichen von d_o gelangen wir nunmehr zu drei Typen von Kurven 2. Ordnung.

XV: $d_o > o$: *Paralleles isotropes Geradenpaar.*

Dieses Gebilde kann man auch als singulären isotropen Kreis auf-
fassen (vgl. § 3).

XVI: $d_o < o$: *Konjugiert komplexes paralleles isotropes Geraden-*
paar.

Dieses Gebilde kann man auch als imaginären singulären isotropen
Kreis interpretieren. Wird $d_o := -a^2$ gesetzt, so lautet seine
Normalform

$$(5.24) \quad (x + ia)(x - ia) = o.$$

XVII: $d_o = o$: *Isotrope Doppelgerade.*

Zusammenfassend haben wir den

<u>SATZ 5.1:</u> In der isotropen Ebene I_2 existieren bezüglich der Be-
wegungsgruppe $\mathscr{L}_3$ 17 Typen von Kurven 2. Ordnung. Die Typen I -
IV, VII, XI, XII, XIV sind die Kegelschnitte, die der Reihe nach
als Ellipse, imaginäre Ellipse, Hyperbel 1. und 2. Art, Parabel,
spezielle Hyperbel 1. und 2. Art und als Kreis bezeichnet werden;
die restlichen 9 Typen sind reduzible Kurven 2. Ordnung.

Legt man der Klassifikation der Kurven 2. Ordnung die allgemeine
isotrope Ähnlichkeitsgruppe $\mathscr{G}_5$ (2.5) zugrunde, so können die
Normalformen noch etwas vereinfacht werden. Bei Beschränkung auf
die Kegelschnitte gewinnt man aus den Gleichungen (5.9) - (5.12)
durch Anwendung der Ähnlichkeit $\{x = a\bar{x}, \quad y = b\bar{y}\}$ und nach Rückkehr zur Bezeichnung x,y die Normalformen

$$(5.25) \quad x^2 + y^2 = 1 \qquad \text{Ellipse}$$
$$(5.26) \quad x^2 + y^2 = -1 \qquad \text{Imaginäre Ellipse}$$
$$(5.27) \quad x^2 - y^2 = 1 \qquad \text{Hyperbel 1. Art}$$
$$(5.28) \quad x^2 - y^2 = -1 \qquad \text{Hyperbel 2. Art .}$$

Wendet man auf (5.15) die isotrope Ähnlichkeit $\{x = \bar{x}, y = \sqrt{2p}\,\bar{y}\}$
an, so entsteht nach Rückkehr zur Bezeichnung x,y als Normalform
einer Parabel

$$(5.29) \quad y^2 = x.$$

Die Typen der speziellen Hyperbel 1. und 2. Art fallen bei der Klassifikation bezüglich $\mathcal{G}_5$ zusammen. Wendet man nämlich auf (5.21) die isotrope Ähnlichkeit $\{x = \sqrt{k}\,\bar{x},\quad y = \sqrt{k}\,\bar{y}\}$ bzw. $\{x = \sqrt{-k}\,\bar{x},\quad y = \sqrt{-k}\,\bar{y}\}$ an, je nachdem $k > o$ bzw. $k < o$ gilt, so findet man nach Rückkehr zur Bezeichnung x,y:

(5.30) $xy = 1$.

Ein isotroper Kreis (5.22) wird schließlich durch die isotrope Ähnlichkeit $\{x = \bar{x},\ y = R\bar{y}\}$ auf die Normalform

(5.31) $y = x^2$

transformiert. Damit haben wir

<u>SATZ 5.2</u>:   Bezüglich der allgemeinen isotropen Ähnlichkeitsgruppe $\mathcal{G}_5$ existieren in der isotropen Ebene 7 Typen von Kegelschnitten, die durch die Normalformen (5.25) - (5.31) beschrieben werden können. Unter projektiven Gesichtspunkten lassen sich diese 7 Kegelschnittstypen leicht beschreiben, wenn man ihre Lage zur Ferngeraden $f : x_o = o$ und zum absoluten Punkt $F(o:o:1)$ diskutiert.

a) Die *Ellipse* sowie die *imaginäre Ellipse* schneiden f in konjugiert-komplexen Schnittpunkten; die imaginäre Ellipse besitzt zum Unterschied von der Ellipse keinen einzigen reellen Punkt.

b) Die *Hyperbeln 1. und 2. Art* schneiden f in 2 verschiedenen reellen Punkten S_1, S_2. Speziell in der Normalform (5.27) bzw. (5.28) findet man nämlich $S_1(o:1:1)$, $S_2(o:1:-1)$ und eine isotrope Ähnlichkeit ändert Realitätsverhältnisse nicht. Da F ein Fixpunkt der auf f von einer isotropen Ähnlichkeit induzierten Projektivität ist, folgt, daß stets $S_1 \neq F$, $S_2 \neq F$ gilt. Beide Kurventypen kann man nach der Realität der isotropen Kurventangenten unterscheiden. Die Berührungspunkte der isotropen Kurventangenten werden gefunden indem man den Kegelschnitt mit der Polaren des absoluten Punktes $F(o:o:1)$, d.h. mit $x_2 = o$ schneidet. Dies liefert für eine *Hyperbel 1. Art* in der Normalform (5.27) $x_1^2 - x_2^2 = x_o^2$ die *reellen* Berührungspunkte $T_1(1:1:o)$ bzw. $T_2(1:-1:o)$; für eine *Hyperbel 2. Art* $x_1^2 - x_2^2 = -x_o^2$ hingegen findet man die *konjugiert-komplexen* Berührungspunkte $T_1(1:i:o)$ bzw. $T_2(1:-i:o)$. Da Transformationen aus $\mathcal{G}_5$ an Relativitätsverhältnissen nichts ändern, haben wir somit gefunden: *eine Hyperbel 1. Art besitzt 2 reelle isotrope Tangenten, eine Hyperbel 2. Art besitzt nur konjugiert-komplexe isotrope Tangenten.*

c) Eine *Parabel* berührt die Ferngerade f in einem Punkt T $\neq$ F. Schreibt man die Normparabel (5.29) nämlich in projektiven Koordinaten, d.h. $x_2^2 - x_1 x_0 = o$, so erkennt man, daß die Ferngerade $x_o = o$ Tangente im Parabelpunkt T(o:1:o) ist. Die Beziehung T $\neq$ F ist aber $\mathcal{G}_5$-invariant.

d) Eine *spezielle Hyperbel* besitzt eine isotrope Asymptote. Dies folgt sofort daraus, wenn man die Normhyperbel (5.30) in projektiven Koordinaten schreibt und ihre Fernpunkte bestimmt.

e) Ein *isotroper Kreis* ist ein Kegelschnitt, der im Punkt F die absolute Gerade f als Tangente besitzt.

Die schematische Figur 20 zeigt in projektiver Sicht die verschiedenen Lagemöglichkeiten eines Kegelschnittes k zum absoluten Gebilde {f,F}.

Wie in der euklidischen Elementargeometrie ist es auch in der isotropen Geometrie wünschenswert, einfache Erzeugungen der Kegelschnitte anzugeben, wobei nur isotrope Begriffe benützt werden dürfen; derartige Sätze finden sich in [56]

Fig. 21a - g

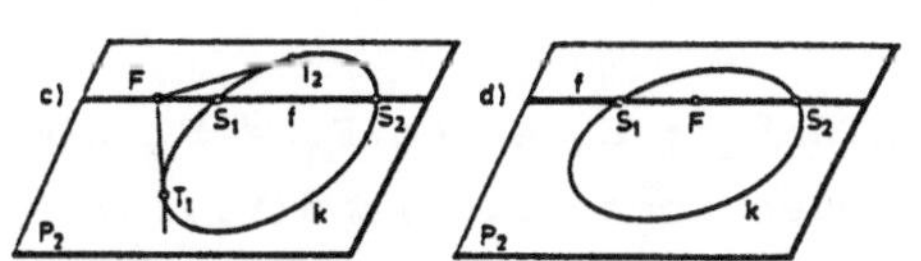

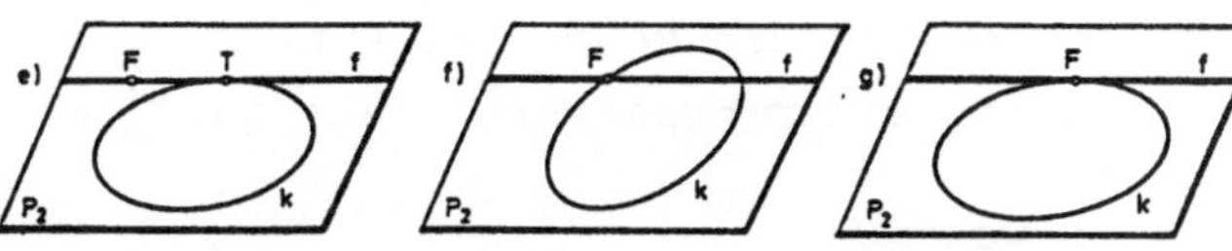

<u>SATZ 5.3:</u> Es seien $F_1 \neq F_2$ zwei nicht parallele Punkte der isotropen Ebene I_2 mit $d(F_1, F_2) = 2a$. Ist $X \in I_2$ ein Punkt, für den die Winkel $\varphi_1 := \sphericalangle(\overrightarrow{F_1 F_2}, \overrightarrow{F_1 X})$ bzw. $\varphi_2 := \sphericalangle(\overrightarrow{F_2 X}, \overrightarrow{F_1 F_2})$ definiert sind, so gehört die Menge der Punkte X, für die

$$\varphi_1 \varphi_2 = \frac{b^2}{a^2} = \text{konst. gilt, einer Ellipse an.}$$

Beweis:

Ohne Einschränkung der Allgemeinheit wählen wir die Gerade $F_1 \vee F_2$ als x-Achse und den Mittelpunkt der Strecke $\overline{F_1 F_2}$ als Ursprung unseres Standardkoordinatensystems. Dann findet man wegen $F_1(-a,o)$, $F_2(a,o)$, X = (x,y) der Reihe nach $\overrightarrow{F_1 X} = (x+a,y)$, $\overrightarrow{F_1 F_2} = (2a,o)$, $\overrightarrow{F_2 X} = (x-a,y)$, $u(\overrightarrow{F_1 X}) = \frac{y}{x+a}$, $u(\overrightarrow{F_2 X}) = \frac{y}{x-a} \rightarrow \varphi_1 = \frac{y}{a+x}$, $\varphi_2 = \frac{y}{a-x} \Rightarrow$

$\Rightarrow \varphi_1\varphi_2 = \dfrac{y^2}{a^2-x^2} = \dfrac{b^2}{a^2}$. Hieraus gewinnt man sofort die Normalform

(5.9) einer Ellipse. ◆

<u>Definition 5.1:</u> Die Punkte F_1,F_2 heißen die *isotropen Brennpunkte* der Ellipse; die Geraden $F_1 \vee X$, $F_2 \vee X$ heißen die *isotropen Brenn-strahlen* (Leitstrahlen) des Ellipsenpunktes X.

Die isotropen Brennpunkte einer Ellipse sind natürlich von den euklidischen Ellipsenbrennpunkten verschieden. Da die Tangenten in den Ellipsenpunkten $F_1(-a,o)$, $F_2(a,o)$ der Ellipse (5.9) isotrop sind, und diese Eigenschaft $\mathcal{B}_3$-invariant ist, hat man sofort die Aussage

<u>SATZ 5.4:</u> Die isotropen Brennpunkte einer Ellipse k sind jene Punkte auf k, in denen die Tangenten isotrop sind.

Diese Aussage legt es nahe, allgemein zu definieren

<u>Definition 5.2:</u> Unter den *Brennpunkten eines Kegelschnittes* k der isotropen Ebene I_2 versteht man jene Punkte auf k, in denen die Tangenten isotrop sind.

<u>SATZ 5.5:</u> Es seien $F_1 \neq F_2$ zwei nicht parallele Punkte der iso-tropen Ebene I_2 mit $d(F_1,F_2) = 2a$. Ist $X \in I_2$ ein Punkt, für den die Winkel $\varphi_1 := \sphericalangle(\overrightarrow{F_1F_2}, \overrightarrow{F_1X})$, $\varphi_2 := \sphericalangle(\overrightarrow{F_2X}, \overrightarrow{F_1F_2})$ definiert sind, so gehört die Menge der Punkte X, für die $\varphi_1\varphi_2 = -\dfrac{b^2}{a^2} = $ konst. gilt, einer *Hyperbel 1. Art* an.

<u>Beweis:</u>
Wie im Beweis zu SATZ 5.3 gelangt man zur Gleichung $\varphi_1\varphi_2 = \dfrac{y^2}{a^2-x^2} = -\dfrac{b^2}{a^2}$, woraus mit (5.11) die Behauptung folgt. ◆

<u>Bemerkungen:</u>
1) Betrachten wir die angegebenen Erzeugungsweisen der Ellipse bzw. Hyperbel 1. Art im Standardkoordinatensystem, das wir vorübergehend euklidisch interpretieren, so erkennt man: Für $\varphi_1\varphi_2 > o$ (Ellipse!) kommen nur Punkte $X \in I_2$ in Frage, die innerhalb des über $\overline{F_1F_2}$ errichteten Parallelstreifens der [xy]- Ebene liegen. Für $\varphi_1\varphi_2 < o$ kommen nur Punkte außerhalb dieses Parallelstreifens in Frage.

2) Wie die Ellipse besitzt auch die Hyperbel 1. Art zwei reelle
isotrope Brennpunkte.

SATZ 5.6: Es seien a,b zwei nicht isotrope, nicht parallele Geraden der isotropen Ebene I_2 mit dem Schnittpunkt S. Sind dann
$A \in a$, $B \in b$ Punkte, die so liegen, daß $d(S,A) \cdot d(S,B) = - c_o^2$
konst. gilt, dann gehören die Mittelpunkte X der Sehnen $\overline{AB}$ einer
Hyperbel 2. Art an.

Beweis:

Wir wählen o.B.d.A. den Schnittpunkt S von a und b als Ursprung
eines Koordinatensystems. Es bedeutet überdies keine Einschränkung der Allgemeinheit, wenn wir die Geraden a und b mit entgegengesetzt gleichen Steigungen annehmen. Sind nämlich a und b zunächst durch die Gleichungen $y = u_1 x$ bzw. $y = u_2 x$ gegeben, so be-
wirkt nach (2.14) eine Bewegung $\{\overline{x} = x,\ \overline{y} = cx + y\}$ folgendes
Transformationsverhalten der Geradenkoordinaten (u,v) : $\{\overline{u} = c+u,$
$\overline{v} = v\}$. Wird daher $c = - \frac{1}{2} (u_1 + u_2)$ gewählt, dann haben nach Ausführung dieser Bewegung a bzw. b die Steigungen $\frac{1}{2} (u_1 + u_2)$ bzw.
$- \frac{1}{2} (u_1 + u_2)$. Setzt man nunmehr a und b in der Form $y = -kx$ bzw.
$y = kx$ mit $k \neq o$ an, so findet man für $X(x,y)$ der Reihe nach:
$A(a_1,\ -ka_1)$, $B(b_1,\ kb_1)$; $a_1 b_1 = - c_o^2$; $x = \frac{1}{2} (a_1 + b_1)$, $y = -\frac{1}{2}k(a_1 -$
$-b_1) \Rightarrow 4x^2 - \frac{4}{k^2} y^2 = 4a_1 b_1 = - 4c_o^2$. Hieraus erhält man

$$\frac{x^2}{c_o^2} - \frac{y^2}{k^2 c_o^2} = 1, \text{ d.h. die Gleichung einer Hyperbel 2. Art (5.12)}.$$

◆

Bemerkung:

Eine Hyperbel 2. Art besitzt keine reellen Brennpunkte, wie man
sofort aus der Normalform (5.12) folgert.

SATZ 5.7: Es sei a eine nicht isotrope Gerade mit einem festen
Punkt $O \in a$. Ist $X \in I_2$ ein Punkt, für den $d(O,X) =: d$ und $\varphi =$
$= \angle(a,\overrightarrow{OX})$ definiert ist, dann gehört die Menge der Punkte X, für
die $d^2 \varphi = k_o \neq$ konst. $\neq o$ gilt, einer *speziellen Hyperbel* an.

Beweis:

Wird a als x-Achse und O als Ursprung eines Koordinatensystems
gewählt, so findet man: $d(O,X) = x$, $\varphi = \frac{y}{x}$, d.h. $d^2 \varphi = x^2 \frac{y}{x} = k_o \Rightarrow$
$xy = k_o \neq o$. Diese Kurve ist aber nach (5.21) eine spezielle

Hyperbel. ◆

Bemerkung:Eine spezielle Hyperbel besitzt ebenfalls keine Brennpunkte in I_2. Eine ähnliche Erzeugung gestatten die isotropen Parabeln.

SATZ 5.8: Es sei a eine nicht isotrope Gerade mit einem festen Punkt $O \in a$. Ist $X \in I_2$ ein Punkt, für den $d(O,X) = d$ und $\varphi = \sphericalangle(a,\overrightarrow{OX})$ definiert ist, dann gehört die Menge der Punkte X, für die $d\varphi^2 = 2p =$ =konst.$\neq o$ gilt, einer *Parabel* der isotropen Ebene an.

Beweis:

Nach Wahl des Koordinatensystems wie im Beweis zu SATZ 5.7 findet man $d\varphi^2 = x \dfrac{y^2}{x^2} = 2p$, d.h. die Parabel $y^2 = 2px$. ◆

Wir beschäftigen uns noch ein wenig mit geometrischen *Aussagen über Kegelschnitte* in der isotropen Ebene [99,388].

SATZ 5.9: Die Tangente t in einem Ellipsenpunkt $P\neq F_1,F_2$ halbiert den Winkel der beiden Brennstrahlen $l_1 = F_1 \vee P$, $l_2 = F_2 \vee P$.

Beweis:

Ausgehend von der Normalform (5.9) $\dfrac{x^2}{a^2} + \dfrac{y^2}{b^2} = 1$ einer Ellipse k, wählen wir einen Punkt $P(x_o,y_o) \in k$ mit $P\neq F_1$, $P\neq F_2$. Dann gilt $y_o\neq o$ und $x_o\neq\pm a$. Die Tangente t in P ist durch $\dfrac{xx_o}{a^2} + \dfrac{yy_o}{b^2} = 1$ gegeben und besitzt daher die Steigung $u(t) = -\dfrac{b^2 x_o}{a^2 y_o}$.

Da die Brennpunkte in der Normalform die Koordinaten $F_1(-a,o)$, $F_2(a,o)$ besitzen, berechnet man: $\overrightarrow{F_1P} = (x_o+a,y_o)$ $\overrightarrow{F_2P} = (x_o-a,y_o)$, $u(\overrightarrow{F_1P}) = \dfrac{y_o}{x_o+a}$, $u(\overrightarrow{F_2P}) = \dfrac{y_o}{x_o-a}$, $\varphi := \sphericalangle(l_1,l_2) = u(\overrightarrow{F_2P}) - u(\overrightarrow{F_1P}) =$

$= -\dfrac{2b^2}{ay_o}$, wobei zur Umformung der letzten Gleichung die aus (5.9) fließende Beziehung $\dfrac{a^2}{b^2} y_o^2 = a^2 - x_o^2$ benützt wurde. Schließlich folgt

$$\psi := \sphericalangle(l_1,t) = -\dfrac{b^2 x_o}{a^2 y_o} - \dfrac{y_o}{x_o+a} = \dfrac{b^2(a+x)_o}{ay_o(x_o+a)} = -\dfrac{b^2}{ay_o} = \dfrac{\varphi}{2}.$$
◆

Figur 22 zeigt, wie man diesen Satz zu einer bequemen *Tangentenkonstruktion* für die Ellipse verwenden kann, die auch für die Schule geeignet ist. Diese Tangentenkonstruktion ist sogar genauer als die herkömmliche Konstruktion, bei der bekanntlich der Außenwinkel der euklidischen Leitstrahlen halbiert werden muß; die in Figur 22 angegebene Konstruk-

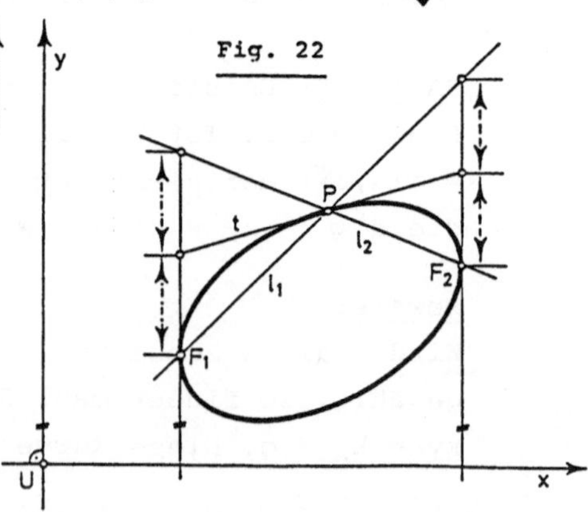

tion beruht hingegen auf der Halbierung einer Strecke, was bekanntlich genauer ausführbar ist. Die euklidischen Brennpunkte werden bei dieser Konstruktion nicht benötigt.

Bemerkungen:

1) Der SATZ 5.9 gilt analog für eine Hyperbel 1. Art.

2) Kennt man von einer Ellipse 2 Punkte P_1, P_2 mit parallelen Tangenten t_1, t_2 sowie einen weiteren Ellipsenpunkt X, so kann man mittels SATZ 5.9 die Tangente im Punkt X konstruieren. Hierzu hat man die Richtung $t_1 \parallel t_2$ als isotrope Richtung zu deuten und die aus Figur 22 ablesbare Konstruktion anzuwenden.

SATZ 5.10: Es sei k eine Ellipse und $P \notin k$ ein Punkt derart, daß die von P an k legbaren Tangenten t_1, t_2 nicht isotrop sind. Verbindet man P mit den beiden isotropen Brennpunkten $F_1, F_2 \in k$ durch die *verallgemeinerten Brennstrahlen* $\hat{1}_1 = F_1 \vee P$, $\hat{1}_2 = F_2 \vee P$, dann gilt $\varphi_1 = \sphericalangle(t_1, \hat{1}_1) = - \sphericalangle(t_2, \hat{1}_2) = - \varphi_2$.

Beweis:

Es genügt den Beweis wieder an Hand der Normalform (5.9) $\dfrac{x^2}{a^2} + \dfrac{y^2}{b^2} = 1$ der Ellipse k zu führen. Wird P mit den Koordinaten $P(x_o, y_o)$ angenommen, dann erhält man die Berührpunkte $T_1(x_1, y_1)$, $T_2(x_2, y_2)$ der von P an k legbaren Tangenten als Lösungen (x,y) der beiden Gleichungen $\{b^2x^2 + a^2y^2 = a^2b^2, \; b^2xx_o + a^2yy_o = a^2b^2\}$. Aus diesen beiden Gleichungen gewinnt man leicht die quadratische Gleichung $\dfrac{b^2}{a^2}(a^2 - x_o^2)\left(\dfrac{x}{y}\right)^2 - 2x_o y_o \left(\dfrac{x}{y}\right) + \dfrac{a^2}{b^2}(b^2 - y_o^2) = o$ für $\left(\dfrac{x}{y}\right)$,

aus der unter Verwendung des Vietà'schen Wurzelsatzes folgt:

$\dfrac{x_1}{y_1} + \dfrac{x_2}{y_2} = 2\dfrac{a^2}{b^2}\dfrac{x_o y_o}{a^2 - x_o^2}$ (*). Beachtet man, daß in der Normalform $F_1(-a, o)$, $F_2(a, o)$ gilt, so berechnet man: $\overrightarrow{F_1 P} = (x_o + a, y_o)$, $\overrightarrow{F_2 P} = (x_o - a, y_o)$, $\overrightarrow{T_1 P} = (x_o - x_1, y_o - y_1)$, $\overrightarrow{T_2 P} = (x_o - x_2, y_o - y_2)$, $u(\overrightarrow{F_1 P}) = \dfrac{y_o}{x_o + a}$, $u(\overrightarrow{F_2 P}) = \dfrac{y_o}{x_o - a}$, $u(\overrightarrow{T_1 P}) = \dfrac{y_o - y_1}{x_o - x_1}$, $u(\overrightarrow{T_2 P}) = \dfrac{y_o - y_2}{x_o - x_2}$,

$\varphi_1 := \sphericalangle(t_1, \hat{1}_1) = \dfrac{y_o}{x_o + a} - \dfrac{y_o - y_1}{x_o - x_1}$

$\varphi_2 := \sphericalangle(t_2, \hat{1}_2) = \dfrac{y_o}{x_o - a} - \dfrac{y_o - y_2}{x_o - x_2}$.

Diese Ausdrücke können umgeformt werden, wenn man bedenkt, daß für $T_1(x_1, y_1)$ die Gleichungen $\{b^2x_1^2 + a^2y_1^2 = a^2b^2, \; b^2x_1x_o + a^2y_1y_o = $

$= a^2 b^2$} erfüllt sind. Durch Differenzenbildung entsteht hieraus

$$\frac{y_o - y_1}{x_o - x_1} = -\frac{b^2 x_1}{a^2 y_1}$$ und analog findet man für $T_2(x_2, y_2)$: $\frac{y_o - y_2}{x_o - x_2} =$

$$= -\frac{b^2 x_2}{a^2 y_2}$$. Hiermit folgt aus den Gleichungen für φ_1 und φ_2 unter

Beachtung von (*) : $\varphi_1 + \varphi_2 = \dfrac{2x_o y_o}{x_o^2 - a^2} + \dfrac{b^2}{a^2}\left(\dfrac{x_1}{y_1} + \dfrac{x_2}{y_2}\right) = o.$ ◆

<u>Bemerkungen:</u>

1) Der SATZ 5.10 gilt analog
   für eine Hyperbel 1. Art.
2) Die Figur 23 veranschaulicht die in SATZ 5.10
   beschriebene Situation.

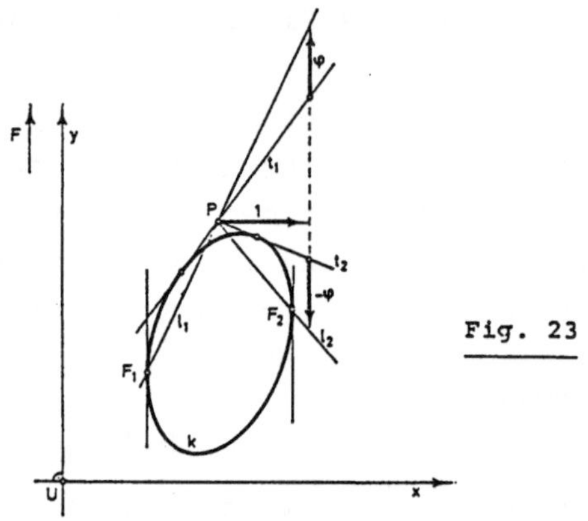

Fig. 23

Eine *Parabel* k in der isotropen Ebene I_2 besitzt einen
einzigen Brennpunkt F_1, wie
man sofort an der Normalform
(5.16) erkennt. Geht man jedoch zur projektiven Erweiterung $P_2 \supset$
$\supset I_2$ über, so laufen vom absoluten Punkt F aus zwei Tangenten
an k, wobei eine Tangente die absolute Gerade f ist. Den Berührpunkt F_u von f mit k bezeichnen wir als *uneigentlichen Brennpunkt*
der Parabel. Unter Verwendung dieses Begriffes gilt der

<u>SATZ 5.11:</u> Ist F_1 der eigentliche und F_u der uneigentliche Brenn-
punkt einer Parabel k der isotropen Ebene und ist $P \in k$, $F \neq F_1$
ein beliebiger Parabelpunkt, so halbiert die Parabeltangente t
in P den Winkel der Brennstrahlen $l_1 := F_1 \vee P$ und $l_2 := F_u \vee P$.

<u>Beweis:</u>
Ohne Einschränkung der Allgemeinheit führen wir den Beweis an
Hand der Normalform (5.15) $y^2 = 2px$, in der $F_1(o,o)$ gilt. Da für
$P(x_o, y_o) \in k$ gilt $P \neq F_1$, ist $x_o \neq o$, $y_o \neq o$. Für die Parabeltangente in P berechnet man $y = \dfrac{p}{y_o} x + \dfrac{p x_o}{y_o}$ und hieraus findet
man der Reihe nach: $u(t) = \dfrac{p}{y_o}$; $\overrightarrow{F_1 P} = (x_o, y_o)$, $u(\overrightarrow{F_1 P}) = \dfrac{y_o}{x_o}$,
$u(\overrightarrow{F_u P}) = o \Rightarrow \varphi := \sphericalangle(l_1, l_2) = u(\overrightarrow{F_u P}) - u(\overrightarrow{F_1 P}) = -\dfrac{y_o}{x_o}$. Anderer-

seits berechnet man $\psi := \bar{\alpha}(t,l_2) = u(\overrightarrow{F_u P}) - u(t) = - \dfrac{p}{y_o} =$

$= - \dfrac{2px_o}{2x_o y_o} = - \dfrac{y_o^2}{2x_o y_o} = - \dfrac{1}{2}\dfrac{y_o}{x_o} = \dfrac{1}{2}\varphi.$ ◆

Bemerkungen:

1) Figur 23 zeigt anschaulich den in SATZ 5.11 bewiesenen Sachverhalt.

2) Der bewiesene Satz kann dazu
   verwendet werden, folgende
   Parabelkonstruktion auszu-
   führen: Von einer Parabel
   kennt man die Richtung der
   Achse, sowie einen Punkt P
   mit der Tangente t. Man ermittle die Tangente in einem
   Punkt $Q \neq P$. Zur Lösung dieser Aufgabe deute man t als
   isotrope Richtung und somit

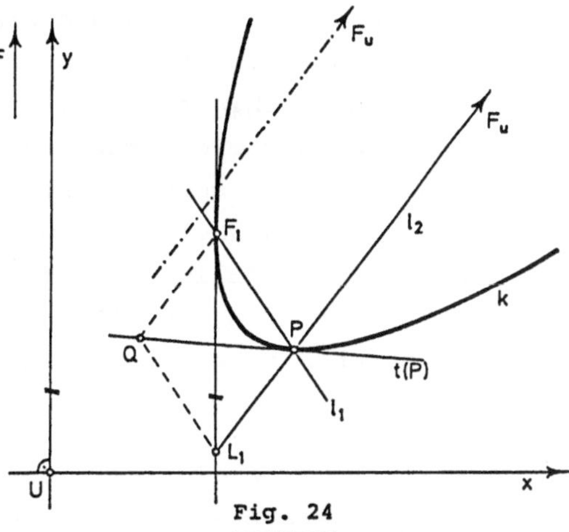

Fig. 24

P als eigentlichen Parabelbrenn-
punkt; die Achsenrichtung der Parabel legt den uneigentlichen
Brennpunkt F_u fest. Die Lösung der Aufgabe ergibt sich dann
unmittelbar aus Figur 24.

Interessante Sätze über Kegelschnitte der isotropen Ebene ergeben sich, wenn man Methoden der projektiven Geometrie sowie der
höheren Dreiecksgeometrie in die Betrachtungen mit einbezieht
(vgl. [49,5f]). Zunächst beweisen wir in Ergänzung zu SATZ 3.16
den

SATZ 5.12: Es sei $\{A,B,C\}$ ein zulässiges Dreieck und P ein Punkt
des Umkreises k_u von $\{A,B,C\}$. Dann umhüllen die - dem Punkt P
über die verallgemeinerte Fußpunktverwandtschaft $P \to g(\delta)$,
$- \infty < \delta < + \infty$ zugeordneten - Geraden $g(\delta) = P^a \vee P^b \vee P^c$ eine Parabel
k, die die Seiten $a = B \vee C$, $b = C \vee A$, $c = A \vee B$ berührt und P als
Brennpunkt besitzt.

Beweis:

Wie an Hand der Figur 25 ersichtlich, gehören die betrachteten
Geraden $g(\delta)$ einem Geradenkegelschnitt an, der durch die Projektivität $a(P^a) \barwedge b(P^b)$ erzeugt werden kann; diese Projektivität

ergibt sich ja durch eine isotrope Drehung eines Strahls im
Büschel um P. Da derselbe Kegelschnitt k auch durch die Projektivität $a(P^a) \barwedge c(P^c)$ erzeugt
werden kann, berührt k die Dreiecksseiten a,b,c. Man sieht sofort, daß in obigen Projektivitäten einander die Fernpunkte
auf a,b und c zugeordnet sind,
womit k als Parabel nachgewiesen ist. Schließlich erkennt man
für $\delta \to \pm \infty$, daß die isotrope Ge-

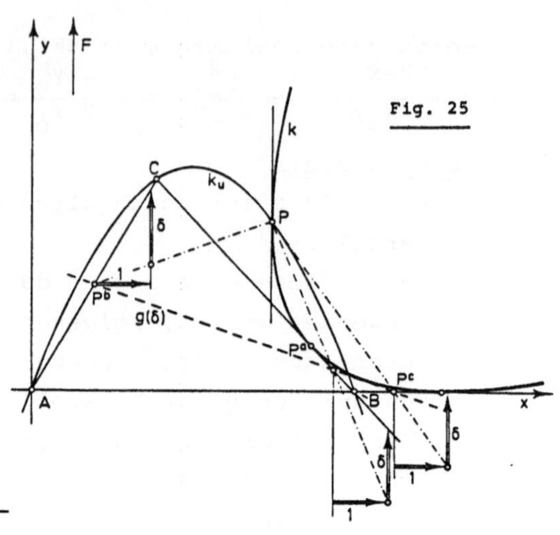

rade durch P eine Parabeltangente mit dem Berührungspunkt P ist,
also ist P der Brennpunkt von k. ◆

Aus SATZ 5.12 ergibt sich sofort das schöne isotrope Gegenstück
zu einem bekannten euklidischen Resultat:

<u>SATZ 5.13:</u> Ist einer Parabel der isotropen Ebene ein zulässiges
Dreieck umschrieben, dann enthält der Umkreis dieses Dreiecks
den Parabelbrennpunkt.

Die beiden letzten Aussagen stammen von J. LANG [49]. Weitere
Sätze über Kegelschnitte finden sich in [56] und [99,389f]; man
vergleiche auch § 6.

Vielseitig und formenreich ist die *Theorie der Kegelschnittbüschel* der isotropen Ebene, die von V. ŠČURIĆ in [92a] bzw.
vom Autor in [88a] entwickelt wurde. Zur Erstellung einer *Klas-
sifikationstheorie* hat man von der projektiven Klassifikation
der Kegelschnittbüschel auszugehen (vgl.[66]) und diese bezüglich der Absolutfigur {F,f} zu verfeinern. Demnach gibt es bei
Beschränkung auf nicht ausgeartete Kegelschnittbüschel in $P_2(\mathbb{R})$
genau 9 Haupttypen - 4 reelle, verschiedene Grundpunkte (Typ I),
2 reelle und 2 konjugiert-komplexe Grundpunkte (Typ II), 2 Paare
konjugiert-komplexer Grundpunkte (Typ III), 1 Linienelement und
2 reelle Grundpunkte (Typ IV), 1 Linienelement und 2 konjugiert-
-komplexe Grundpunkte (Typ V), 2 reelle Linienelemente (Typ VI),
2 konjugiert-komplexe Linienelemente (Typ VII), 1 Oskulations-

element und ein weiterer Grundpunkt (Typ VIII), 1 Hyperoskulationselement (Typ IX), - die in [92a] bzw. [88a] bezüglich {F,f} diskutiert werden. Die Untersuchung aller Kegelschnittbüschel in $I_2(\mathbb{R})$ ist ein Unternehmen von großem Umfang und wir wollen uns hier darauf beschränken, einige Resultate über *oskulierende und hyperoskulierende Kegelschnittbüschel* anzugeben (vgl.[88a]). Bezeichnet man oskulierende Kegelschnittbüschel mit dem Kennbuchstaben A und hyperoskulierende Kegelschnittbüschel mit dem Kennbuchstaben B, dann gilt der vom Autor in [88a] gezeigte

<u>SATZ 5.15:</u> In der isotropen Ebene I_2 existieren bezüglich der isotropen Bewegungsgruppe $\mathscr{L}_3$ genau 16 Typen von Oskulationsbüscheln A1) - A16) und genau 7 Typen von Hyperoskulationsbüscheln B1) - B7).

Auf den umfangreichen *Beweis* dieses Satzes muß hier verzichtet werden und wir verweisen auf [88a]. Durch exemplarische Beschreibung der Typen A1), A9) und B2) soll jedoch die Untersuchungsmethode vorgeführt werden. Wir bezeichnen i.f. mit (P,t) das *Oskulations- bzw. Hyperoskulationselement* und im ersten Fall mit Q den vierten Büschelgrundpunkt. Hauptziel der Beschreibung ist es, für die einzelnen Büscheltypen zunächst *vollständige Invariantensysteme* anzugeben und sodann jeweils eine *geometrische Erzeugungsweise* des Büschels bereitzustellen. Als wertvolles Hilfsmittel für die Klassifikation erweist sich hierbei die *Mittelpunktskurve* m und die *isotrope Brennpunktskurve* k_f. Erstere **besteht aus den Mittelpunkten**, letztere aus den isotropen Brennpunkten aller Kegelschnitte des Büschels.

Zur Klassifikation gehen wir stets von der allgemeinen Gleichung

$$(5.32) \quad \sum_{i,k=o}^{2} a_{ik}x_i x_k = a_{oo}x_o^2 + a_{11}x_1^2 + a_{22}x_2^2 + 2a_{o1}x_o x_1 +$$
$$+ 2a_{o2}x_o x_2 + 2a_{12}x_1 x_2 = o$$

eines Kegelschnittes in projektiven Koordinaten bzw. der entsprechenden Gleichung

$$(5.33) \quad a_{oo} + a_{11}x^2 + a_{22}y^2 + 2a_{o1}x + 2a_{o2}y + 2a_{12}xy = o$$

in affinen Koordinaten aus.

<u>Der Typ A1):</u>

Sei zunächst (P,t) ein *eigentliches, nicht isotropes* Linienelement und es sei Q *eigentlich und nicht parallel* zu P. Man kann
dann durch eine isotrope Bewegung erreichen, daß P in den Ursprung und t in die x-Achse des zugrundegelegten Koordinatensystems fällt. Die Gleichung (5.33) reduziert sich dann auf

$$(5.34) \qquad a_{11}x^2 + a_{22}y^2 + 2a_{o2}y + 2a_{12}xy = o.$$

Wählt man aus der Kegelschnittmenge (5.34) einen weiteren Kegelschnitt

$$(5.35) \qquad b_{11}x^2 + b_{22}y^2 + 2b_{o2}y + 2b_{12}xy = o,$$

so schneiden sich (5.34) und (5.35) nebst dem doppelt zu zählenden Punkt P in zwei weiteren Punkten Q und R und die Verbindungsgerade h:= QR berechnet sich zu

$$(5.36) \qquad 2(a_{12}b_{11}-b_{12}a_{11})x+(a_{22}b_{11}-b_{22}a_{11})y+2(a_{o2}b_{11}-b_{o2}a_{11})=o.$$

Wenn sich die Kegelschnitte (5.34) und (5.35) in P oskulieren,
so muß R=P gelten, d.h. die Gerade h muß mit P inzidieren, was

$$(5.37) \qquad a_{11} : a_{o2} = b_{11} : b_{o2}$$

nach sich zieht. Mit einem Büschelparameter λ kann somit das Kegelschnittbüschel zunächst in der Form

$$(5.38) \qquad \lambda(a_{11}x^2+2a_{o2}y) + a_{22}y^2 + 2a_{12}xy = o$$

angesetzt werden. Hierbei ist $a_{11} \neq o$, sonst wäre das Büschel
ausgeartet. Es ist auch $a_{12} \neq o$, denn andernfalls hätte h die
Gleichung y = o und alle Kegelschnitte des Büschels würden sich
in P hyperoskulieren. Schließlich gilt auch $a_{22} \neq o$, denn andernfalls würden alle Kegelschnitte (5.38) den absoluten Punkt F(o:
:o:1) enthalten und Q wäre nicht eigentlich. Man kann daher in
(5.38) o.B.d.A. $a_{11} = 1$ setzen und gewinnt mit den Umbezeich-

nungen $-a_{o2} =: A$, $-\dfrac{2a_{12}}{a_{22}} =: B$ und dem neuen Büschelparameter

$\mu := \dfrac{1}{a_{22}} \lambda$ als *Normalform* dieses Büscheltyps

$$(5.39) \qquad F \equiv \mu(x^2-2Ay) - Bxy + y^2 = o.$$

Ein Kegelschnittbüschel dieser Art in I_2 soll vom *Typ A1)* heißen.
Wird (5.39) zweimal nach x differenziert, so stellt sich $\mu(2-$
$-2Ay") - B(2y'+xy") + 2yy' = o$ ein. In $P(o,o)$ gilt somit wegen
$y'(o) = o$ die Beziehung $y"(o) = \dfrac{1}{A}$. Da $y"(o) =: \varkappa$ die *isotrope
Krümmung* (vgl. § 7) in P angibt, ist somit die Größe A als *iso-
trope Bewegungsinvariante* des Büschels nachgewiesen. Nach Ein-
führung des isotropen *Krümmungsradius* $\rho := \dfrac{1}{\varkappa}$ gilt $A = \rho(P)$. Zur
Deutung der zweiten Invariante B in (5.39) berechnen wir die
Koordinaten von Q. Man findet aus (5.39) sofort $Q(2AB, 2AB^2)$ und
berechnet hieraus den isotropen Winkel $\varphi = \varkappa(t,PQ)$ zu $\varphi = B$. Damit haben wir als Fundamentalsatz den

<u>SATZ 5.16:</u> Ein Kegelschnittbüschel der isotropen Ebene vom Typ
A1) ist bis auf isotrope Bewegungen durch 2 Invarianten A,B eindeutig bestimmt. A stimmt mit dem gemeinsamen Krümmungsradius
im Oskulationselement überein; die Invariante B läßt sich als
jener isotrope Winkel deuten, den die Verbindungsgerade des gemeinsamen Kegelschnittpunktes Q mit dem Oskulationspunkt P gegen
die Oskulationstangente bildet.

Zur geometrischen Beschreibung des Büschels leistet die Mittel-
punktkurve m - bestehend aus allen Mittelpunkten der Kegelschnit-
te des Büschels (5.35) - wertvolle Dienste. Mittels $\dfrac{\partial F}{\partial x} = \dfrac{\partial F}{\partial y} = o$
bestimmt man sie aus (5.39) zu

$$(5.40) \qquad Bx^2 - 2xy + ABy = o.$$

Wegen $A \neq o$, $B \neq o$ ist (5.40) ein *Kegelschnitt* m und zwar eine
spezielle Hyperbel in I_2, deren nichtisotrope Asymptote a_2 die
Richtung (2:B) besitzt. Der Mittelpunkt M_h von m hat die Koordi-
naten $M_h(\frac{1}{2}AB, \frac{1}{2}AB^2)$; somit liegen P, M_h und Q auf einer Geraden
und es gilt $d(P,Q) = 4\, d(P,M_h)$ im isotropen Sinn. Die Hyperbel
m enthält den Punkt P, berührt t in P und besitzt in P den isotropen Krümmungsradius $- \frac{1}{2} A$. Hiermit erhält man die folgende

einfache *geometrische Erzeugungsweise* (vgl. Figur 26) eines
Büschels vom Typ A1):

<u>SATZ 5.17:</u> Sei (P,t) ein nichtisotropes Linienelement, Q ein
Punkt nicht parallel zu P und bezeichne B := ∢(t,PQ). Sei m jene
spezielle Hyperbel durch P, deren Mittelpunkt M_h auf PQ liegt,
wobei $d(P,M_h) = \frac{1}{4} d(P,Q)$ gilt und deren nichtisotrope Asymptote
a_2 mit t den Winkel $\frac{1}{2}$ B einschließt. Dann liegen alle Kegelschnitte durch Q, die t in P berühren und deren Mittelpunkte m
angehören, in einem Oskulationsbüschel vom Typ A1) mit (P,t) als
Oskulationselement.

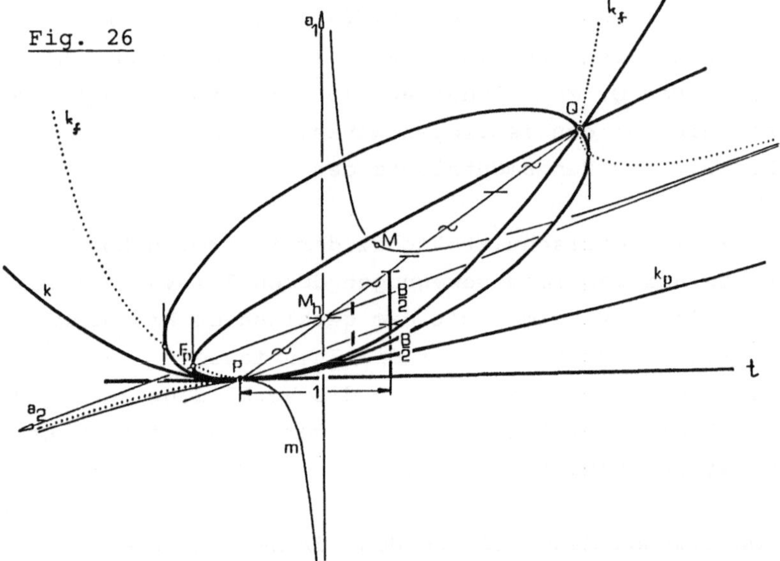

Zur Konstruktion einzelner Kegelschnitte des Büschels ist hierbei
zu beachten, daß man bei vorgegebenem Kegelschnittsmittelpunkt
M ∈ m, stets das zu (P,t) bezüglich M symmetrische Linienelement
$(\tilde{P},\tilde{t})$ kennt.

Das Kegelschnittbüschel (5.39) enthält für $\mu < \frac{1}{4} B^2$ *Hyperbeln*,
für $\mu > \frac{1}{4} B^2$ *Ellipsen* und für $\mu = \frac{1}{4} B^2$ stellt sich eine *Parabel*
k_p ein, welche die Durchmesserrichtung (2:B) besitzt. Im Büschel
liegt ein einziger isotroper Kreis k, der zu $\mu = \infty$ gehört.
Wir untersuchen noch die isotrope *Brennpunktskurve* k_f des Büschels; sie besteht aus allen jenen Punkten der Kegelschnitte des
Büschels, deren Tangenten isotrop sind. Aus F = o und $\frac{\partial F}{\partial y} = o$
findet man als Gleichung von k_f

(5.41) $\quad Bx^3 - 2x^2 y + 2Ay^2 = 0.$

Demnach ist k_f eine *algebraische Kurve dritter Ordnung*; sie berührt die absolute Gerade im absoluten Punkt F und besitzt als weiteren Schnittpunkt mit $x_0 = 0$ den Punkt G_u (o:2:B). Die Asymptote in G_u besitzt die Gleichung

(5.42) $\quad 4y = 2Bx + AB^2.$

Man zeigt leicht, daß diese Asymptote mit der nichtisotropen Asymptote der Mittelpunktshyperbel m übereinstimmt. Die Gerade (5.42) und die Kubik (5.41) besitzen noch den weiteren Schnittpunkt F_p $(-\frac{1}{4}AB, \frac{1}{8}AB^2)$ und man bestätigt rasch durch Rechnung, daß F_p der isotrope *Brennpunkt* der im Büschel enthaltenen *Parabel* k_p ist. Weiters enthält k_f den Punkt Q und besitzt dort die Tangentenrichtung $y'(Q) = -\frac{1}{4}B$. In P besitzt k_f eine *Spitze* mit t als *Spitzentangente*. Die Kubik k_f ist somit *rational* und läßt sich mittels

(5.43) $\quad \{x = \dfrac{2Au^2}{2u-B} , \quad y = \dfrac{2Au^3}{2u-B} \}$

parametrisieren. Da eine Kubik mit Spitze durch die Spitze samt Tangente und vier weitere Punkte eindeutig bestimmt ist (vgl. [16,26f]), ist k_f durch obige Angaben mehr als ausreichend bestimmt. Wir fassen zusammen im

<u>SATZ 5.18:</u> Die Brennpunktskurve k_f eines Kegelschnittbüschels vom Typ A1) **der isotropen Ebene ist eine rationale Kurve dritter** Ordnung, die im Oskulationspunkt eine Spitze mit der Oskulationstangente als Spitzentangente besitzt. Sie enthält den Grundpunkt Q des Büschels, berührt die absolute Gerade im absoluten Punkt und besitzt die nichtisotrope Asymptote der Mittelpunktshyperbel als Asymptote; diese schneidet k_f im Brennpunkt der einzigen Parabel des Büschels.

Die Kurve k_f kann als *zirkuläre Kurve 3. Ordnung* der isotropen Ebene angesehen werden. Eine spezielle Klasse von zirkulären Kurven dritter Ordnung hat D. PALMAN in [119] untersucht; man vergleiche auch [120].

Der Typ A9) :

Nun sei (P,t) ein *uneigentliches Linienelement*, bestehend aus der absoluten Geraden $t = f$ und einem Punkt $P \in f$, $P \neq F$. Man kann dann durch eine isotrope Bewegung erreichen, daß P die projektiven Koordinaten $P(o:1:o)$ erhält. Aus (5.32) folgert man rasch, daß sich alle Kegelschnitte, die f in P berühren in der Form

$$(5.44) \qquad a_{oo}x_o^2 + a_{22}x_2^2 + 2a_{o1}x_ox_1 + 2a_{o2}x_ox_2 = o$$

schreiben lassen. Ist

$$(5.45) \qquad b_{oo}x_o^2 + b_{22}x_2^2 + 2b_{o1}x_ox_1 + 2b_{o2}x_ox_2 = o$$

ein weiterer Kegelschnitt der Menge (5.44), so haben diese beiden Kegelschnitte außer dem doppelt zu zählenden Punkt P noch zwei weitere Punkte Q,R gemeinsam, die auf der Geraden $h := QR$

$$(5.46) \quad (a_{oo}b_{22}-b_{oo}a_{22})x_o + 2(a_{o1}b_{22}-b_{o1}a_{22})x_1 + 2(a_{o2}b_{22}-b_{o2}a_{22})x_2 = o$$

liegen. Da Q eigentlich ist, kann man durch Anwendung einer Schiebung - die ja an der Situation auf der Ferngeraden nichts ändert - erreichen, daß Q die Koordinaten $Q(1:o:o)$ erhält. Soll in P Oskulation vorliegen, dann muß h durch $x_2 = o$ beschrieben werden und dies liefert nach (5.46) die Bedingung

$$(5.47) \qquad a_{oo}:a_{o1}:a_{22} = b_{oo}:b_{o1}:b_{22} \ ,$$

sodaß sich das Büschel zunächst in der Gestalt

$$(5.48) \qquad \lambda(a_{oo}x_o^2+a_{22}x_2^2+2a_{o1}x_ox_1) + 2a_{o2}x_ox_2 = o$$

ansetzen läßt. Da alle Büschelkegelschnitte den Punkt $Q(1:o:o)$ enthalten, folgt aus (5.48) $a_{oo} = 1$. Weiters gilt $a_{22} \neq o$ und $a_{o1} \neq o$, sonst wäre das Büschel ausgeartet; es ist auch $a_{o2} \neq o$. Setzt man $a_{22} = 1$, $-2a_{o1} =:A$ und führt man den neuen Büschelparameter $\mu := \dfrac{2a_{o2}}{\lambda}$ ein, so erhält man als *Normalform* eines Büschels vom *Typ A9)* in affinen Koordinaten

$$(5.49) \qquad F \equiv y^2 - Ax + \mu y = o.$$

Das Büschel besteht aus der Geraden y = o und aus lauter Parabeln vom *isotropen Parameter* A (vgl.[56,230f]), welche die Gerade QP als Durchmesser besitzen. Wie in SATZ 5.8 gezeigt, ist A eine isotrope Invariante und somit gilt als *Fundamentalsatz* der

SATZ 5.19: Ein Kegelschnittbüschel der isotropen Ebene vom Typ A9) ist bis auf isotrope Bewegungen durch eine einzige Invariante A eindeutig bestimmt. Das Büschel besteht aus Parabeln gleicher Durchmesserrichtung, welche alle denselben isotropen Parameter A besitzen.

Als *Brennpunktskurve* k_f des Büschels (5.49) erhält man die Parabel

(5.50) $y^2 = - Ax$

vom isotropen Parameter -A; sie besitzt dieselbe Durchmesserrichtung wie alle Parabeln des Büschels (5.49). Der Punkt Q ist der isotrope Brennpunkt von k_f. Damit ergibt sich eine einfache *geometrische Erzeugung* des Büschels (vgl. Figur 27). Dieser Erzeugung entzieht sich nur die zu μ=o gehörige Parabel $\hat{k}$ mit der Gleichung $y^2 = Ax$. Da diese Parabel zu k_f symmetrisch bezüglich der isotropen Geraden durch Q liegt, ist ihre Ermittlung ebenfalls geklärt. Wir vermerken den

SATZ 5.20: Gegeben sei eine Parabel k_f mit dem isotropen Brennpunkt Q und der Durchmesserrichtung d:= QP, wobei P ≠ F einen Fernpunkt bezeichnet. Dann gehören alle Parabeln durch Q mit der Durchmesserrichtung d, deren isotrope Brennpunkte auf k_f liegen, einem Oskulationsbüschel vom Typ A9) an. Zum Büschel gehört noch eine Parabel $\hat{k}$, die bezüglich der isotropen Geraden durch Q zu k_f symmetrisch liegt.

Euklidisch betrachtet kann dieses Büschel in Normalform so erzeugt werden, indem man eine zu k_f kongruente, aber entgegengesetzt geöffnete Parabel $\hat{k}$ - wobei sich k_f und $\hat{k}$ im gemeinsamen Scheitel Q berühren - so verschiebt, daß der Scheitel von $\hat{k}$ auf k_f wandert und bei dieser Bewegung die Achse von $\hat{k}$ parallel bleibt.

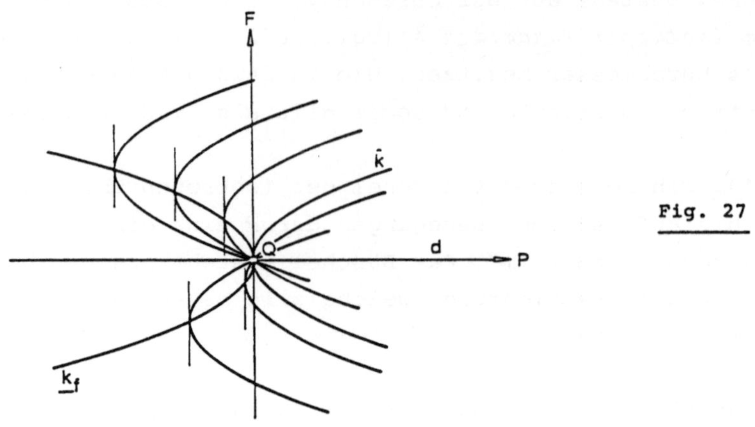

Fig. 27

Der Typ B2):

Das Hyperoskulationselement (P,t) sei ein *eigentliches, nicht isotropes* Linienelement. Gemäß den Überlegungen zu A1) muß die Gerade (5.36) nun mit y = o übereinstimmen, was

$$(5.51) \qquad a_{11}:a_{o2}:a_{12} = b_{11}:b_{o2}:b_{12}$$

nach sich zieht. Hiermit läßt sich das Kegelschnittbüschel zunächst in der Form

$$(5.52) \qquad \lambda(a_{11}x^2+2a_{o2}y+2a_{12}xy) + a_{22}y^2 = o$$

ansetzen. Es ist $a_{11} \neq o$ und $a_{o2} \neq o$, sonst wäre das Büschel ausgeartet. Damit ein Büschel vorliegt, muß auch $a_{22} \neq o$ sein. Setzt man o.B.d.A. $a_{11} = 1$, so gewinnt man mit den Abkürzungen $-a_{o2} =:A$, $-a_{12} =:B$ und dem neuen Büschelparameter $\frac{a_{22}}{\lambda} =:\mu$ die Darstellung

$$(5.53) \qquad F \equiv \mu y^2 + x^2 - 2Ay - 2Bxy = o.$$

Aus (5.53) berechnet man mittels $\frac{\partial F}{\partial x} = \frac{\partial F}{\partial y} = o$ die *Mittelpunktskurve* m des Büschels (5.53) zu

$$(5.54) \qquad x - By = o.$$

Somit ist m für $B \neq o$ eine *nichtisotrope Gerade*, während sich für B = o eine *isotrope Mittelpunktsgerade* (x = o) einstellt. Ein Hyperoskulationsbüschel mit der Normalform (5.53) und einer nicht isotropen Mittelpunktsgeraden heiße vom *Typ B1)*; hingegen heiße ein Hyperoskulationsbüschel (5.53) mit einer isotropen Mittelpunktsgeraden vom *Typ B2)*. In beiden Fällen findet man aus (5.53) die Beziehung $1-Ay''(o) = o$, sodaß $A = \rho(P)$ gilt, womit die Größe A in (5.53) als isotrope Invariante nachgewiesen ist: A stimmt mit dem Krümmungsradius im Hyperoskulationselement überein. Die Theorie der Büschel vom Typ B1) soll hier nicht weiter verfolgt werden (vgl.[88a]). Wir vermerken zunächst den

SATZ 5.21: Ein Kegelschnittbüschel der isotropen Ebene I_2 vom Typ B2) ist bis auf isotrope Bewegungen durch eine einzige Invariante A eindeutig bestimmt. A stimmt mit dem gemeinsamen Krümmungsradius im Hyperoskulationselement überein.

Zur *geometrischen Erzeugung* eines Büschels vom Typ B2) beachten wir zunächst, daß die Brennpunktskurve k_f ein isotroper Kreis mit der Gleichung

$$(5.55) \quad y = \frac{1}{A} x^2,$$

d.h. von der konstanten Krümmung $\frac{2}{A}$ ist. Das Büschel enthält für $\mu > o$ *Ellipsen*, für $\mu < o$ *Hyperbeln* und für $\mu = o$ den *isotropen Kreis k*

$$(5.56) \quad y = \frac{1}{2A} x^2$$

mit der konstanten Krümmung $\frac{1}{A}$. Man zeigt leicht, daß alle Hyperbeln des Büschels von 2. Art sind, also keine reellen Brennpunkte besitzen. Die Ellipsenbrennpunkte liegen, wie man aus (5.53) folgert, auf den parallelen Geraden

$$(5.57) \quad g(\mu) \ldots \mu y = A,$$

während die Ellipsenmittelpunkte der Geraden m (x = o) angehören. Damit lassen sich die Ellipsen des Büschels einfach erzeugen; auch der Büschelkreis k kann unmittelbar angegeben werden. Die Hyperbeln 2. Art $\tilde{h}$ des Büschels lassen sich über die Abbildung

σ:μ ⟼ -μ einfach erzeugen, welche jeder Ellipse h des Büschels
eine Bildhyperbel $\tilde{h}$ zuweist. Zugeordnete Mittelpunkte M und $\tilde{M}$
liegen bezüglich t symmetrisch und eine einfache Rechnung zeigt,
daß die Asymptoten von $\tilde{h}$ zu den Geraden PF_1 und PF_2 parallel sind, wenn F_1, F_2 die Brennpunkte der zugeordneten Ellipse h bezeichnen. Damit erhalten wir die in Figur 28 angegebene *Erzeugung* eines Hyperoskulationsbüschels vom Typ B2):

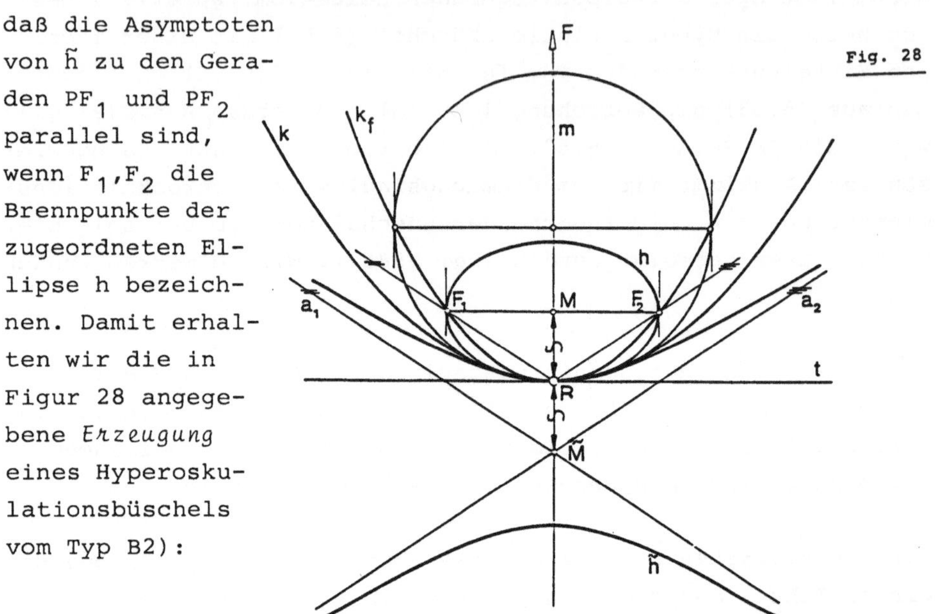

<u>SATZ 5.22:</u> Es sei k_f ein isotroper Kreis, P ein Punkt auf k_f
mit der Tangente t und es bezeichne m die isotrope Gerade durch
P. Dann liegen alle Ellipsen, die t in P berühren, deren Mittelpunkte M der Geraden m angehören und deren isotrope Brennpunkte
sich als Schnittpunkte von k_f mit der zu t parallelen Geraden
durch M einstellen, in einem Hyperoskulationsbüschel vom Typ
B2) mit (P,t) als Hyperoskulationselement. Die Hyperbeln 2. Art
$\tilde{h}$ des Büschels können aus den entsprechenden Ellipsen h des
Büschels gewonnen werden, wobei zugeordnete Mittelpunkte M und
$\tilde{M}$ bezüglich t symmetrisch liegen und die Asymptoten von $\tilde{h}$ zu
den Brennstrahlen PF_1 und PF_2 von h parallel sind. Der einzige
Büschelkreis k besitzt die halbe Krümmung des Brennpunktskreises
k_f.

Dieser Büscheltyp spielt bei Untersuchungen von O. RÖSCHEL (vgl.
[74,176f] eine wichtige Rolle.

§ 6 Metrische Dualität in der isotropen Ebene.

Die Schönheit und Ausgewogenheit der ebenen isotropen Geometrie
ist nicht rein zufällig, sondern beruht letztlich auf einer
zweifachen Dualität, die wir i.f. studieren wollen. Wir erinnern vorerst an das allgemeine *Dualitätsprinzip* der projektiven
Ebene (vgl.[66,287f]):

SATZ 6.1: Jedem Satz der ebenen projektiven Geometrie, in wel-
chem die Begriffe Punkte, Gerade, Verbindungsgerade, Schnittpunkte vorkommen, entspricht ein dualer Satz, der durch folgende Begriffsvertauschungen entsteht:

Punkte	⟷	Gerade
k l.u.Punkte	⟷	k l.u.Geraden
Verbindungsgerade	⟷	Schnittpunkte
Verbinden	⟷	Schneiden
Inzidenz	⟷	Inzidenz

Der Beweis dieses Satzes, der von J.V. PONCELET entdeckt wurde,
soll hier nicht erfolgen, da er Gegenstand der projektiven Geometrie ist. Wird die isotrope Ebene I_2 in projektiver Weise er-
weitert, so gilt in ihr dieses *projektive Dualitätsprinzip*. In
I_2 herrscht jedoch noch eine zweite Art von Dualität, die durch
die Tatsache bedingt ist, daß die Absolutfigur $\{f,F\}$ der ebenen
isotropen Geometrie selbst dual ist. Wendet man nämlich das Dualitätsprinzip der projektiven Geometrie auf die Ferngerade f
mit dem inzidenten absoluten Punkt F an, so entsteht als Dual-
gebilde ein Punkt $\hat{F}$ mit einer inzidenten Geraden $\hat{f}$, d.h. wieder die Absolutfigur einer ebenen isotropen Geometrie; wir neh-
men o.B.d.A. $\hat{F} = F$, $\hat{f} = f$ an. Diese projektive Dualität der
Absolutfigur, d.h. der die Metrik bestimmenden Elemente bezeichnet man als *metrische Dualität*. Ihre Tragweite äußert sich im
folgenden Hauptsatz über metrische Dualität in I_2.

<u>SATZ 6.2</u>: In der durch die Absolutfigur $\{f,F\}$ abgeschlossenen isotropen Ebene I_2 herrscht projektive und metrische Dualität, wobei folgende Begriffe metrisch dual sind:

Absoluter Punkt F	⟷	absolute Gerade f
Fernpunkt G ≠ F	⟷	isotrope Gerade g ≠ f
Eigentlicher Punkt X(x,y)	⟷	Nicht isotrope Gerade g(u,v)
Parallele eigentliche Punkte C,D	⟷	Parallele, nicht isotrope Geraden c,d
Abstand d(A,B)	⟷	Winkel $\varphi(a,b)$
Spanne s(C,D) paralleler Punkte C,D	⟷	Isotroper Abstand $\overset{*}{\varphi}(c,d)$ der parallelen Gerden c,d.

<u>Beweis:</u>

Die Dualität $F \longrightarrow \hat{f} = f$, $f \longrightarrow \hat{F} = F$ wurde schon eingesehen. Ist $G \neq F$ ein Punkt auf f, so entspricht projektiv dual diesem Punkt eine mit F inzidente Gerade g, d.h. eine isotrope Gerade und umgekehrt. Einem Punkt $X \notin f$ entspricht somit eine nicht isotrope Gerade x.

Sind C, D parallele Punkte, d.h. eigentliche Punkte auf einer isotropen Geraden 1, so entsprechen diesen zwei Geraden c, d durch einen Fernpunkt L ≠ ≠ F, d.h. parallele nicht isotrope Geraden.

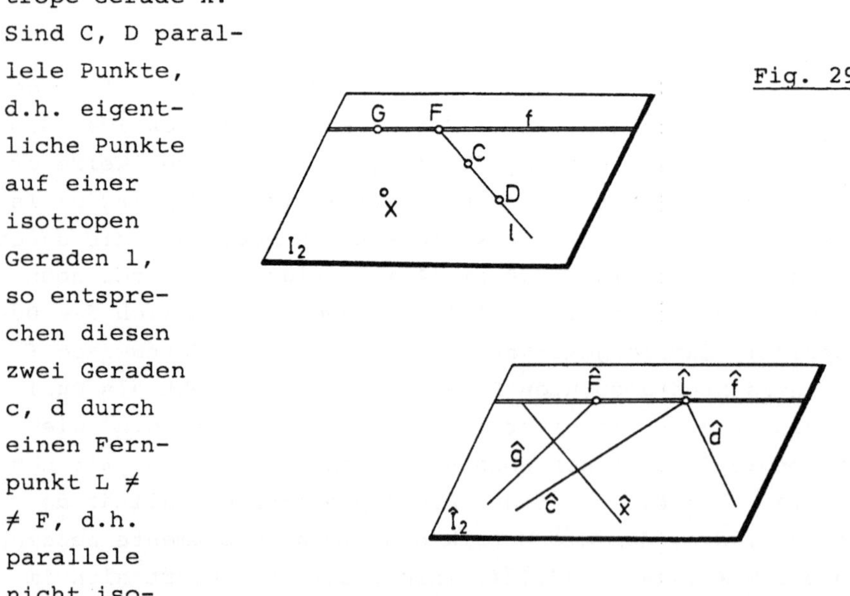

Die duale Gegenüberstellung von d(A,B) und $\varphi(a,b)$ bzw. s(C,D) und $\overset{*}{\varphi}(c,d)$ folgt unmittelbar aus der in § 2 gegebenen Konstruktion dieser Invarianten. Eine isotrope Bewegung, die nämlich $d(A,B)$ nicht ändert, läßt auch $\varphi(a,b)$ für die dual entsprechenden Geraden invariant und analog gilt dies für $s(C,D)$ und $\overset{*}{\varphi}(c,d)$.

◆

<u>Bemerkungen:</u>

1) In der euklidischen (pseudoeuklidischen) Ebene, deren Metrik durch ein konjugiert-komplexes (reelles) Punktepaar auf der Ferngeraden der projektiv erweiterten affinen Ebene A_2 geregelt wird, herrscht keine metrische Dualität, da das Absolutgebilde nicht selbstdual ist. Aus diesem Grund besitzt die euklidische (pseudoeuklidische) Geometrie auch nicht jenen Grad an Eleganz und Ausgewogenheit wie die ebene isotrope Geometrie.

2) Wie in SATZ 6.2 beschrieben, stehen sich folgende Invarianten metrisch-dual gegenüber, wenn $X_1(x_1,y_1)$, $X_2(x_2,y_2)$ zwei Punkte und g_1 bzw. g_2 ihre dual entsprechenden Geraden bezeichnen:

$$(6.1) \quad X_1 \not\parallel X_2 \quad\longleftrightarrow\quad g_1 : y = u_1 x + v_1, \; g_2 : y = u_2 x + v_2$$

$$d(X_1,X_2) = x_2 - x_1 \quad\longleftrightarrow\quad \varphi(g_1,g_2) = u_2 - u_1$$

$$X_1 \parallel X_2 \quad\longleftrightarrow\quad g_1 \parallel g_2$$

$$s(X_1,X_2) = y_2 - y_1 \quad\longleftrightarrow\quad \overset{*}{\varphi}(g_1,g_2) = v_2 - v_1 .$$

Diese metrische Dualität läßt sich realisieren durch die Abbildungsgleichungen $\{x=u, \; y=v\}$, die eine *ebene Korrelation* darstellen. Diese Abbildung läßt sich anschaulich wie folgt beschreiben: Zu einem Punkt $P(x_o,y_o)$ bestimme man die Polare $\tilde{g}$ bezüglich des isotropen parabolischen Kreises $k \ldots y = \frac{1}{2} x^2$ vom Parameter $p=1$, und bestimme die zur x-Achse spiegelbildliche Gerade g zu $\tilde{g}$; dann besitzt g die Geradenkoordinaten $g(u,v) = g(x_o,y_o)$. Die Abbildung $P \to g$ ist somit obige Korrelation. Der Beweis ergibt sich daraus, daß $\tilde{g}$ die Gleichung $y = xx_o - y_o$ und somit g die Gleichung $y = xx_o + y_o$ besitzt.
Besonders lohnend sind *metrisch-duale Betrachtungen von Kegelschnitten*. Den Kegelschnitten k, als reguläre Kurven 2. Ordnung, aufgefaßt als Punktmengen, entsprechen projektiv dual die Tangentenmengen $\hat{k}$ regulärer Kurven 2. Ordnung. Hierbei entsprechen sich speziell in der isotropen Ebene I_2

(6.2)   Kegelschnitt k   ⟷   Kegelschnitt $\hat{k}$

          Brennpunkt P   ⟷   nicht isotrope Asymptote $\hat{p}$ von $\hat{k}$

          isotrope Tangente   ⟷   Fernpunkte von $\hat{k}$.
          von k

Diese Aussagen sind leicht einzusehen: Ein Brennpunkt ist ein
Kegelschnittspunkt P mit isotroper Tangente t; diesem entspricht
dual eine Gerade $\hat{p}$ die mit einem Punkt $\hat{T} \neq F$ inzidiert. Da das
Linienelement $(\hat{p},\hat{T})$ dem Kegelschnitt $\hat{k}$ angehört, ist $\hat{p}$ Asymptote
von $\hat{k}$ mit Berührpunkt $\hat{T} \neq F$. Einer isotropen Tangente t von k
entspricht nach SATZ 6.2 ein Fernpunkt von k.
Hiermit sieht man leicht den

SATZ 6.3: In der isotropen Ebene I_2 sind folgende Kegelschnitte
metrisch-dual

          Imaginäre Ellipse   ⟷   Imaginäre Ellipse
          Ellipse   ⟷   Hyperbel 2. Art
          Hyperbel 1. Art   ⟷   Hyperbel 1. Art
          Spezielle Hyperbel   ⟷   Parabel
          parabolischer Kreis   ⟷   parabolischer Kreis.

Beweis:
Der Beweis erfolgt durch Diskussion der Lage und der Realitätsverhältnisse der Asymptoten und Brennpunkte, wodurch jeder Ke-
gelschnittstyp eindeutig festgelegt ist. Eine imaginäre Ellipse
besitzt keinen reellen Punkt und keine reelle Tangente. Eine Ellipse k besitzt 2 reelle Brennpunkte, aber keine reellen Asymptoten; $\hat{k}$ besitzt nach (6.2) daher 2 reelle nicht isotrope Asymptoten, aber keine reellen Brennpunkte und ist somit eine Hyperbel
2. Art. Eine Hyperbel 1. Art k besitzt 2 reelle nicht isotrope
Asymptoten und 2 reelle Brennpunkte; folglich besitzt der duale
Kegelschnitt $\hat{k}$ nach (6.2) ebenfalls 2 reelle Brennpunkte und 2
reelle Asymptoten, d.h. er ist auch eine Hyperbel 1. Art. Beachtet man, daß einer isotropen Asymptote a eines Kegelschnittes k
dual ein Punkt $\hat{A} \neq F$ auf $\hat{k}$ entspricht, in dem $\hat{k}$ die absolute Gerade f berührt, so erkennt man, daß einer speziellen Hyperbel
metrisch dual eine Parabel entspricht. Ein isotroper parabolischer
Kreis k schließlich enthält das Linienelement (f,F) und ist somit
selbstdual.   ◆

Die metrische Dualität und der SATZ 6.3 erlauben nun, direkt aus
schon bewiesenen Sätzen über Kegelschnitte neue Sätze herzulei-
ten, ohne daß ein Beweis hinzugefügt werden muß. Dualisiert man
den Peripheriewinkelsatz 3.6, so erhält man den sogenannten *Tan-
gentenstreckensatz*

<u>SATZ 6.4</u>: Sind p,q zwei verschiedene Tangenten eines isotropen
Kreises k, so schneidet jede Tangente a ≠ p,q die Geraden p,q
in Punkten P = a ∩ p, Q = a ∩ q so, daß d(P,Q) von der Wahl von
a unabhängig ist.

<u>Bemerkungen:</u>

1) Anschaulich gesprochen
   sagt der SATZ 6.4 aus,
   daß alle Tangenten eines
   Kreises k auf 2 festen
   Tangenten stets eine
   Strecke derselben Länge
   herausschneiden.

2) Aus SATZ 6.4 folgt sofort
   eine einfache Erzeugungsweise der isotropen Kreise: Sind p∦q zwei nicht

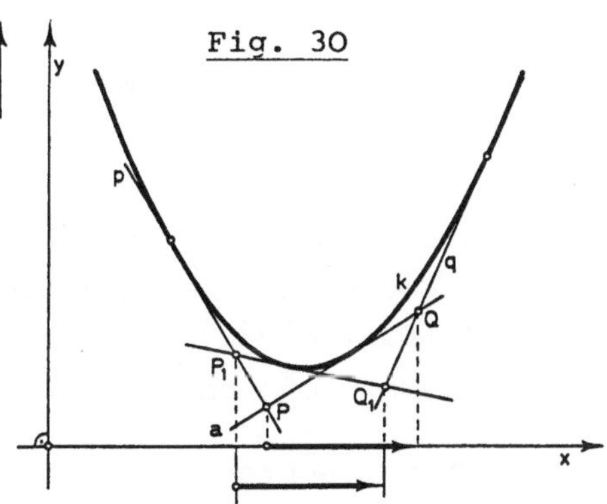

isotrope Geraden, die (im Sinne der isotropen Metrik) kongruente Punktreihen tragen, dann ist ihr Erzeugnis (d.h. die Menge der Verbindungsgeraden zugeordneter Punkte auf p und q) die
Tangentenmenge eines parabolischen Kreises in I$_2$.

Um weitere Sätze über Kegelschnitte zu dualisieren, beachten wir,
daß nach (6.2) einem Brennstrahl l = P⌄R einer Ellipse k (wobei
P einen Brennpunkt auf k und R ≠ P einen Ellipsenpunkt bezeichnet)
der Schnittpunkt $\hat{L}$ = $\hat{p}$ ∩ $\hat{r}$ einer Tangente $\hat{r}$ der zugeordneten Hyperbel 2. Art $\hat{k}$ mit einer Asymptote $\hat{p}$ entspricht; wir bezeichnen
$\hat{L}$ als *Grenzpunkt*. Der Verbindungsgeraden P$_1$⌄P$_2$ der beiden Ellipsenbrennpunkte P$_1$,P$_2$, d.h. der Hauptachse von k entspricht der
Mittelpunkt von $\hat{k}$ als Schnittpunkt der beiden Asymptoten. Dem
Winkel φ der beiden Brennstrahlen l$_1$ = P$_1$⌄R, l$_2$ = P$_2$⌄R eines El-
lipsenpunktes R ∈ k entspricht der Abstand d($\hat{L}_1$,$\hat{L}_2$) der beiden
Grenzpunkte $\hat{L}_1$,$\hat{L}_2$. Hiermit folgt aus SATZ 5.9 metrisch dual sofort der

<u>SATZ 6.5:</u> Der Berührpunkt T jeder Tangente p einer Hyperbel 2. Art halbiert den isotropen Abstand $d(L_1, L_2)$ der beiden Grenzpunkte L_1, L_2 von p.

Betrachtet man die Figur 31 mit euklidischer Brille, so erkennt man an ihr einen bekannten Satz über die Hyperbel, der schon in der Schulgeometrie vorkommt. Auch die Dualisierung von SATZ 5.10 liefert einen hübschen Satz aus der Geometrie der Hyperbel, deren elementarer Beweis mit einiger Mühe verbunden ist.

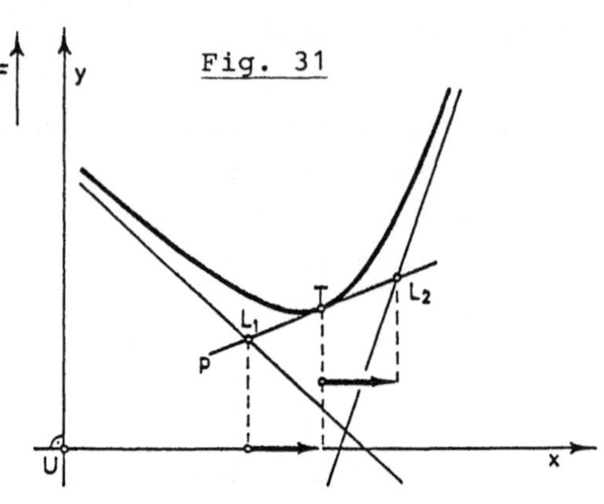

<u>SATZ 6.6:</u> Es sei $\hat{k}$ eine Hyperbel 2. Art und $\hat{p}$ eine Gerade der isotropen Ebene, die keine Tangente von $\hat{k}$ ist. Bezeichnen $\hat{T}_1, \hat{T}_2$ die Schnittpunkte von $\hat{p}$ mit $\hat{k}$ und $\hat{L}_1, \hat{L}_2$ die Schnittpunkte von $\hat{p}$ mit den Asymptoten von $\hat{k}$, dann gilt $d(\hat{L}_1, \hat{T}_1) = d(\hat{T}_2, \hat{L}_2)$.

Euklidisch betrachtet handelt es sich um den *Satz über die Asymptotenabschnitte der Hyperbelsekanten*. Die beiden letzten Sätze zeigen sehr deutlich, daß ihr natürlicher Standort die isotrope Geometrie ist, wo sie sich viel zwangloser einordnen als in der euklidischen Geometrie, wo sie im allgemeinen bewiesen werden. Dualisieren wir auch noch den hübschen SATZ 5.13. Man findet den

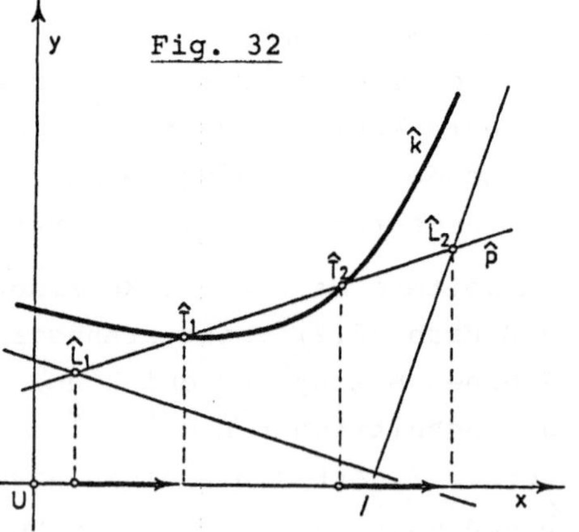

<u>SATZ 6.7:</u> Schreibt man einer speziellen Hyperbel k ein Dreieck {A,B,C} ein, so berührt der Inkreis dieses Dreiecks die nichtisotrope Asymptote von k.

Der Sachverhalt des SATZES
6.7 ist in Figur 33 veranschaulicht.

Oft lassen sich auch Begriffe
der elementaren Kurventheorie
in der isotropen Ebene I_2
adäquat beschreiben; die
metrische Dualität läßt dann
tieferliegende Zusammenhänge
eindrucksvoll beschreiben.
Als Beispiel hierfür wollen
wir i.f. die *isotrope Traktrix* und die *isotrope logarith-*

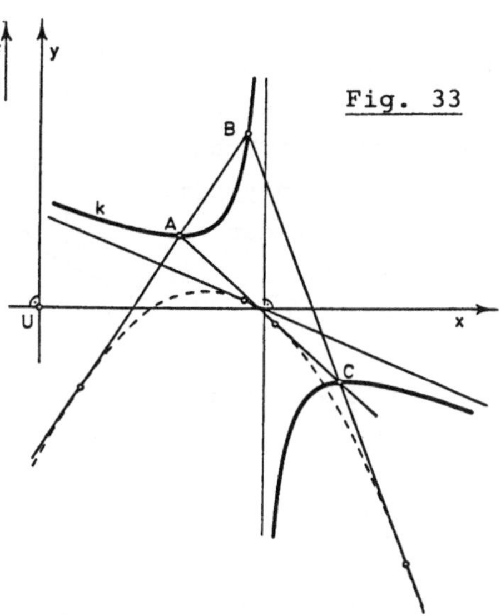

Fig. 33

mische Spirale betrachten, die in [97],[85],[86] und [112] erstmals studiert wurden. Es sei c eine durch y=f(x) beschriebene
Kurve in I_2 und g eine nichtisotrope Gerade, die wir o.B.d.A. in
die x-Achse des Standardkoordiantensystems {U x,y} legen. Ist t
eine Tangente im Punkt P ∈ c und bezeichnet G den Schnittpunkt
von t mit g, so heißt c eine Traktrix zur Konstanten a≠o, wenn
d(G,P) = a für alle P ∈ c gilt. Aus P(x,f(x)) und G(x- $\frac{f}{f'}$,o) gewinnt man als Differentialgleichung einer Traktrix

(6.3) $f' - \frac{1}{a} f = o$

mit der allgemeinen Lösung

(6.4) $f(x) = C e^{\frac{1}{a}x}$,

wobei C≠o eine Integrationskonstante bezeichnet. **Die Exponantial-**
kurven $y = e^{kx}$ (k≠o) sind somit das isotrope Gegenstück zur bekannten euklidischen Traktrix ([104, 68]). Metrisch dual zur isotropen Traktrix ist eine Kurve ĉ mit der Eigenschaft, daß alle
Tangenten von ĉ die Geraden eines Büschels mit eigentlichem Zent-
rum Z unter konstantem Winkel Ψ≠o schneiden; der Punkt Z heißt
Spiralzentrum. Diese Kurven bezeichnen wir als isotrope *logarith-*
mische Spiralen (vgl.[98,153]); wir werden im § 9 zeigen, daß sie
durch die Gleichung

(6.5) $y = Ψx \ln |x|$

bezüglich der Gruppe $\mathcal{W}_4$ der winkeltreuen Ähnlichkeiten beschrie-

ben werden können. Die
Figuren 34a,b zeigen
beide Kurven im Stan-
dardkoordinatensystem.
Nun zeigen wir den
interessanten

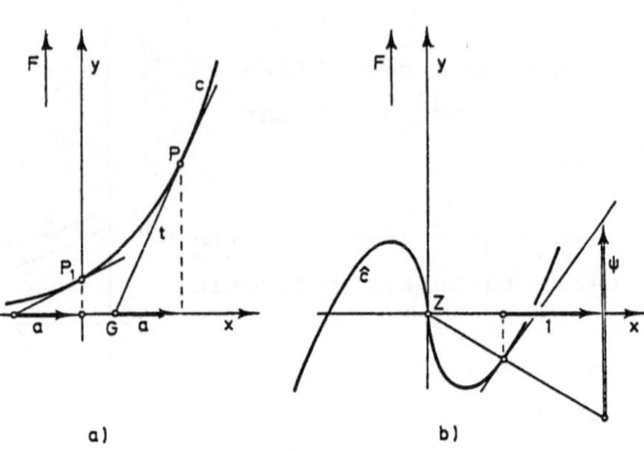

Fig. 34 a,b

SATZ 6.8: Sind A und B zwei beliebige Punkte auf einer Traktrix
c, dann berührt jeder Kreis der die Tangenten t(A), t(B) und die
Verbindungsgerade A$\vee$B berührt, auch die Asymptote von c.

Beweis:
Besitzt ein isotroper Kreis in Geradenkoordinaten (U,V) die Darstellung $V = \rho U^2 + \sigma U + \tau$, so berührt er genau dann drei Geraden
$y = U_i x + V_i$ (i=1,2,3) und die x-Achse (y=o) des Standardkoordinatensystems, wenn gilt

$$(6.6) \qquad \begin{vmatrix} U_1 & U_1^2 & V_1 \\ U_2 & U_2^2 & V_2 \\ U_3 & U_3^2 & V_3 \end{vmatrix} = o$$

Da die Aussage des SATZES 6.8 sogar $\mathcal{G}_5$-invariant ist, genügt es,
den Beweis an Hand der Normkurve $y = e^x$ zu führen, wobei man noch
A(o,1) wählen darf. Mit B(x,f(x)) folgt über $U_1=1$, $V_1=1$, $U_2=e^x$,
$V_2 = e^x(1-x)$, $U_3 = \frac{e^x-1}{x}$, $V_3 = 1$ mit (6.6) die Behauptung. $\blacklozenge$

Die Umkehrung von SATZ 6.8 wurde vom Autor in [85] bewiesen.
Dort wurde gezeigt der

SATZ 6.9: Besitzt eine reguläre, nicht geradlinige C^1-Kurve
$c \subset I_2$ die Eigenschaft, daß jeder isotrope Kreis, der zwei Tan-
tenten von c und die Verbindungsgerade ihrer Berührpunkte berührt,
noch eine weitere feste Gerade berührt, dann ist c eine isotrope
Traktrix.

Dualisiert man den SATZ 6.8, so erhält man ein Resultat, das von

W. VETTER in [112,65] angegeben wurde, wobei das *Spiralzentrum*
Z von $\hat{c}$ als jener Punkt von $\hat{c}$ erklärt ist, in dem die Kurven-
tangente isotrop ist.

SATZ 6.10: Sind a und b zwei Tangenten einer logarithmischen
Spirale $\hat{c}$ mit dem Schnittpunkt G=ab, dann enthält jener Kreis,
der durch G und die Berührungspunkte A,B der Tangenten a,b hindurchgeht, auch das Spiralzentrum Z.

Die Figuren 35a,b ver-
anschaulichen die bei-
den dualen SÄTZE 6.8
und 6.10. Dualisiert
man den SATZ 6.9, so
erhält man eine hüb-
sche *Kennzeichnung*
der logarithmischen
Spirale (vgl.[86]):

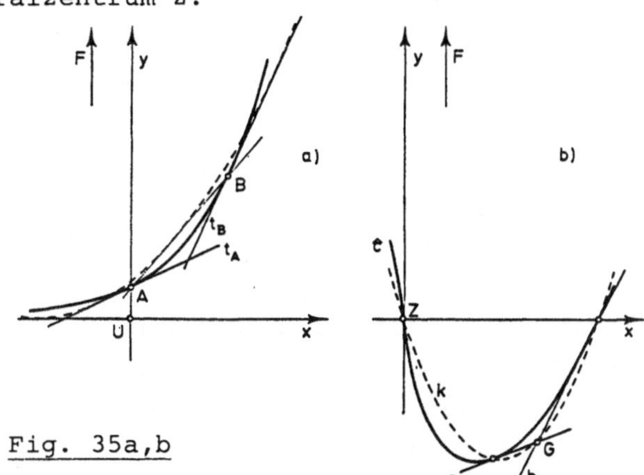

Fig. 35a,b

SATZ 6.11: Besitzt eine reguläre C^1-Kurve $\hat{c} \subset I_2$ die Eigenschaft,
daß jeder isotrope Kreis, der durch zwei Punkte von $\hat{c}$ und den
Schnittpunkt der Tangenten dieser Punkte hindurchgeht, auch noch
einen weiteren festen Punkt enthält, dann ist $\hat{c}$ eine isotrope
logarithmische Spirale.

Die folgende interessante Deutung **der Konstanten Ψ in der Nor-**
malform (6.5) einer isotropen logarithmischen Spirale innerhalb
der Gruppe $\mathcal{W}_4$ stammt von M. HUSTY und dem Autor (vgl.[32]):
Wir betrachten dazu in einem Punkt $P(x_o,y_o)$ einer logarithmischen Spirale $\hat{c}$ den *isotropen Krümmungskreis* c^*, d.h. einen isotropen Kreis durch P, für den in P die ersten beiden Ableitungen
mit denen von $\hat{c}$ übereinstimmen (vgl. § 7). Aus (3.1) und (6.5)
findet man die Bedingungen $\Psi x_o \ln|x_o| = Rx_o^2+\alpha x_o+\beta$, $2Rx_o+\alpha = \Psi(\ln$
$|x_o|+1)$, $\frac{1}{x_o}\Psi = 2R$, woraus man für c^* die Gleichung

$$(6.7) \quad y = (\frac{1}{2x_o}\Psi)x^2 + (\Psi\ln|x_o|)x - \frac{1}{2}x_o\Psi$$

erhält. Schneidet man (6.7) mit der isotropen Wendetangente z von $\hat{c}$ - diese Gerade wird in [112] als *Zentrale* bezeichnet - so erhält man einen Punkt $W(O,-\frac{1}{2}x_O\Psi)$. Die Tangente $t(W)$ in W an c^* hat die Gleichung $y+\frac{1}{2}x_O\Psi = (\Psi\ln|x_O|)x$, während die Tangente $t(P)$ in P an c^* durch $y-y_O = (\Psi\ln|x_O|+\Psi)(x-x_O)$ erfaßt wird. Damit erhält man $\sphericalangle(t(W), t(P)) = \Psi$, d.h. eine invariante Deutung von Ψ. Wir vermerken den

__SATZ 6.12:__ Sei P ein Punkt einer isotropen logarithmischen Spirale $\hat{c}$, der vom Spiralzentrum Z verschieden ist und die Tangente $t(P)$ besitzt, und bezeichne $t(W)$ die Tangente an den isotropen Krümmungskreis c^* des Punktes P im Schnittpunkt W von c^* mit der Zentralen z von $\hat{c}$. Dann stimmt der Winkel $\sphericalangle(t(W), t(P))$ mit der Konstanten Ψ in der Normalform (6.5) der Spirale bezüglich der Gruppe $\mathcal{M}_4$ überein.

Berechnet man noch den Schnittpunkt T von $t(P)$ mit z, so stellt sich $T(O,-\Psi x_O)$ ein, sodaß W die Strecke $\overline{TZ}$ halbiert; dieses Resultat findet sich schon in [112,64].

Für den Betrag F des Flächen- inhalts des Dreiecks $\{T,Z,P\}$ berechnet man $F = \frac{1}{2}\Psi x_O^2$. Bestimmen wir andererseits den Flächen- inhalt f eines *Spiralsektors*, der durch Z und zwei Punkte $P_1(x_1,y_1)$, $P_2(x_2,y_2) \mid \in \hat{c}$ mit $x_2 > x_1$

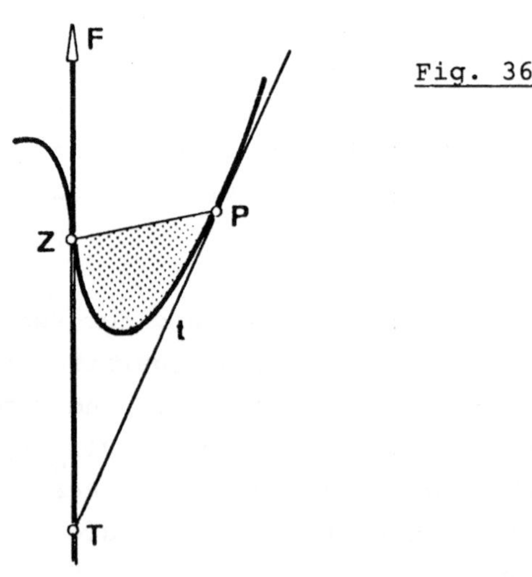

festgelegt wird, so ergibt sich $f = \frac{1}{2}\Psi x_2^2 \ln|x_2| - \frac{1}{2}\Psi x_1^2 \ln|x_1| - \int_{x_1}^{x_2} \Psi x \ln|x|\,dx = \frac{1}{4}\Psi(x_2^2-x_1^2)$. Wählt man $P_1=Z$, d.h. $x_1=o$, und $P_2= P(x_O,y_O)$, so ergibt sich speziell $f = \frac{1}{4}\Psi x_O^2 = \frac{1}{2}F$ und wir haben

den erstmals in [112,67] bewiesenen und in Figur 36 dargestellten

SATZ 6.13: Für jeden Punkt $P \neq Z$ einer isotropen logarithmischen
Spirale wird die Fläche des Dreiecks $\{P,Z,T\}$, wobei T den
Schnittpunkt der Tangente $t(P)$ mit der Zentralen z bezeichnet,
von der Spirale halbiert.

Unter einer *kubischen Parabel* $k^{(3)}$ der isotropen Ebene I_2 versteht man eine algebraische Kurve 3. Ordnung, welche im absoluten
Punkt F eine Spitze mit der absoluten Geraden f als Spitzentangente besitzt. Wir beweisen den

SATZ 6.14: Bezüglich der isotropen Bewegungsgruppe $\mathcal{B}_3$ ist jede
kubische Parabel äquivalent zur Normalform

$$(6.8) \quad y = a_3 x^3.$$

Jede kubische Parabel besitzt einen einzigen Wendepunkt W, bezüglich dessen sie symmetrisch ist.

Beweis:

Nach einem bekannten Satz der algebraischen Geometrie (vgl.[16,
75]) läßt sich eine Kubik, welche in $F(o:o:1)$ einen zweifachen
Punkt hat, unter Verwendung projektiver Koordinaten in der Form

$$(6.9) \quad x_2(a_{oo}x_o^2 + 2a_{o1}x_o x_1 + a_{11}x_1^2) + b_{30}x_o^3 + b_{21}x_o^2 x_1 + b_{12}x_o x_1^2 + b_{o3}x_1^3 = o$$

schreiben. In F liegt hierbei genau dann eine Spitze vor, wenn
$a_{o1}^2 - a_{oo}a_{11} = o$ gilt. Beachtet man noch, daß $x_o = o$ Spitzentangente sein soll, so folgt insgesamt $a_{o1} = a_{11} = o$; sicher ist
$a_{oo} \neq o$, sonst würde die Kubik aus 3 isotropen Geraden im algebraischen Sinn bestehen. Hiermit kann man insgesamt - nach Än-
derung der Bezeichungen für die Koeffizienten - die Gleichung
(6.9) in der Gestalt

$$(6.10) \quad y = a_3 x^3 + a_2 x^2 + a_1 x + a_o \qquad \text{mit } a_3 \neq o$$

schreiben. Die Wendepunkte von (6.10) werden aus den Bedingungen
$y''=o$, $y'''\neq o$ bestimmt, wobei Striche Ableitungen nach x bezeichnen.
Man findet $y' = 3a_3 x^2 + 2a_2 x + a_1$, $y'' = 6a_3 x + 2a_2$, $y''' = 6a_3 \neq o$ und

hieraus als einzigen Wendepunkt den Punkt $W(\xi = -\dfrac{a_2}{3a_3}, \; y(\xi))$ mit der Wendetangente $y = \alpha_o + \alpha_1(x-\xi)$, wobei

$$\alpha_o := y(\xi) = \frac{1}{27a_3^2}\,(2a_2^3 - 9a_1a_2a_3 + 27a_oa_3^2), \quad \alpha_1 := \frac{1}{3a_3}\,(3a_1a_3 - a_2^2)$$

gesetzt wurde. Durch eine isotrope Bewegung kann man erreichen, daß W in den Ursprung und die Wendetangente in die x-Achse des Standardkoordinatensystems fällt; dies zieht die Bedingungen $a_2 = o$, $\alpha_o = o$, $\alpha_1 = o$ nach sich, aus denen wegen $a_3 \neq o$ sofort $a_o = a_1 = o$ folgt. Somit kann $k^{(3)}$ durch eine isotrope Bewegung auf die Normalform (6.8) transformiert werden. Da eine isotrope Bewegung eine zentrische Symmetrie nicht zerstört und die zentrische Symmetrie von $k^{(3)}$ bezüglich W an (6.8) sofort ablesbar ist, folgt sofort die letzte Aussage von SATZ 6.14. ◆

<u>SATZ 6.15:</u> Gegenüber der Gruppe $\mathcal{W}_4$ der winkeltreuen isotropen Ähnlichkeiten sind alle kubischen Parabeln äquivalent.

<u>Beweis:</u>
Wendet man auf (6.8) die winkeltreue Ähnlichkeit $\{x = \dfrac{1}{\sqrt{a_3}}\,\bar{x},$
$y = \dfrac{1}{\sqrt{a_3}}\,\bar{y}\}$ an, so entsteht die von Konstanten freie Normalform
$\bar{y} = \bar{x}^3$. ◆

Eine weitere Eigenschaft der kubischen Parabel $k^{(3)}$ wollen wir gleich unter etwas allgemeineren Gesichtspunkten herleiten. Zunächst beachten wir, daß man die Punkte der isotropen Ebene auch durch isotrope Polarkoordinaten beschreiben kann. Ist O der Nullpunkt des Standardkoordinatensystems $P \neq O$, so kann die Lage von P durch Angabe des Radiusvektors $\mathfrak{r} := \overrightarrow{OP}$ und des Winkels φ bestimmt werden, den der Vektor $\overrightarrow{OP}$ mit der positiven x-Achse bildet (Figur 37).

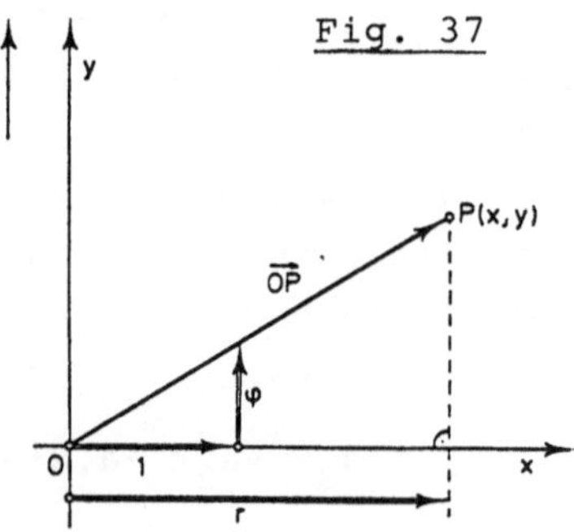

Ersichtlich gelten die Formeln:

(6.11) $r := |\overrightarrow{OP}| = x, \quad y = \varphi x$,

die die Polarkoordinaten mit den üblichen isotropen Koordinaten $\{x,y\}$ verknüpfen. Durch $r = r(\varphi)$

wird eine Kurve k in I_2 beschrieben; diese Gleichung heißt die Polargleichung von k. Unter einer *reinen Parabel n-ter Ordnung* $k^{(n)}$ der affinen Ebene versteht man eine Kurve mit der Gleichung

$$(6.12) \quad y = ax^n \text{ mit } a \neq o \text{ und } n \geq 2.$$

Bezeichnet $P(x_o, y_o)$ einen Punkt auf einer reinen Parabel n-ter Ordnung $k^{(n)}$, t_o die Tangente in P_o und Ψ den Winkel, den die Tangente t_o mit dem Radiusvektor $\overrightarrow{OP}$ bildet, so berechnet man der Reihe nach: $u(\overrightarrow{OP}) = \varphi = \dfrac{y_o}{x_o}$, $u(t_o) = \dfrac{dy}{dx}(P_o) = anx_o^{n-1} \Rightarrow \Psi =$

$= \sphericalangle(\overrightarrow{OP}, t_o) = anx_o^{n-1} - ax_o^{n-1} = ax_o^{n-1}(n-1) = \varphi(n-1)$. Damit haben wir den

SATZ 6.16: Der isotrope Winkel Ψ, den die Tangente t einer reinen Parabel n-ter Ordnung $k^{(n)}$ mit dem vom Nullpunkt nach einem beliebigen Kurvenpunkt P gezogenen Radiusvektor $\overrightarrow{OP}$ bildet, ist gleich dem (n-1)-fachen isotropen Polarwinkel φ, den der Radiusvektor $\overrightarrow{OP}$ mit der Tangente im Nullpunkt (x-Achse) einschließt.

Folgerungen:

1) Aus $y = x^n$ und (6.9) findet man sofort die Polargleichung von $k^{(n)}$ zu $x = a^{-\frac{1}{\Psi}} \varphi^{\frac{1}{\Psi}}$, wobei $\Psi := n-1$ gesetzt wurde. Die Bauart dieser Gleichung läßt erkennen, daß die reinen Parabeln $k^{(n)}$ das isotrope Gegenstück zu den sogenannten *Sinusspiralen* der ebenen euklidischen Geometrie sind, die in euklidischen Polarkoordinaten (r, φ) durch die Polargleichung

$r = a(\sin \Psi\varphi)^{\frac{1}{\Psi}}$ beschrieben werden [114,134]. Für diese Kurven gilt bei Zugrundelegung der euklidischen Metrik ebenfalls der SATZ 6.16. Speziell für n=3 erhält man als euklidisches Gegenstück zur allgemeinen reinen Parabel $k^{(3)}$ die *BERNOULLIsche Lemniskate*. In Figur 38 ist die auf

Fig. 38

SATZ 6.16 beruhende einfache Tangentenkonstruktion für beide Kurven ausgeführt.

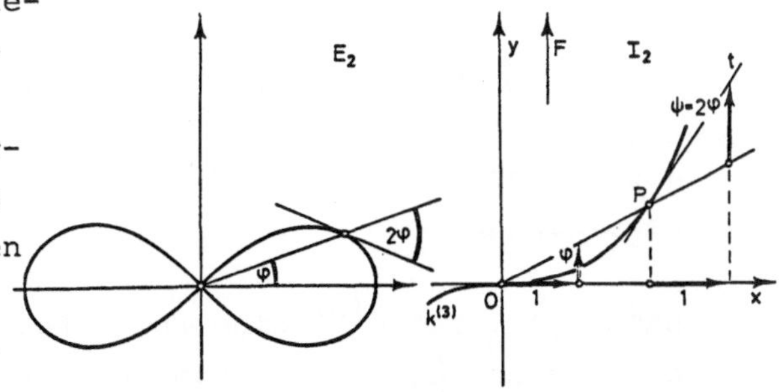

2) Schneidet die Tangente t_o des Punktes P_o der reinen Parabel $k^{(n)}$ die x-Achse im Punkt $X^*(x^*,o)$, so berechnet man $x^*=\frac{n-1}{n}x_o=$ $=x_o - \frac{1}{n}x_o$ und hieraus $d(X^*,P_o) = \frac{1}{n}x_o$. Auch diese Formel liefert eine einfache Konstruktionsmöglichkeit der Tangente in einem Punkt einer reinen Parabel n-ter Ordnung (6.12). Speziell im Fall n=2, d.h. für einen parabolischen Kreis folgt hieraus eine schon in Figur 13 benützte Parabeleigenschaft, wonach der Schnittpunkt T einer Parabeltangente t mit der Parabelachse a und die Normalprojektion $\bar{P}$ des Berührungspunktes P von t mit k auf die Achse a zum Parabelscheitel S symmetrisch liegen.

3) Durch Anwendung der Dualisierungsabbildung $\{x=u, y=v\}$ entsteht aus der kubischen Normparabel (6.8) die Klassenkurve $v = a_3u^3$. Diese Kurve ist die Hüllkurve der Geradenmenge $y = ux+a_3u^3$ und wird somit über $F(x,y,u) \equiv y-ux-a_3u^3 = o, \frac{\partial F}{\partial u} = -x-3a_3u^2 = o$ in der Parameterform $\{x=-3a_3u^2, y=-2a_3u^3\}$ erhalten; ihre algebraische Gleichung lautet $4x^3 + 27a_3y^2 = o$, so daß es sich um eine *NEILsche Parabel* handelt [349,54].

Eine ausführliche Untersuchung der *allgemeinen Parabeln 4. Ordnung* der isotropen Ebene findet sich in [100,169f].

Wir beenden diesen Abschnitt durch Einführung eines neuen Begriffes, der erst in § 10 weiter verfolgt werden soll, aber schon hier zu einer interessanten Deutung der Größe a in der Gleichung (6.12) herangezogen werden kann (vgl.[119],[120]). Es sei $c^{(n)}$ eine *algebraische Kurve n-ter Ordnung* in $I_2 \subset P_2$, P ein beliebiger Punkt und g eine nicht isotrope Gerade durch P. Bezeichnen $X_1,...,X_n$ die Schnittpunkte von g mit $c^{(n)}$ im algebraischen Sinn, so bezeichnen wir den Ausdruck

$$(6.13) \quad \not{p}(P,g) = d(P,X_1) \cdot d(P,X_2) \ldots \cdot d(P,X_n) = \prod_{i=1}^{n} d(P,X_i)$$

als *Potenz des Punktes P in der Geraden g* bezüglich $c^{(n)}$. Wir beweisen den

SATZ 6.17: Ist $c^{(n)}$ eine reine Parabel n-ter Ordnung, dann hängt die Potenz $\not{p}(P)$ eines Punktes P nicht von der Geraden g durch P ab. Gilt $P \notin c^{(n)}$ und bezeichnet $\tilde{P} \in c^{(n)}$ jenen Kurvenpunkt, der zu P parallel ist, dann gilt für die Konstante a in (6.12)

die $\mathcal{L}_3$-invariante Deutung

$$(6.14) \qquad a = \frac{s(\tilde{P},P)}{\mathcal{k}(P)}.$$

Beweis:

Wird eine nicht isotrope Gerade g durch $P(x_o,y_o)$ in der Parameterform $\{x = x_o+tv_1,\ y = y_o+tv_2\ $ mit $v_1 \neq o\}$ angesetzt, so können die Schnittpunkte $X_i\ (i = 1,\ldots,n)$ von g mit $c^{(n)}$ als Nullstellen des Polynoms

$$(6.15) \qquad (av_1^n)t^n + \ldots + (2ax_o v_1 - v_2)t + (ax_o^n - y_o) = o$$

bestimmt werden. Nach (6.13) gilt $\mathcal{k}(P,g) = t^n v_1 \cdot v_2 \ldots v_n$ und nach VIETA folgt somit aus (6.15) die Beziehung $\mathcal{k}(P,g) = \frac{1}{a}(ax_o^n - a)$, welche lehrt, daß $\mathcal{k}$ nicht von der Wahl der Geraden g durch P abhängt. Wir berechnen weiter $\tilde{P}(x_o,ax_o^n)$ und finden hiermit die Spanne $s(\tilde{P},P) = ax_o^n - y_o$, woraus (6.14) folgt. ◆

§ 7 Die Kurventheorie der isotropen Ebene bezüglich der Gruppe $\mathcal{L}_3$.

Zu jeder Transformationsgruppe gibt es nicht nur eine Elementargeometrie sondern auch eine *Differentialgeometrie*; bei letzterer spielen Differentialeigenschaften die zentrale Rolle. Wir werden im folgenden die ebene *Kurventheorie* in der isotropen Ebene I_2 entwickeln, wobei wir die isotrope Bewegungsgruppe $\mathcal{L}_3$ zugrundelegen. Die gewonnene Kurventheorie ist dann das isotrope Analogon zur klassischen euklidischen Differentialgeometrie der ebenen Kurven, die in [104] nachgelesen werden kann. Wegen $I_2 \subset A_2$ werden wir einige allgemeine Betrachtungen über Kurven in A_2 voranstellen, wobei wir uns in der Terminologie an [15] halten.

Ist $I \subset \mathbb{R}$ ein offenes (eventuell unbeschränktes) Intervall und $\varphi: I \longrightarrow A_2$ eine Abbildung von I in die affine Ebene, so kann φ koordinatenmäßig wie folgt beschrieben werden: I werde von einem Parameter $t \in \mathbb{R}$ durchlaufen; für jedes $t \in I$ werde der Bildpunkt

$\varphi(t) =: X \in A_2$ in einem affinen Koordinatensystem $\{O;x,y\}$ durch die affinen Koordinaten $\{x(t), y(t)\}$ festgelegt. Die Abbildung $\varphi : I \to A_2$ kann somit durch die Vektorfunktion

$$(7.1) \quad \overrightarrow{OX}(t) = \{x(t), y(t)\} =: \vec{e}(t), \quad t \in I$$

beschrieben werden.

__Definition 7.1:__ φ heißt eine C^r-_Abbildung_, wenn $x(t), y(t) \in C^r$ gilt. φ heißt eine C^r-_Immersion_, wenn φ eine C^r-Abbildung mit $r \geq 1$ ist und $\dot{\vec{e}}(t) = \{\dot{x}(t), \dot{y}(t)\} \neq o$ in I gilt. φ heißt eine C^r-_Einbettung_, wenn φ eine injektive C^r-Immersion ist.

__Bemerkung:__ $x(t) \in C^r$ $(r \geq 1)$ bedeutet, daß $x(t)$ r mal stetig nach t differenzierbar ist. Die Bezeichnung $x(t) \in C^o$ bedeutet, daß $x(t)$ _stetig_ ist, die Bezeichnung $x(t) \in C^\infty$ drückt aus, daß $x(t)$ beliebig oft stetig differenzierbar ist. Ist $x(t)$ sogar _analytisch_, so schreiben wir $x(t) \in C^\omega$.

__Definition 7.2:__ Eine Punktmenge $c \subset A_2$ heißt eine C^r-_Kurve_ (_reguläre_ C^r-_Kurve, einfache_ C^r-_Kurve_), wenn es ein offenes Intervall $I \subset \mathbb{R}$ und eine C^r-Abbildung (C^r-Immersion, C^r-Einbettung) $\varphi: I \to A_2$ gibt mit $\varphi(I) = c$.

__SATZ 7.1:__ Die Begriffe C^r-Kurve, reguläre C^r-Kurve und einfache C^r-Kurve sind $\mathcal{L}_3$-invariant.

__Beweis:__
Wird eine C^r-Kurve $\{x(t), y(t)\}$ einer isotropen Bewegung (2.12) unterworfen, so entsteht

$$\overline{\vec{e}}(t) := \begin{cases} \overline{x}(t) = a+x(t) \\ \overline{y}(t) = b+cx(t)+y(t) \end{cases} \quad \text{mit } a,b,c \mid \in \mathbb{R}.$$

Ist daher $\vec{e}(t)$ eine C^r-Kurve, dann auch $\overline{\vec{e}}(t)$. Ist $\vec{e}(t)$ eine reguläre C^r-Kurve, d.h. gilt $\dot{\vec{e}} \neq o$ in I, so gilt auch $\dot{\overline{\vec{e}}} \neq o$, denn andernfalls wäre $\dot{\overline{x}} = \dot{x} = o$, $\dot{\overline{y}} = c\dot{x} + \dot{y} = o$, d.h. $\dot{x} = \dot{y} = o$. Ist schließlich $\vec{e}(t)$ eine einfache Kurve, dann ist auch $\overline{\vec{e}}(t)$ eine einfache Kurve, denn $\overline{\vec{e}}(t)$ ist eine C^r-Immersion, die als Zusammensetzung der injektiven Abbildung φ mit der injektiven isotropen Bewegung aus $\mathcal{L}_3$ wieder injektiv ist. $\blacklozenge$

__Bemerkungen:__
1) Eine Darstellung einer Kurve c in der Form (7.1) heißt eine

Parameterdarstellung; t heißt der Kurvenparameter. Als Beispiel erwähnen wir die durch $\varphi(t) = \{t, a_3 t^3\}$, $I = (-\infty, +\infty)$ parametrisierte kubische Normparabel $k^{(3)}$. Wegen $\varphi(t) \in C^\omega$, $\dot{\varphi}(t) = \{1, 3a_3 t^2\} \neq o$ über I ist $k^{(3)}$ eine reguläre C^ω-Kurve. $k^{(3)}$ ist sogar einfach, da aus $\varphi(t_1) = \varphi(t_2)$ sofort $t_1 = t_2$ folgt.

2) Für manche Zwecke ist die Definition 7.2 zu eng. Beispielsweise ist bei der Beschreibung einer geschlossenen Kurve das Intervall I als abgeschlossen vorauszusetzen, und außerdem muß auf Injektivität von φ in den Randpunkten von I verzichtet werden.

SATZ 7.2: Jede reguläre C^r-Kurve ist in der Umgebung jedes Parameters $t_o \in I$ eine einfache C^r-Kurve.

Beweis:
Da c eine reguläre C^r-Kurve ist, gilt $\varphi(t) \in C^r$ $(r \geq 1)$ und $\dot{\varphi}(t) \neq o$ in I. Es sei o.B.d.A. $\dot{y}(t_o) \neq o$. Da y(t) eine stetige Funktion ist, gibt es ein Intervall I_1 mit $t_o \in I_1$, so daß $\dot{y}(t) \neq o$ in I_1 gilt. Wegen $\dot{y}(t) \neq o$ in I_1 ist dort y(t) stetig und streng monoton, also injektiv. Somit ist im Intervall $I \cap I_1$ die Vektorfunktion regulär, aus der Klasse C^r und injektiv, d.h. $\varphi(t)$ ist eine einfache C^r-Kurve über $I \cap I_1$. ◆

Der SATZ 7.2, der eine Aussage über die Umgebung eines Parameters $t_o \in I$ macht, ist eine typische *lokale Aussage* (Aussage im Kleinen). Für uns werden i.f. nur lokale Aussagen dieser Art von Interesse sein, d.h. wir werden *lokale Kurventheorie* betreiben.

Die Parametrisierung einer Kurve c mit Hilfe des t-Intervalls I ist rein willkürlich und es ist daher erstrebenswert, sich von dieser speziellen Parametrisierung zu lösen, d.h. einen Parameterwechsel zu studieren. Hierzu sei J ein weiteres offenes Intervall und f : J → I eine surjektive Abbildung von J auf I. Durch die zusammengesetzte Abbildung $\Psi := \varphi \circ f$ wird dann dieselbe Punktmenge in A_2, d.h. dieselbe Kurve $c = (\varphi \circ f)(J)$ parametrisiert. Dieser *Parameterwechsel* wird explizit dadurch beschrieben, daß f in der Form $t = f(v)$ geschrieben wird, wobei der neue Parameter v das Intervall J durchläuft. Man findet dann, wenn φ durch $\varphi = \varphi(t)$ erfaßt wird für Ψ : $\varphi(t(v)) =: \tilde{\varphi}(v)$. Sollen Differenzier-

barkeitseigenschaften bei einer Parametertransformation nicht
zerstört werden, so sind an die Funktion $t = f(v)$ gewisse Forde-
rungen zu stellen.

Definition 7.3: Eine Parametertransformation $t=f(v)$ heißt eine
zulässige C^r-Parametertransformation ($r \geq 1$), wenn $f(v)$ und die Um-
kehrfunktion $v = f^{-1}(t)$ aus der Klasse C^r ($r \geq 1$) sind, und überdies
$\frac{df}{dv} \neq o$ in I gilt.

Folgerungen:

1) Da nach Voraussetzung $f(v)$ eine stetige und wegen $\frac{df}{dv} \neq o$ in
   J monotone Funktion ist, vermittelt $f(v)$ stets eine injektive
   Abbildung, d.h. $f : J \to I$ ist bijektiv.

2) Wegen $\frac{df}{dv} \neq o$ und $\frac{df}{dv} \in C^o$ in J, gilt in J entweder $\frac{df}{dv} > o$ oder

   $\frac{df}{dv} < o$. Wir nennen zulässige C^r-Parametertransformationen mit

   $\frac{df}{dv} > o$ *gleichsinnige* zulässige C^r-Parametertransformationen;
   solche mit $\frac{df}{dv} < o$ heißen *gegensinnige* zulässige C^r-Parameter-
   transformationen. Diese Definitionen sind wohl motiviert:
   Durchläuft der Parameter t nämlich monoton wachsend das Intervall $a < t < b$, so durchläuft der Bildpunkt $\varphi(t) = P$ die Kurve c in einem bestimmten Sinn, d.h. c wird dadurch orientiert.
   Dieser Durchlaufungssinn bleibt erhalten bzw. wird umgekehrt,
   je nachdem $\frac{df}{dv} > o$ bzw. $\frac{df}{dv} < o$ gilt. Im ersten Fall werden nämlich die Intervalle J und I im gleichen Sinn durchlaufen, im
   zweiten Fall in entgegengesetztem Sinn.

SATZ 7.3: Eine zulässige C^r-Parametertransformation führt eine
C^r-Immersion in eine C^r-Immersion und eine C^r-Einbettung in eine
C^r-Einbettung über.

Beweis:

1) Ist $\varphi: I \to A_2$ eine C^r-Immersion, beschrieben durch $\varrho(t)$ und
   $f: J \to I$ eine zulässige C^r-Parametertransformation, beschrie-
   ben durch $t = f(v)$, so gilt für $\tilde{\varrho}(v) = \varrho(t(v))$: $\frac{d\tilde{\varrho}}{dv} = \frac{d\varrho}{dt} \cdot \frac{dt}{dv}$.
   Wegen $\dot{\varrho} \neq o$, $\frac{dt}{dv} \neq o$ ist auch $\frac{d\tilde{\varrho}}{dv} \neq o$. Außerdem gilt nach der
   Kettenregel, daß mit $\varrho \in C^r$ ($r \geq 1$) auch $\tilde{\varrho} \in C^r$ ($r \geq 1$) ist. Somit ist $\Psi := \varphi \circ f$ eine C^r-Immersion.

2) Ist φ injektiv, so ist auch Ψ injektiv, da f eine injektive
   Abbildung ist. $\blacklozenge$

Nach diesem Satz bilden reguläre bzw. einfache C^r-Kurven, die
sich nur um eine zulässige C^r-Parametertransformation unterscheiden, eine Äquivalenzklasse; so eine Klasse nennt man ein *unpara-
metrisiertes Kurvenstück*, da es nunmehr gelungen ist, sich von
der Willkür der Parameterbelegung zu lösen.
Während die bisherigen Überlegungen in der affinen Ebene A_2 gelten, wird i.f. die Struktur der isotropen Ebene wesentlich in
unsere Betrachtungen eingehen. Vorerst noch eine allgemeine Begriffsbildung:

<u>Definition 7.4:</u> Eine Eigenschaft (Größe) einer Kurve c heißt ei-
ne *geometrische Größe* in der Differentialgeometrie einer Transformationsgruppe $\mathcal{G}$, wenn sie

      a) invariant gegen Transformationen aus $\mathcal{G}$ und

      b) parameterinvariant

ist. Eine geometrische Größe heißt eine *Differentialvariante*,
wenn bei ihrer Bildung Ableitungen auftreten. Eine Differentialinvariante heißt von *k-ter Ordnung*, wenn sie von Ableitungen bis
zur k-ten Ordnung einschließlich, aber keiner höheren, abhängt.

<u>Bemerkungen:</u>
1) Geometrische Größen von Kurven in der Differentialgeometrie
   der isotropen Bewegungsgruppe $\mathcal{L}_3$ müssen demnach $\mathcal{L}_3$-invari-
   ant und parameterinvariant sein.
2) Parameterinvariant heißt invariant gegenüber allen zulässigen
   C^r-Parametertransformationen. Diese Forderung wird oft abge-
   schwächt: Man verlangt z.B. nur Parameterinvarianz **gegenüber**
   gleichsinnigen, zulässigen C^r-Parametertransformationen.
3) Um den Einfluß der Parametertransformationen zu eleminieren,
   d.h. um nicht stets (b) nachprüfen zu müssen, führt man in der
   isotropen Kurventheorie ähnlich wie in der euklidischen Differentialgeometrie der ebenen Kurven einen natürlichen, d.h.
   invarianten Parameter ein. Bei der Abzählung der Ordnung einer
   Differentialinvariante ist diese aber stets auf einen allgemeinen Parameter zu beziehen; der natürliche Parameter hängt
   ja selbst schon von gewissen Ableitungen ab.

<u>Definition 7.5:</u> Eine reguläre C^r-Kurve c der isotropen Ebene I_2
sei durch $\varphi(t) = \{x(t), y(t)\}$ über dem Intervall I gegeben. Ist
$t_o \in I$ und $\varphi(t_o) =: P$, dann heißt der Vektor

(7.2) $\dot{\mathfrak{e}}(t_o) := \{\dot{x}(t_o), \dot{y}(t_o)\}$

Tangentenvektor im Punkt $P(t_o)$. Die Gerade

(7.3) $\mathfrak{X} = \mathfrak{e}(t_o) + \lambda\dot{\mathfrak{e}}(t_o)$, $\lambda \in (-\infty, +\infty)$

heißt *Tangente* im Punkt P. Eine reguläre C^r-Kurve c heißt eine *zulässige C^r-Kurve* der isotropen Ebene I_2, wenn sie einfach ist und

(7.4) $\dot{x}(t) \neq o$ für alle $t \in I$

gilt. Ist c eine zulässige Kurve in I_2, so heißt der Vektor

(7.5) $\mathfrak{t} := \dfrac{1}{\dot{x}(t_o)} \ \dot{\mathfrak{e}}(t_o) = \left\{ 1, \dfrac{\dot{y}(t_o)}{\dot{x}(t_o)} \right\}$

der *Tangenteneinheitsvektor* im Punkt $P(t_o)$.

Der folgende Satz motiviert die in Definition 7.5 eingeführten Begriffe und beschreibt $\mathfrak{t}$ als erstes Beispiel einer geometrischen Größe.

SATZ 7.4: In jedem Punkt $P(t_o)$ einer regulären C^1-Kurve c ist die Tangente die Grenzlage der Sehnen durch P in einer geeigneten Umgebung. Eine reguläre C^1-Kurve in I_2 ist genau dann zulässig, wenn sie keine isotropen Tangenten besitzt. Der Begriff der Zulässigkeit und der Begriff des Tangenteneinheitsvektors sind geometrische Begriffe.

Beweis:

1) Ist $P(t_o)$ ein Punkt einer regulären C^1-Kurve c, so ist nach SATZ 7.2 c in einer Umgebung I_1 von t_o eine einfache C^1-Kurve; nur dort gelten die folgenden Überlegungen. Durch $\overrightarrow{PQ} := \mathfrak{e}(t_o+h) - \mathfrak{e}(t_o)$ wird für $h \neq o$ ein Sehnenvektor festgelegt und ebenso durch $\dfrac{\mathfrak{e}(t_o+h) - \mathfrak{e}(t_o)}{h}$ (vgl. Figur 35). Nun gilt

$\lim\limits_{h\to o} \dfrac{\mathfrak{e}(t_o+h) - \mathfrak{e}(t_o)}{h} = \dot{\mathfrak{e}}(t_o)$

d.h. der Tangentenvektor in $P(t_o)$ ist der Grenzvektor der Sehnenvektoren. Somit ist die Tangente die Grenz-

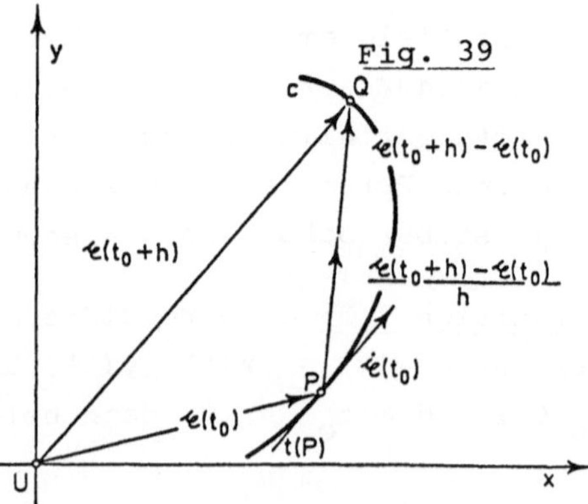

lage der Sehnen.

2) Da eine Tangente von c genau dann isotrop ist, wenn der Tangentenvektor $\dot{c}$ isotrope Richtung besitzt, d.h. $\dot{x}=o$ gilt, folgt die zweite Aussage.

3) Aus $\overline{x}(t) = a + x(t)$ folgt $\dot{\overline{x}}(t) = \dot{x}(t)$, so daß mit $\dot{x}(t) \neq o$ auch $\dot{\overline{x}}(t) \neq o$ gilt. Hieraus und aus SATZ 7.1 folgt, daß der Begriff der Zulässigkeit $\mathscr{L}_3$-invariant ist. Die Parameterinvarianz der Zulässigkeit folgt aus $x(t(v))$ über $\frac{d\tilde{x}}{dv} = \frac{dx}{dt} \cdot \frac{dt}{dv}$, da mit $\frac{dx}{dt} \neq o$ wegen $\frac{dt}{dv} \neq o$ auch $\frac{d\tilde{x}}{dv} \neq o$ gilt, und SATZ 7.3. Der Tangentenvektor $\dot{c} = \{\dot{x},\dot{y}\}$ ist $\mathscr{L}_3$-invariant. Dies folgt daraus, wenn man beachtet, daß sich bei einer affinen Abbildung ein Vektor mit dem homogenen Teil dieser Abbildung transformiert. Der homogene Teil einer isotropen Bewegung $\mathscr{L}_3$ lautet aber $\{\overline{x}=x, \overline{y}=cx+y\}$; andererseits folgt durch Differentiation von $\{\overline{x}(t) = a+x(t), \overline{y}(t) = b+cx(t)+y(t)\}$ gerade $\{\dot{\overline{x}}=\dot{x}, \dot{\overline{y}}=c\dot{x}+\dot{y}\}$. Der Tangenteneinheitsvektor ist zusätzlich parameterinvariant; man berechnet nämlich:

$$\frac{d\tilde{c}}{dv} = \frac{dc}{dt}\,\frac{dt}{dv} = \dot{c}\cdot\frac{dt}{dv}, \quad \frac{d\tilde{x}}{dv} = \dot{x}\,\frac{dt}{dv} \Rightarrow \tilde{t} = \frac{1}{\frac{d\tilde{x}}{dv}}\,\frac{d\tilde{c}}{dv} = \frac{1}{\dot{x}\frac{dt}{dv}}\,\dot{c}\,\frac{dt}{dv} = \frac{1}{\dot{x}}\,\dot{c} = t. \quad \blacklozenge$$

Bemerkung: Ist eine C^1-Kurve c der isotropen Ebene I_2 durch $\{x(t), y(t)\}$ gegeben, wobei $\dot{x}(t_o) \neq o$ an einer Stelle t_o gilt, so ist c in einer Umgebung von t_o eine zulässige C^1-Kurve. Da $\dot{x}(t)$ stetig ist, gibt es nämlich ein Intervall J_1 mit $t_o \in J_1$, wo $\dot{x}(t) \neq o$ gilt. Dort ist c regulär und nach SATZ 7.2 einfach. Nach (7.4) ist c über J_1 dann eine zulässige C^1-Kurve.

Wir wenden uns jetzt der Konstruktion eines *natürlichen Parameters* zu.

Definition 7.6: Es sei $c(t)$ eine auf dem abgeschlossenen Intervall $[a,b]$ zulässige Kurve c der isotropen Ebene. Dann heißt

$$(7.6) \qquad s := \int_{t=a}^{b} \dot{x}(t)\,dt = x(b) - x(a)$$

die *isotrope Bogenlänge* der Kurve c von $c(a)$ bis $c(b)$.

Folgerungen:

1) Da wir c als zulässig vorausgesetzt haben, ist $\dot{x}(t) \neq o$, d.h. $x(t)$ ist keine Konstante und somit (7.6) stets von Null verschieden.

2) Die isotrope Bogenlänge ist eine geometrische Größe.

<u>Beweis:</u>

Die Bewegungsinvarianz folgt sofort daraus, daß die Differenz $x(b)-x(a)$ bei einer $\mathscr{L}_3$-Transformation nicht geändert wird. Die Parameterinvarianz ergibt sich aus der Substitutionsregel für einfache Integrale, wie folgt: $\tilde{\mathscr{C}}(v) = \mathscr{C}(t(v)) \Rightarrow \dfrac{d\tilde{x}}{dv} = \dot{x}\,\dfrac{dt}{dv} \Rightarrow$

$$\Rightarrow \tilde{s} = \int\limits_{t^{-1}(a)}^{t^{-1}(b)} \frac{d\tilde{x}}{dv}\,dv = \int\limits_{a}^{b} \dot{x}\,\frac{dt}{dv} \cdot \frac{dv}{dt}\,dt = \int\limits_{a}^{b} \dot{x}\,dt = s. \qquad \blacklozenge$$

3) Ähnlich wie in der euklidischen Geometrie kann die isotrope Bogenlänge geometrisch gedeutet werden (vgl. Figur 40). Hierzu sei in der isotropen Ebene I_2 ein zulässiges C^1-Kurvenstück mit dem Anfangspunkt A und dem Endpunkt B gegeben. Auf dem Bogen $\widehat{AB}$ werden verschiedene Zwischenpunkte P_r mit $P_0=A$ und $P_n=B$ gewählt. Es gilt stets $x(P_r) \neq x(P_{r+1})$, denn andernfalls hätte man

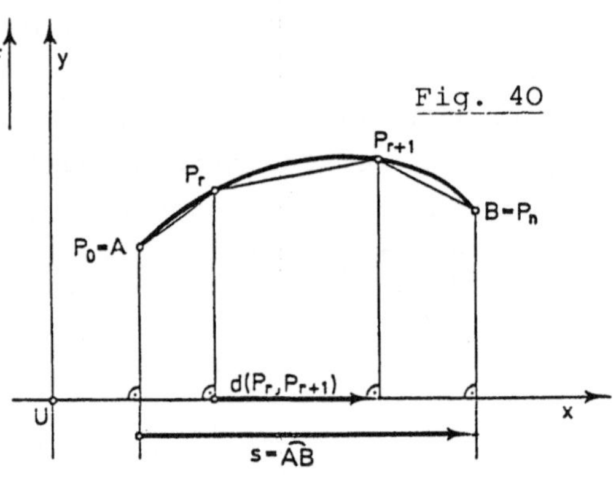

wegen der Injektivität der Darstellung φ : $x(t) = x(t+h)$ mit $h \neq o \Rightarrow \dfrac{x(t+h)-x(t)}{h} = o \Rightarrow \lim\limits_{h\to o} \dfrac{x(t+h)-x(t)}{h} = \dot{x}(t) = o$ im Widerspruch zur Zulässigkeit. Somit gilt $d(P_r,P_{r+1}) = x(t_{r+1})-x(t_r)$, wenn der Parameter t_r zum Zwischenpunkt P_r gehört. Wird $t_0=a$ und $t_n=b$ gesetzt, so findet man als isotrope Länge l_n des Polygons $\{A,..,P_r,P_{r+1},..,B\}$: $l_n = \sum\limits_{r=o}^{n} x(t_{r+1})-x(t_r) = x(b)-x(a)$.

Bei der üblichen Verfeinerung der Einteilung durch Hinzunahme von Zwischenpunkten erhält man dann $\lim\limits_{n\to\infty} l_n = x(b) - x(a) = s$. Trotz der formalen Analogie zur Interpretation der euklidischen Bogenlänge muß hier auf einen *großen Unterschied* hingewiesen werden: Alle Kurven über einem Intervall [a,b] auf der x-Achse besitzen dieselbe isotrope Bogenlänge, unabhängig von ihrem Verlauf, sofern es sich um zulässige C^1-Kurvenstücke handelt.

4) Aus $s(t) = \int\limits_{a}^{t} \dot{x}(t)dt$ folgt $\dfrac{ds}{dt} = \dot{x}(t)$ und damit formal $ds=\dot{x}(t)dt$.

   ds ist eine geometrische Größe, was man wie in Folgerung 2) einsieht. Es handelt sich somit um eine Differentialinvariante 1. Ordnung, die man gelegentlich als *isotropes Bogendifferential* bezeichnet.

SATZ 7.5: Jede zulässige C^r-Kurve c in I_2 (r≥1) kann mit der Bogenlänge s parametrisiert werden. Die Bogenlänge ist genau dann Parameter auf einer Kurve c in I_2, wenn gilt $\dot{x} \equiv 1$.

Beweis:

1) Nach Voraussetzung gilt $\dfrac{ds}{dt} = \dot{x}(t) \neq o$, sodaß man $s=s(t)$ in der Form $t=t(s)$ auflösen kann, wobei $\dfrac{dt}{ds} = \dfrac{1}{\dot{x}(t)} \neq o$ gilt. Nach einem bekannten Satz aus der Analysis folgt nun: $x(t) \in C^r \Rightarrow$ $\Rightarrow \dot{x}(t) \in C^{r-1} \Rightarrow \dfrac{ds}{dt} \in C^{r-1} \Rightarrow \dfrac{dt}{ds} \in C^{r-1} \Rightarrow t(s) \in C^r$, womit $t= = t(s)$ als zulässige C^r-Parametertransformation erkannt ist. Durch diese Parametertransformation wird auf c die Bogenlänge s als Parameter eingeführt.

2) Wir bezeichnen i.f. mit *Strichen* Ableitungen nach der isotropen Bogenlänge s, während *Punkte* Ableitungen nach dem allgemeinen Parameter t bedeuten. Ist die Bogenlänge s auf c Parameter, so gilt $x' = \dfrac{dx}{ds} = \dfrac{dx}{dt} \cdot \dfrac{dt}{ds} = \dot{x} \cdot \dfrac{1}{\dot{x}} = 1$. Gilt umgekehrt $\dot{x} = 1$ so folgt $s = \int\limits_{t_o}^{t} \dot{x}\, dt = \int\limits_{t_o}^{t} 1\, dt = t-t_o$, d.h. es gilt $t=s$ bis auf eine additive Konstante, die durch die willkürliche Wahl für den Anfangspunkt der Bogenzählung bedingt ist. ◆

Folgerungen:

1) Nach SATZ 7.5 bedeutet die Einführung der isotropen Bogenlänge s als Parameter den Übergang zu einem invarianten Parameter. Diese invariante Parametrisierung bedeutet die Darstellung von c : $\{x(t)\ y(t)\}$ in der Form

(7.7) $y = y(x)$; x = isotrope Bogenlänge.

2) Der Tangenteneinheitsvektor (7.5) nimmt jetzt die einfache Gestalt $\mathfrak{t} = \{1, y'(x)\}$ an, womit eine geometrische Deutung der ersten Ableitung einer Funktion $y=y(x)$ gefunden ist.

Definition 7.7: Für eine zulässige C^r-Kurve c : $y = y(x)$ (r≥2) der isotropen Ebene heißt die Größe $\varkappa(P_o) := y''(x_o)$ die *isotrope Krümmung* im Kurvenpunkt $P(x_o)$.

<u>Folgerungen:</u>

1) die isotrope Krümmung $\varkappa$ ist eine geometrische Größe.

<u>Beweis:</u>

Da c natürlich parametrisiert ist, bleibt nur mehr die Bewegungs-invarianz zu zeigen. Aus $\{\bar{x} = a+x, \bar{y} = b+xc+y(x)\}$ folgt aber $\bar{y}' = c+y'$ $\bar{y}'' = y''$. $\blacklozenge$

2) Die isotrope Krümmung gestattet eine analoge geometrische Deutung wie die euklidische Krümmung [104,41f]. Hierzu betrachten wir in zwei Kurvenpunkten $P_o(x_o)$ und $Q(x_o+h)$ ($h\neq o$) einer zulässigen C^r-Kurve ($r\geq 2$) die Tangenteneinheitsvektoren $\mathfrak{t}_P = \{1,y'(x_o)\}$, $\mathfrak{t}_Q = \{1,y'(x_o+h)\}$ und den von ihnen eingeschlossenen isotropen Winkel

$\varphi = \angle(\mathfrak{t}_P,\mathfrak{t}_Q) = y'(x_o+h) - y'(x_o)$ (vgl. Figur 41). Da h die isotrope Bogenlänge $s(P,Q)$ des Kurvenbogens $\overset{\frown}{PQ}$ ist, erhält man folgende geometrische Deutung für die isotrope Krümmung

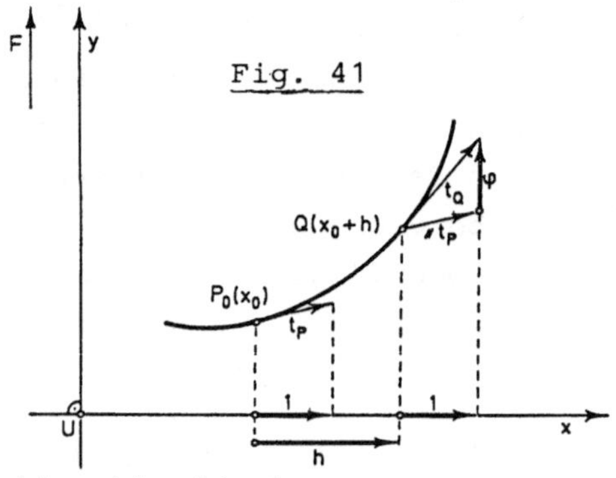

$$(7.8) \quad \lim_{h\to o} \frac{\varphi}{h} = \lim_{Q\to P} \frac{\angle(\mathfrak{t}_P,\mathfrak{t}_Q)}{s(P,Q)} = \frac{y'(x_o+h)-y'(x_o)}{h} = y''(x_o) =$$

$$= \varkappa(x_o) = \varkappa(P).$$

3) Wir berechnen noch die isotrope Krümmung einer Kurve c, die auf einen allgemeinen Parameter t bezogen ist. Aus $y(s)=y(t(s))$ berechnet man: $y' = \dot{y}\frac{dt}{ds}$, $y'' = \ddot{y}(\frac{dt}{ds})^2 + \dot{y}\frac{d^2t}{ds^2}$, $\frac{ds}{dt} = \dot{x} \Rightarrow \frac{dt}{ds} =$

$= \frac{1}{\dot{x}}$, $\frac{d^2t}{ds^2} = (\frac{1}{\dot{x}})\frac{dt}{ds} = -\frac{\ddot{x}}{\dot{x}^3}$ $y'' = \ddot{y}\frac{1}{\dot{x}^2} - \dot{y}\frac{\ddot{x}}{\dot{x}^3} \Rightarrow$

$$(7.9) \quad \varkappa(t) = \frac{\ddot{y}\dot{x} - \dot{y}\ddot{x}}{\dot{x}^3}.$$

Aus (7.9) erkennt man, daß die isotrope Krümmung eine Differentialinvariante 2. Ordnung ist.

4) Die euklidische Krümmung $\varkappa_E$ einer durch $y = f(x)$ gegebenen

- 113 -

Kurve lautet bekanntlich $\varkappa_E = \dfrac{f''}{\sqrt{(1+f'^2(x))^3}}$. Man erkennt da-
raus, daß die isotrope Krümmung $\varkappa$ von wesentlich einfacherer
Bauart ist als $\varkappa_E$; $\varkappa$ liefert ja eine unmittelbare geometrische
Deutung der zweiten Ableitung f'' einer Funktion $y = f(x)$.

5) Bestimmen wir noch alle zulässigen C^2-Kurven der isotropen
Ebene mit konstanter Krümmung $\varkappa_0$! Aus $\varkappa_0 = y''(x)$ folgt $y' =$
$= \varkappa_0 x + c \Rightarrow y(x) = \dfrac{\varkappa_0}{2} x^2 + cx + c_1$, wobei c, $c_1|\in \mathbf{R}$ Integrationskonstanten sind. Je nachdem $\varkappa_0 \neq 0$ oder $\varkappa_0 = 0$ gilt, sind
die Lösungskurven *parabolische Kreise* oder *nicht isotrope Ge-
raden*.

Wir fassen einige Resultate zusammen im

<u>SATZ 7.6</u>: Für zulässige C^r-Kurven ($r \geq 2$) der isotropen Ebene ist
durch (7.7)-(7.9) eine Differentialinvariante 2. Ordnung erklärt,
die isotrope Krümmung $\varkappa$. Diese ist der Grenzwert des Verhältnis-
ses des Winkels zwischen 2 Kurventangenten zum Bogen zwischen den
Berührungspunkten. Die parabolischen Kreise sind die einzigen zulässigen C^2-Kurven der isotropen Ebene mit konstanter von Null
verschiedener Krümmung.

Nunmehr können wir auch den Begriff des *isotropen Krümmungskreises* einführen; diesbezügliche Sätze finden sich in [84].

<u>Definition 7.8</u>: Ist c eine zulässige C^2-Kurve $y = f(x)$, bezogen
auf ihre isotrope Bogenlänge x als Parameter, dann heißt ein
Punkt $P(x_0) \in c$ mit $f''(x_0) = 0$ ein *Wendepunkt*; ein Wendepunkt
$P(x_0)$ mit $f'''(x_0) \neq 0$ heißt *eigentlicher Wendepunkt*. **Ist $P(x_0)$**
kein Wendepunkt, dann heißt jener parabolische Kreis k der c in
$P(x_0)$ berührt und in P dieselbe Krümmung wie c besitzt, der *Krümmungskreis* von c im Punkt $P(x_0)$.

<u>SATZ 7.7</u>: Der Krümmungskreis k in einem Nicht-Wendepunkt $P(x_0)$
einer zulässigen C^2-Kurve c ist eindeutig bestimmt. Ist (P,t) ein
Linienelement von c, P kein Wendepunkt, $Q \in c$, $Q \neq P$, so konvergiert der durch das Linienelement (P,t) und den Punkt Q festgelegte Kreis beim Grenzübergang $Q \rightarrow P$ gegen den Krümmungskreis k
von c in P.

<u>Beweis</u>:
1) Soll ein parabolischer Kreis $k \ldots y = Rx^2 + \alpha x + \beta$ durch $P(x_0, y_0) \in$

$\in$ c...y = f(x) hindurchgehen, c in P berühren und in P die
Krümmung $\varkappa(x_o)$ =: $\varkappa_o$ besitzen, so sind die Bedingungen $f(x_o)=$
= $Rx_o^2 + \alpha x_o + \beta$, $f'(x_o) = 2Rx_o + \alpha$, $f''(x_o) = \varkappa_o = 2R$ zu erfüllen, die eindeutig $R = \frac{\varkappa_o}{2}$, $\alpha = f'(x_o) - \varkappa_o x_o$, $\beta = f(x_o) -$
$- x_o f'(x_o) + \frac{\varkappa_o}{2} x_o^2$ liefern. $\varkappa_o \neq o$ garantiert, daß k ein parabolischer Kreis ist.

2) Durch eine isotrope Bewegung kann man erreichen, daß P in den
Ursprung und t in die x-Achse des Standardkoordinatensystems
fällt. Dann gilt x_o = o, f(o) = o, f'(o) = o und der Krümmungskreis in P besitzt die Gleichung $y = \frac{\varkappa_o}{2} x^2$. Besitzt Q die Koordinaten Q(h,f(h)), $h \neq o$, dann findet man als Gleichung jenes Kreises, der c in P berührt und durch Q geht $y = \frac{f(h)}{h^2}x^2$.
Zweimalige Anwendung der Regel von de l'Hospital liefert
$$\lim_{h \to o} \frac{f(h)}{h^2} = \lim_{h \to o} \frac{f'(h)}{2h} = \lim_{h \to o} \frac{f''(h)}{2} = \frac{f''(o)}{2} = \frac{\varkappa o}{2} \text{ , so daß der}$$
Grenzkreis die Gleichung $y = \frac{\varkappa_o}{2} x^2$ besitzt; dies ist nach obi-
gem aber der Krümmungskreis in P. $\blacklozenge$

Wir beweisen noch eine zum zweiten Teil von SATZ 7.7 duale Aussage

<u>SATZ 7.8:</u> Ist (P,t) ein Linienelement von c, P kein Wendepunkt,
$t_1 \neq t$ eine Tangente der zulässigen C^2-Kurve c, so konvergiert
der durch (P,t) und t_1 festgelegte Kreis beim Grenzübergang $t_1 \to$
$\to t$ gegen den Krümmungskreis k in P.

<u>Beweis:</u>
Wir beziehen c wieder auf das im Beweis von SATZ 7.7, Teil 2)
verwendete Standardkoordinatensystem; dann gilt x_o=o, f(o)=o,
f'(o)=o. Besitzt $t_1 \neq t$ die Gleichung y = ux+v und bezeichnet Q(h,
f(h)), $h \neq o$ den Berührungspunkt von t_1 mit c, so findet man {u=
= f'(h), v = f(h)-hf'(h)}(*). Wird der durch (P,t) und t_1 festgelegte Kreis in der Form $y = \lambda x^2$ angesetzt, so findet man nach
(4.3) - da dieser Kreis t_1 als Tangente besitzt - $\lambda = - \frac{u^2}{4v}$.
Wird für (*) die Taylor-Entwicklung benützt, so entsteht unter
Beachtung der Anfangsbedingungen:

$u = f'(h) = f'(o) + hf''(\vartheta_1 h) = hf''(\vartheta_1 h)$ mit $o < \vartheta_1 < 1$

$v = f(h) - hf'(h) = \frac{h^2}{2} f''(\vartheta_2 h) - h^2 f''(\vartheta_1 h)$ mit $o < \vartheta_2 < 1$

Hiermit gewinnt man schließlich $\lambda = - \dfrac{[f''(\vartheta_1 h)]^2}{2f''(\vartheta_2 h) - 4f''(\vartheta_1 h)}$, woraus $\lim\limits_{h\to o} \lambda(h) = \dfrac{f''(o)}{2} = \dfrac{\varkappa_o}{2}$ folgt.

Somit stimmt der Grenzkreis mit dem Krümmungskreis in Punkt P überein. ◆

Folgerungen:

1) Aus der in SATZ 7.7 angegebenen Erzeugendenweise des parabolischen Krümmungskreises k folgt durch Vergleich mit der üblichen Erzeugung des euklidischen Krümmungskreises k_E, daß k im Punkt P den euklidischen Kreis k_E als Krümmungskreis besitzt. Weitere Aussagen über den parabolischen Krümmungskreis und einige Grenzwertformeln finden sich in [84].

2) In einem Wendepunkt ($\varkappa=o$) entartet der parabolische Krümmungskreis zur nicht isotropen Wendetangente.

3) Wir geben noch eine Möglichkeit an, den parabolischen Krümmungskreis k konstruktiv zu ermitteln, wenn in einem Nicht-Wendepunkt $P \in c$ die Tangente t an c und die Krümmung $\varkappa(P)$ bekannt sind (vgl. Figur 42): Hierzu beachten wir, daß die Parabel k den *euklidischen Parameter* $p = \dfrac{1}{\varkappa(P)}$ besitzt. Es bleibt also eine Parabel zu konstruieren, von der man ein Linienelement (P,t), die Achsenrichtung (= isotrope Richtung) und den Parameter kennt; dies geschieht am bequemsten unter Benützung des Satzes, daß die euklidische Parabelsubnormale gleich dem Parabelparameter

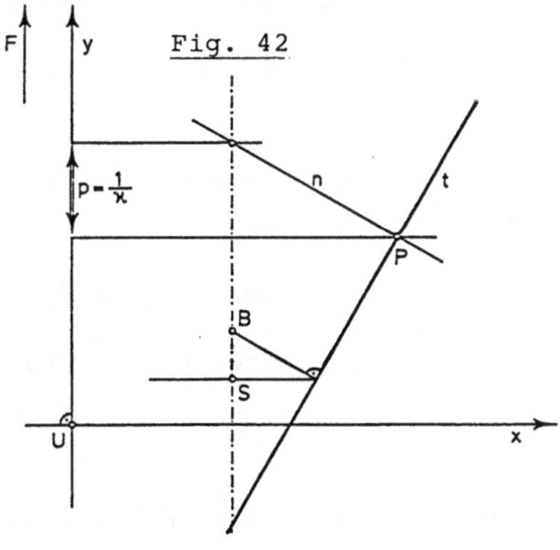

ist. Hiermit kann zunächst die Achse und wie in Figur 13 kann der Parabelscheitel ermittelt werden.

Der folgende interessante Satz stammt von J. TÖLKE (vgl.[110,14--15]); er ist ein isotropes Analogon zu einem Satz von W. KICKINGER ([38]) bzw. F. LAURENTI ([50]).

SATZ 7.9: Die Brennpunkte aller Parabeln der isotropen Ebene, die einen Krümmungskreis k vom Radius R gemeinsam haben, liegen auf

einem isotropen Kreis, der das gemeinsame Oskulationselement enthält und den Radius 4R besitzt. Die isotropen Achsen dieser Parabeln umhüllen einen isotropen Kreis vom Radius $-\frac{1}{2}$ R.

<u>Beweis:</u>
Wir können o.B.d.A. den gemeinsamen Krümmungskreis k in der Normalform $y = Rx^2$ annehmen und den Punkt $U(o,o)$ als gemeinsamen Oskulationspunkt mit der x-Achse als Tangente wählen. Schreibt man
(5.1) in projektiven Koordinaten $(x_o:x_1:x_2)$, dann besitzen alle
Kegelschnitte, die in U die x-Achse als Tangente besitzen die Darstellung

$$(7.10) \qquad a_{11}x_1^2 + 2a_{12}x_1x_2 + a_{22}x_2^2 + 2a_{o2}x_ox_2 = o.$$

Mit $\alpha := \dfrac{a_{22}}{a_{11}}$ und $\beta := \dfrac{a_{12}}{a_{11}}$ erhält man die Parabeln in (7.10), wenn
$\alpha = \beta^2$ gilt. Schließlich oskuliert ein Kegelschnitt (7.10) den Kreis
$y = Rx^2$ im Punkt $U(o,o)$, wenn $\dfrac{a_{o2}}{a_{11}} = -\dfrac{1}{2R}$ gilt. Damit ergeben sich
alle Parabeln die k in U oskulieren zu

$$(7.11) \qquad F(x,y) \equiv x^2 + 2\beta\, xy + \alpha y^2 - \frac{1}{R}\, y = o \quad \text{mit} \quad \alpha = \beta^2.$$

Man gewinnt den isotropen Brennpunkt F_1 von (7.11), wenn man (7.11)
und $\dfrac{\partial F}{\partial y} = 2\beta x + 2\alpha y - \dfrac{1}{R} = o$ nach x und y auflöst. Nach kurzer Rechnung ergibt sich

$$(7.12) \qquad F_1 \left(\frac{1}{4R\beta} \, , \, \frac{1}{4R\beta^2} \right) \, ,$$

woraus man als Ort aller Parabelpunkte den isotropen Kreis

$$(7.13) \qquad Y = 4\, R\, X^2$$

herleitet.
Unter der *isotropen Achse* einer Parabel versteht man die Verbindungsgerade g des Brennpunkts F_1 mit dem Parabelfernpunkt. Da der
Fernpunkt einer Parabel (7.11) durch $(O: -\beta :1)$ gegeben ist, wird
die Achsenmenge der Parabeln (7.11) durch $G(x,y,\beta) \equiv 2R\beta^2 y + 2R\beta x -$
$- 1 = o$ beschrieben, woraus man mittels $\dfrac{\partial G}{\partial \beta} = o$ die Hüllkurve

$$(7.14) \qquad y = -\frac{R}{2}\, x^2$$

erhält. ◆
Einer der schönsten Sätze über euklidische Krümmungskreise ist

der *Satz von N. ABRAMESCU* [1], der analytisch erstmals von ST.
BILINSKI [6] bewiesen wurde. Gemäß [84] beweisen wir hier ein
isotropes Analogon.

SATZ 7.10: Es sei c eine zulässige C^ω-Kurve und $P_o \in c$ kein Wendepunkt mit der Tangente t_o. Sind $P_1 \neq P_2$ zwei von P_o verschiedene
Punkte auf c mit den Tangenten t_1, t_2, so konvergiert der durch
die 3 Schnittpunkte der Tangenten t_i (i = o,1,2) festgelegte Kreis
beim Grenzübergang $P_1 \to P_o$, $P_2 \to P_o$ gegen einen Grenzkreis, dessen
Radius R^* gleich der doppelten Krümmung von c in P_o ist.

Beweis:

Da c eine zulässige Kurve ist, sind sämtliche Tangenten von c
nicht isotrop und t_o, t_1, t_2 bestimmen daher ein zulässiges Dreieck.
Wir wählen ein spezielles Koordinatensystem {x,y} so, daß t_o mit
der x-Achse des Systems zusammenfällt und P_o im Koordinatenursprung liegt. Außerdem beziehen wir c auf ihre isotrope Bogenlänge x als Parameter, d.h. wir benützen die Darstellung y =
= f(x) $\in C^\omega$; dann gilt f(o) = o, f'(o) = o, f"(o) = $\varkappa(P_o) \neq$ o.
Besitzen die Tangenten t_o, t_1, t_2 die Gleichungen y = o, y = $u_1 x +$
+ v_1, y = $u_2 x + v_2$, dann berechnet man die Koordinaten der Schnittpunkte $R_1 = t_o \cap t_1$, $R_2 = t_o \cap t_2$, $R_3 = t_1 \cap t_2$ zu

$$(7.15) \qquad R_1 \left(- \frac{v_1}{u_1}, o\right), \quad R_2 \left(- \frac{v_2}{u_2}, o\right), \quad R_3 \left(\frac{v_2 - v_1}{u_1 - u_2}, \frac{u_1 v_2 - v_1 u_2}{u_1 - u_2}\right).$$

Hierbei gilt, da t_o, t_1, t_2 paarweise verschieden sind, sicher $u_1 \neq$
$\neq$o, $u_2 \neq$ o, $u_1 - u_2 \neq$o. Aus der Formel (3.4) für den Umkreis R eines
zulässigen Dreiecks findet man speziell aus (7.15) für das Drei-
eck $\{R_1, R_2, R_3\}$:

$$(7.16) \qquad R = \frac{u_1 u_2 (u_1 - u_2)}{u_1 v_2 - u_2 v_1} \ .$$

Besitzen P_o, P_1, P_2 der Reihe nach die Koordinaten P_o(o,o), P_1(h_1,
$f(h_1)$), P_2($h_2, f(h_2)$), mit $h_1 \neq$o, $h_2 \neq$o, $h_1 - h_2 \neq$o, so gilt

$$(7.17) \qquad u_i = f'(h_i), \quad v_i = f(h_i) - h_i f'(h_i) \qquad (i = 1,2).$$

Wegen f(x) $\in C^\omega$ ziehen wir die Taylorentwicklungen

$$f(h_i) = \sum_{\rho=o}^{\infty} \frac{1}{\rho!} h_i^\rho f^{(\rho)}(o), \quad f'(h_i) = \sum_{\rho=o}^{\infty} \frac{1}{(\rho-1)!} h_i^{\rho-1} f^{(\rho)}(o) \text{ heran,}$$

aus denen wegen $f'(o) = o$

$$(7.18) \quad u_i = \sum_{\rho=2}^{\infty} \frac{1}{(\rho-1)!} \, h_i^{\rho-1} \, f^{(\rho)}(o), \quad v_i = \sum_{\rho=2}^{\infty} \frac{1-\rho}{\rho!} \, h_i^{\rho} \, f^{(\rho)}(o)$$

folgt. Bevor wir (7.16) mittels (7.18) weiter umformen, beachten wir zunächst, daß sich u_1-u_2 in der Form

$$(7.19) \quad u_1 - u_2 = (h_1-h_2) \{f''(o) + F_1(h_1,h_2)\}$$

schreiben läßt, wobei $\lim\limits_{h_1,h_2 \to o} F_1(h_1,h_2) = o$ gilt. Dies folgt

aus (7.18) über $u_1-u_2 = \sum\limits_{\rho=2}^{\infty} \frac{1}{(\rho-1)!} \, h_1^{\rho-1} \, f^{(\rho)}(o) - \sum\limits_{\rho=2}^{\infty} \frac{1}{(\rho-1)!}$

$h_2^{\rho-1} \, f^{(\rho)}(o) = \sum\limits_{\rho=2}^{\infty} \frac{1}{(\rho-1)!} \, f^{(\rho)}(o) \, (h_1^{\rho-1} - h_2^{\rho-1})$ und der Tatsache,

daß sich aus jedem Glied $h_1^{\rho-1} - h_2^{\rho-1}$ ($\rho \geq 2$) der Faktor (h_1-h_2) abspalten läßt, wobei der Restfaktor ein Polynom in h_1 und h_2 ist. Der Ausdruck $u_1 v_2 - u_2 v_1$ läßt sich mittels (7.19) in der Form

$$(7.20) \quad u_1 v_2 - u_2 v_1 = \frac{1}{2} \, h_1 h_2 (h_1-h_2) f''^2(o) + F_2(h_1,h_2)$$

schreiben, wobei $\lim\limits_{h_1,h_2 \to o} F_2(h_1,h_2) = o$ gilt. Auch diese Aussage

bestätigt man durch Nachrechnen. Werden nämlich die entsprechenden Potenzreihen in $u_1 v_2 - u_2 v_1$ eingesetzt, so kann zunächst der Faktor $h_1 h_2$ herausgezogen werden. Sodann erhält man durch Zusammenfassen geeigneter Glieder aus den beiden Produktbildungen:

$$\frac{1}{(\rho-1)!} \, h_1^{\rho-2} \, f^{(\rho)}(o) \, \frac{1-\rho}{\rho!} \, h_2^{\rho-1} \, f^{(\rho)}(o) - \frac{1}{(\rho-1)!} \, h_2^{\rho-2} \, f^{(\rho)}(o) \, \frac{1-\sigma}{\sigma!} \cdot$$

$$\cdot h_1^{\sigma-1} \, f^{(\sigma)}(o) = \frac{1-\sigma}{(\rho-1)!\,\sigma!} \, f^{(\rho)}(o) \, f^{(\sigma)}(o) \, h_1^{\rho-2} \, h_2^{\rho-2} \, \{h_2^{\sigma-\rho+1} - h_1^{\sigma-\rho+1}\}.$$

Für $\sigma \geq \rho$ kann daher aus $\{\quad\}$ der Faktor h_2-h_1 herausgezogen werden. Speziell für $\sigma = \rho = 2$ erhält man das Glied $-\frac{1}{2} f''(o)^2 \cdot$ $\cdot (h_2-h_1)$. Für $\sigma < \rho$ schließlich benützt man die Umformung

$$\frac{1}{(\rho-1)!} \, h_1^{\rho-2} \, f^{(\rho)}(o) \, \frac{1-\sigma}{\sigma!} \, h_2^{\sigma-1} \, f^{(\sigma)}(o) - \frac{1}{(\rho-1)!} \, h_2^{\rho-2} \, f^{(\rho)}(o) \, \frac{1-\sigma}{\sigma!} \cdot$$

$$\cdot h_1^{\sigma-1} \, f^{(\sigma)}(o) = \frac{1-\sigma}{(\rho-1)!\,\sigma!} \, f^{(\rho)}(o) \, f^{(\sigma)}(o) \, h_1^{\sigma-1} \, h_2^{\sigma-1} \, \{h_1^{\rho-\sigma-1} - h_2^{\rho-\sigma-1}\};$$

insgesamt ist hiermit die Formel (7.20) eingesehen. Wird nunmehr (7.18), (7.19) und (7.20) in (7.16) eingesetzt, so erhält man nachdem durch $h_1 \neq o$, $h_2 \neq o$ und $h_1-h_2 \neq o$ gekürzt wurde, beim Grenz-

Übergang $h_1, h_2 \to o$: $R^* = \lim\limits_{h_1, h_2 \to o} R = \dfrac{f''^2(o)\ f''(o)}{\frac{1}{2} f''^2(o)} = 2f''(o) =$

$= 2\varkappa(P_o) \neq o.$ ◆

Die beiden folgenden hübschen Zusammenhänge wurden von O. RÖSCHEL in [74,175] gefunden.

SATZ 7.11: Es sei c ein zulässiges C^ω-Kurvenstück der isotropen Ebene I_2 und P ein Nicht-Wendepunkt von c. Dann liegen die Brennpunkte aller Parabeln, die c in P oskulieren auf dem Kreis von ABRAMESCU.

Beweis:
Nach SATZ 7.10 läßt sich der ABRAMESCU-Kreis k_A eines Punktes $P(x, y(x))$ in der Form

$$(7.21) \qquad \begin{cases} \bar{x} = x + t \\ \bar{y} = y(x) + y'(x)t + 2y''(x)t^2 \end{cases}$$

darstellen, wobei der Parameterwert t=o zum Punkt P gehört. Wird im Punkt P der Krümmungskreis k betrachtet, so liegen aber nach SATZ 7.9 die Brennpunkte aller Parabeln, die k in P oskulieren, gerade auf dem Kreis (7.21). Aus der Transitivität der Oskulation folgt die Behauptung. ◆

Betrachtet man längs einer zulässigen C^ω-Kurve c, die frei von Wendepunkten ist und für die die *zweite isotrope Krümmung*

$$(7.22) \qquad \varkappa^*(x) = f'''(x) = \varkappa'(x)$$

nicht verschwindet, alle ABRAMESCU-Kreise $k_A(x)$, so besitzen diese die Kurve c und eine weitere Kurve h als Hüllkurve. Berührpunkt ist stets der Kurvenpunkt P und ein im allgemeinen von P verschiedener Punkt H, für den man aus (7.21) rasch die Koordinaten $H(\bar{x}, \bar{y})$ mit

$$(7.23) \qquad \bar{x} = x + \frac{3}{2}\frac{y''(x)}{y'''(x)}$$

$$\bar{y} = y(x) + y'(x) \cdot \frac{3}{2}\frac{y''(x)}{y'''(x)} + \frac{9}{2}\frac{y''(x)^3}{y'''(x)^2}$$

errechnet. Nun zeigen wir den

SATZ 7.12: Es sei c ein zulässiges, wendepunktfreies C^ω-Kurvenstück der isotropen Ebene I_2, für das die zweite Krümmung $\varkappa^*$ nirgends verschwindet. Dann umhüllen die isotropen ABRAMESCU- -Kreise von c nebst c eine weitere Kurve h, wobei der Hüllpunkt H des zu P gehörigen ABRAMESCU-Kreises auf h der isotrope Brenn- punkt der *Affinparabel* von c in P ist.

<u>Beweis:</u>

Unter der *Affinparabel* p eines Kurvenpunktes $P \in c$ versteht man bekanntlich eine c in P hyperoskulierende Parabel. Um die Glei- chung der Affinparabel eines Punktes $P \in c$ aufzustellen, wählen wir wieder o.B.d.A. den Punkt P mit den Koordinaten P(o,o) und die Tangente t(P) als x-Achse des zugrundegelegten Koordinaten- systems; dann gilt $y(o) = y'(o) = o$. Mit den schon im Beweis von SATZ 7.9 verwendeten Abkürzungen und der Abkürzung $\frac{a_{o2}}{a_{11}} =: \gamma$ be- sitzen alle Parabeln, die c in P berühren, die Darstellung

$$(7.24) \qquad (x + \beta y)^2 + 2\gamma y = o.$$

Wird $y = f(x)$ in (7.24) eingesetzt, so müssen für eine in P hyper- oskulierende Parabel die Bedingungen $F(x) \equiv (x+\beta y(x))^2 + 2\gamma y(x) = o$, $F'(x)=o$, $F''(x)=o$, $F'''(x)=o$, $F^{IV}(x)=o$ erfüllt sein. Unter Berück- sichtigung der Anfangsbedingungen $y(o) = y'(o)$ liefert eine kurze Rechnung $\beta = \frac{y'''}{3y''^2} = \frac{\varkappa^*}{3\varkappa^2}$, $\gamma = -\frac{1}{y''} = -\frac{1}{\varkappa}$. Damit lautet die Glei- chung der Affinparabel p in P(o,o)

$$(7.25) \qquad (x + \frac{\varkappa^*}{3\varkappa^2} y)^2 = \frac{2}{\varkappa} y \; ,$$

für die man den Brennpunkt $H(\frac{3}{2} \frac{\varkappa}{\varkappa^*} , \frac{9}{2} \frac{\varkappa^3}{\varkappa^{*2}})$ errechnet. Für x=o, $y(o)=y'(o)=o$ stimmt aber (7.23) mit H überein. $\blacklozenge$

Ein isotropes Analogon zur *Kubik von CAZAMIAN* wird ebenfalls in [74,176] behandelt.

Wie die euklidische ebene Kurventheorie [104], so wird auch die ebene isotrope Kurventheorie durch Ermittlung eines *begleitenden Zweibeins*, der zugehörigen *Ableitungsgleichungen* und eines *Funda- mentalsatzes* formal abgeschlossen:

a) <u>Begleitendes Zweibein:</u>

Wir verknüpfen mit jedem Punkt P einer zulässigen C^2-Kurve $c \in I_2$, die wir auf ihre isotrope Bogenlänge s als Parameter beziehen, die Vektoren

(7.26) $\quad \mathbf{t} = \{1, y'(s)\}$ und $\mathbf{n} := \{o, 1\}$.

Der erste Beinvektor ist der *Tangenteneinheitsvektor* $\mathbf{t}$, der zweite Beinvektor jener *Normalenvektor* von $\mathbf{t}$ in P, der die Spanne 1 besitzt. Sowohl $\mathbf{t}$ als auch $\mathbf{n}$ sind $\mathcal{B}_3$-invariant mit c verknüpft. Da s natürlicher Parameter ist, sind es geometrische Größen. Schließlich sind $\mathbf{t}$ und $\mathbf{n}$ l.u., da c eine zulässige Kurve ist und somit $\mathbf{t}$ nicht isotrop ist.

b) <u>Ableitungsgleichungen:</u>

Unter den Ableitungsgleichungen im Zweibein $\{\mathbf{t}, \mathbf{n}\}$ versteht man die Darstellung der Ableitungsvektoren $\mathbf{t}'$, $\mathbf{n}'$ als Linearkombinationen in der Basis $\{\mathbf{t}, \mathbf{n}\}$. Aus (7.26) folgt unmittelbar $\mathbf{t}' =$ $= \{o, y''\} = y''\{o, 1\} = \varkappa \mathbf{n}$, $\mathbf{n}' = o$. Wir vermerken dieses Analogon zu den *FRENET'schen Ableitungsgleichungen* der euklidischen Kurventheorie [313, 40]:

(7.27) $\quad \mathbf{t}' = \varkappa \mathbf{n}, \quad \mathbf{n}' = o.$

Die Koeffizienten in den Ableitungsgleichungen sind stets Differentialinvarianten; im vorliegenden Fall stellt sich eine einzige Differentialinvariante ein, nämlich die isotrope Krümmung $\varkappa$.

c) <u>Fundamentalsatz:</u>

Der Fundamentalsatz einer Kurventheorie klärt die Frage, ob man durch Vorgabe der Koeffizienten im System der Ableitungsgleichungen als Funktionen des natürlichen Parameters eine Kurve eindeutig bestimmen kann. Im vorliegenden Fall gilt der

<u>SATZ 7.13:</u> Gegeben sei eine auf einem offenen Intervall I stetige Funktion $\varkappa(s)$. Dann gibt es bis auf isotrope Bewegungen ein einziges zulässiges C^2-Kurvenstück c mit $\varkappa$ als isotroper Krümmung und s als isotroper Bogenlänge.

<u>Beweis:</u>

Für jede Lösungskurve $c \ldots \{x(s), y(s)\}$ muß nach SATZ 7.5 bzw. (7.27) gelten: $x'=1$, $y''=\varkappa(s)$. Hieraus folgt $x(s) = s + c_o$ bzw. $y(s) = \int (\int \varkappa(s) \, ds) ds + c_1 s + c_2$ mit reellen Integrationskonstanten c_o, c_1, c_2. Ersichtlich gilt $\mathbf{y}(s) \in C^2$ und wegen $\dot{x} = 1$ ist c zulässig und mit der Bogenlänge s parametrisiert. Schließlich besitzt c die Krümmung $y''(s) = \varkappa(s)$. Betrachtet man die spezielle Lösungskurve $\tilde{c} : \{\tilde{x} = s, \tilde{y} = \int (\int \varkappa(s) \, ds) ds\}$, so gilt für die allgemeine Lösungskurve $c : \{x = \tilde{x} + c_o, y = \tilde{y} + c_1 \tilde{x} + c_2\}$, d.h. c geht aus $\tilde{c}$ durch eine isotrope Bewegung hervor. Hiermit ist auch die Eindeutigkeitsaussage bewiesen. ◆

Bemerkungen:

1) Die Gleichung $\varkappa = \varkappa(s)$ nennt man die *natürliche Gleichung* der zulässigen Kurve c in der isotropen Ebene I_2.

2) Wir bestimmen alle zulässigen C^2-Kurven in I_2, für die die isotrope Krümmung zur isotropen Bogenlänge proportional ist, d.h. für die $\varkappa(s) = as$ mit $a = $ konst. $\neq o$ gilt. Aus $y'' = ax$ gewinnt man $y(x) = \frac{a}{6} x^3 + c_1 x + c_2$, d.h. allgemeine kubische Parabeln in I_2. Diese bilden somit das isotrope Analogon zur *Klothoide* (Spinnlinie) der euklidischen Ebene, deren euklidische Krümmung bekanntlich zur euklidischen Bogenlänge proportional ist [104,48].

Die isotrope Differentialgeometrie kann für manche Zwecke der *Angewandten Mathematik* mit Vorteil herangezogen werden. Wir behandeln als Beispiel die *graphische Integration* einer linearen inhomogenen Differentialgleichung 1. Ordnung mit konstanten Koeffizienten. Die folgenden Überlegungen, sowie die Verallgemeinerung auf lineare inhomogene Differentialgleichungen n-ter Ordnung mit konstanten Koeffizienten finden sich in [97]. Wir gehen vom Begriff der euklidischen *Äquitangentialkurve* (Tangentiale) aus [104,63]: Wird auf den orientierten Tangenten einer Kurve c jeweils vom Berührungspunkt aus eine Strecke konstanter Länge $a\neq o$ abgetragen, so entsteht eine sogenannte a-Tangentiale $\tilde{c}_a$. Die Kurve c heißt umgekehrt eine *a-Schleppkurve* (a-Schleppe) zur Kurve $\tilde{c}$; $\tilde{c}$ wird in diesem Zusammenhang oft als *Basis* der Schleppe c bezeichnet. Die Figur 43

zeigt einerseits die euklidische Situation, andererseits das isotrope Analogon zu diesen Begriffsbildungen. Wird auf den orientierten Tangenten einer zulässigen C^1-Kurve $c \in I_2$ je vom Berührungspunkt aus eine Strecke $a\neq o$

Fig. 43

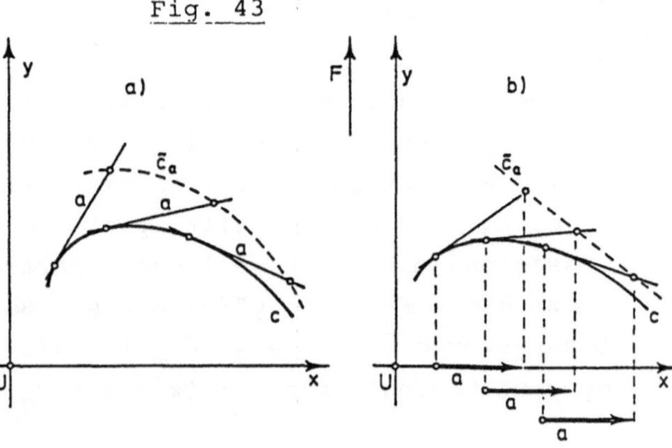

konstanter isotroper Länge abgetragen, so entsteht eine isotrope
a-Tangentiale $\tilde{c}_a$. Die Kurve c heißt a-Schleppe zur Basiskurve $\tilde{c}_a$.
Als Gleichung der a-Tangentialen findet man unmittelbar, wenn c
in der Form y = y(x) gegeben ist,

$$(7.28) \qquad \tilde{\eta}(x) = \{x + a, \; v + ay'\}.$$

Ersichtlich ist $\tilde{\eta}(x)$ wieder eine zulässige C^1-Kurve, denn nebst
$\tilde{\eta}(x) \in C^2$ gilt auch $\frac{d\tilde{x}}{dx} = 1$. Aus (7.28) folgt die explizite Darstellung $\tilde{y} = y(\tilde{x}-a) + ay'(\tilde{x}-a) =: \tilde{y}(\tilde{x}-a) = \tilde{y}(x)$. Ist umgekehrt
eine Tangentiale $\tilde{c}$ in der Form $\tilde{y} = \tilde{y}(x)$ gegeben, so hat man, um
alle möglichen a-Schleppen von $\tilde{c}$ zu finden, die Differentialgleichung

$$(7.29) \qquad ay' + y = \tilde{y}(x)$$

zu integrieren. Es handelt sich um eine lineare Differentialgleichung 1. Ordnung mit konstanten Koeffizienten und der Störfunktion $\tilde{y}(x)$. Da man umgekehrt jede lineare Differentialgleichung
1. Ordnung, deren Koeffizient bei y nicht verschwindet, in der
Form (7.29) schreiben kann, hat man unmittelbar den

SATZ 7.14: Die Integralkurven einer linearen Differentialgleichung 1. Ordnung (7.29) mit konstanten Koeffizienten können auf-
gefaßt werden als isotrope a-Schleppen der Basiskurve $\tilde{y} = \tilde{y}(\tilde{x}-a)$,
die aus dem Graphen der Störfunktion $\tilde{y} = \tilde{y}(x)$ durch Parallelver-
schiebung in der x-Richtung um die Strecke a entsteht. Die Paral-
lelverschiebung erfolgt hierbei für a > o in Richtung der positiven x-Achse, die Schleppenbildung erfolgt entgegengesetzt.

Zu vorgegebener Kurve $\tilde{c}$ gibt es eine einparametrige Menge von a-
-Schleppen; durch Vorgabe einer Anfangsbedingung $y(x_o) = y_o$ wird
eindeutig eine a-Schleppe festgelegt.

Beispiel: Wir integrieren die
Differentialgleichung 2y' +y=x
mit der Anfangsbedingung y(o)=1
(vgl. Figur 44). Es ist a=2 und
$\tilde{y}(x)$=x. Die Basis $\tilde{c}$ ergibt sich
aus $\{\tilde{x}=x+2, \; \tilde{y}=x\}$ zu $\tilde{y}=\tilde{x}-2$; dies
ist eine Gerade $\tilde{c}$. Verbindet
man den Anfangspunkt $P_o(o,1)$

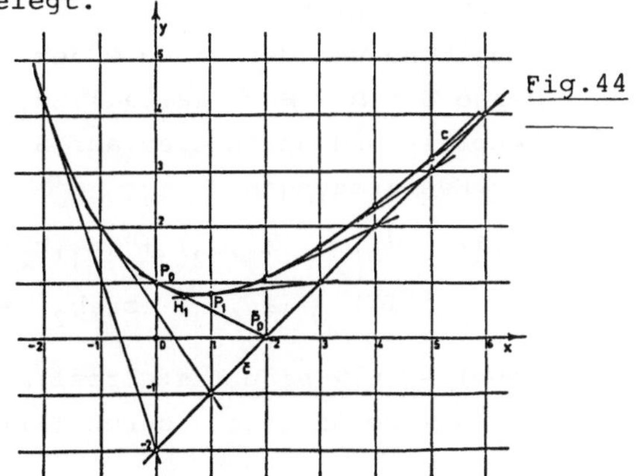

Fig.44

der Schleppe c mit dem in der isotropen Entfernung a=2 auf $\tilde{c}$ liegenden Punkt $\tilde{P}_o(2,o)$, so ist $\overrightarrow{P_o\tilde{P}_o}$ ein Tangentenvektor im Punkt P_o an c. Die weitere Konstruktion ist eine sehr bequeme und genaue Näherungskonstruktion von c, die aus der Figur 44 zu entnehmen ist. Wir schreiten hierbei auf der Tangente t_o in P_o bis zum Punkt $H_1(x=\frac{1}{2})$ fort und bestimmen jenen Punkt P_1 auf der y--Parallelen x=1, dessen Tangente t_1 durch H läuft; diese Tangente geht auch durch den Schnittpunkt von $\tilde{c}$ mit der Geraden x=3 hindurch und kann daher gezeichnet werden. Dieses Verfahren wird fortgesetzt.

Wir haben hiermit die *Grundzüge* der elementaren Differentialgeometrie der isotropen Ebene dargestellt. Auf einige spezielle Fragestellungen werden wir noch im § 10 zurückkommen.

§ 8 Verallgemeinerte komplexe Zahlen; euklidische, pseudoeuklidische und isotrope Geometrie; Möbiusgeometrie.

Eine bedeutende Rolle in der ebenen isotropen Geometrie spielen die sogenannten *dualen Zahlen*, die ein Spezialfall der verallgemeinerten komplexen Zahlen sind; diese dualen Zahlen wurden erstmals von E. STUDY eingeführt, aber erst J. GRÜNWALD hat ihre Theorie präzise dargestellt und zahlreiche Anwendungen gegeben [29]. Wir studieren diese Zahlen i.f. im Rahmen der *verallgemeinerten komplexen Zahlen*, wobei wir gleichzeitig die Zusammenhänge der ebenen *euklidischen* und *pseudoeuklidischen* Geometrie mit der *isotropen Geometrie* aufzeigen. Wir folgen hierbei den vorzüglichen Darstellungen von I.M. JAGLOM ([33],[34]), B.A. ROSENFELD [82] und N.D. PETZKO [72].

Ausgehend von der Menge $\mathbb{R}$ der reellen Zahlen, betrachten wir die Menge $S := \mathbb{R} \times \mathbb{R} = \{(a_1,a_2),\ a_i \in \mathbb{R}\}$ der geordneten, reellen Zahlenpaare und definieren auf S zwei Verknüpfungen $S \times S \to S$ durch die Festsetzungen

$$(8.1) \quad \text{(I)} \quad (a_1,a_2) + (b_1,b_2) = (a_1+b_1,\ a_2+b_2)$$

$$\text{(II)} \quad (a_1,a_2) \cdot (b_1,b_2) = (a_1b_1+e_oa_2b_2,\ a_1b_2+a_2b_1)\ ,$$

wobei $e_o \in \mathbb{R}$ eine feste reelle Zahl bezeichnet. Durch (I) wird auf S eine Addition, durch (II) eine Multiplikation eingeführt.

Wir bezeichnen S - versehen mit diesen beiden Operationen - als *verallgemeinerte komplexe Zahlen*. Es gilt der

<u>SATZ 8.1:</u> Die verallgemeinerten komplexen Zahlen bilden für $e_o \geqq o$ einen kommutativen Ring mit Einselement und Nullteilern, für $e_o < o$ einen Körper. Der Ring $\mathbb{R}$ ist in S isomorph eingebettet.

<u>Beweis:</u>

(<u>1</u>): Ersichtlich ist $(S,+)$ eine abelsche Gruppe, wobei das Paar (o,o) das Nullelement ist. $(S,\cdot)$ ist eine Halbgruppe, denn die Multiplikation $\cdot$ ist assoziativ, wie man durch die folgende Rechnung bestätigt:

$[(a_1,a_2) \cdot (b_1,b_2)] \cdot (c_1,c_2) = (a_1b_1 + e_o a_2 b_2,\ a_1 b_2 + a_2 b_1) \cdot (c_1,c_2) =$

$= (a_1 b_1 c_1 + e_o a_2 b_2 c_1 + e_o a_1 b_2 c_2 + e_o a_2 b_1 c_2,\ a_1 b_1 c_2 + e_o a_2 b_2 c_2 + a_1 b_2 c_1 +$

$+ a_2 b_1 c_1);\ (a_1,a_2) \cdot [(b_1,b_2) \cdot (c_1,c_2)] = (a_1,a_2) \cdot (b_1 c_1 + e_o b_2 c_2,\ b_1 c_2 +$

$+ b_2 c_1) = (a_1 b_1 c_1 + e_o a_1 b_2 c_2 + e_o a_2 b_1 c_2 + e_o a_2 b_2 c_1,\ a_1 b_1 c_2 + a_1 b_2 c_1 + a_2 b_1 c_1 +$

$+ a_2 e_o b_2).$

Da die rechten Seiten dieser beiden Gleichungen übereinstimmen, ist damit das Assoziativgesetz nachgewiesen. Ähnlich bestätigt man durch Nachrechnen die Distributivgesetze. S ist ein kommutativer Ring, denn es gilt $(b_1,b_2)(a_1,a_2) = (b_1 a_1 + e_o b_2 a_2,\ b_1 a_2 + b_2 a_1) = (a_1 b_1 + e_o a_2 b_2,\ a_1 b_2 + a_2 b_1) = (a_1,a_2)(b_1,b_2)$. Einheitselement des Ringes S ist das Paar $(1,o)$, denn es gilt $(a_1,a_2)(1,o) = (a_1,a_2)$.

(<u>2</u>): Nun untersuchen wir, wann S ein Körper ist. Hierzu sei $(a_1, a_2) \neq (o,o)$ gegeben. Aus dem Ansatz $(a_1,a_2)(x,y) = (1,o)$ erhält man das inhomogene Gleichungssystem $\begin{cases} a_1 x + a_2 e_o y = 1 \\ a_2 x + a_1 y = o \end{cases}$, das genau dann eindeutig lösbar ist, wenn $\begin{vmatrix} a_1 & a_2 e_o \\ a_2 & a_1 \end{vmatrix} = a_1^2 - a_2^2 e_o =: \Delta \neq o$ gilt.

Für $e_o < o$ gilt sicher $\Delta \neq o$ für $(a_1,a_2) \neq (o,o)$. Hingegen gilt für $e_o \geqq o: \Delta = o \Leftrightarrow a_1 = \pm a_2 \sqrt{e_o}$, d.h. für $e_o \geqq o$ besitzt S Nullteiler, für $e_o < o$ ist S ein Körper.

(<u>3</u>): Um zu zeigen, daß $\mathbb{R}$ in die Menge S bis auf Isomorphie eingebettet ist, betrachten wir die Abbildung $\sigma : S \to \mathbb{R}$, definiert durch $\sigma(r,o) = r \in \mathbb{R}$. σ ist eine Bijektion, für die außerdem gilt:

$\sigma[(r_1,o) + (r_2,o)] = \sigma[(r_1+r_2,o)] = r_1+r_2 = \sigma(r_1,o) + \sigma(r_2,o)$,

$\sigma[(r_1,o)\cdot(r_2,o)] = \sigma[(r_1r_2,o)] = r_1r_2 = \sigma(r_1,o)\cdot\sigma(r_2,o)$.

Hiermit ist σ als Ringisomorphismus nachgewiesen. ◆

<u>Folgerungen:</u>

1) Aufgrund des Isomorphismus σ setzen wir i.f.: $r:=(r,o)$, $r \in \mathbb{R}$. Dann gilt $r(a_1,a_2) = (r,o)(a_1,a_2) = (ra_1,ra_2)$. Außerdem setzen wir $(o,1) =: \varepsilon$. Hiermit erhält man $\varepsilon^2 = (o,1)(o,1) = (e_o,o) =$ $= e_o$ und gelangt so zu folgender formalen Darstellung der verallgemeinerten komplexen Zahlen: $(a_1,a_2) = (a_1,o)+(o,a_2) =$ $a_1(1,o) + a_2(o,1) = a_1 + \varepsilon a_2$ mit $\varepsilon^2 = e_o$. Wir vermerken: *Verallgemeinerte komplexe Zahlen*

$$(8.2) \qquad \alpha := a_1 + \varepsilon a_2 \qquad \text{mit} \qquad a_1,a_2 | \in R, \quad \varepsilon^2 = e_o \in \mathbb{R}.$$

2) Die in SATZ 8.1 angegebene Konstruktion enthält für $e_o = -1$ die Konstruktion des Körpers C der *komplexen Zahlen* aus den reellen Zahlen. Dies motiviert auch die folgende Begriffsbildung:

   Ist $\alpha = a_1 + \varepsilon a_2$ eine verallgemeinerte komplexe Zahl, so heiße $a_1 =: R(\alpha)$ der *Realteil*, $a_2 =: I(\alpha)$ der *Imaginärteil* von α. Die verallgemeinerte komplexe Zahl $\tilde{\alpha} = a_1 - \varepsilon a_2$ heißt die zu $\alpha = a_1 + \varepsilon a_2$ *konjugierte* verallgemeinerte komplexe Zahl.

3) Aus (8.1) und (8.2) folgt sofort, daß man mit verallgemeinerten komplexen Zahlen wie mit Polynomen in der Unbestimmten ε rechnen kann, wobei man nur $\varepsilon^2 = e_o$ zu beachten hat. Es gilt nämlich: $\alpha = (a_1,a_2) = a_1 + \varepsilon a_2$, $\beta = (b_1,b_2) = b_1 +$ $+ \varepsilon b_2 \Rightarrow \alpha+\beta = a_1 + \varepsilon a_2 + b_1 + \varepsilon b_2 = a_1+a_2+\varepsilon(b_1+b_2) = (a_1+a_2,$ $b_1+b_2)$; $\alpha\cdot\beta = (a_1+\varepsilon a_2)\cdot(b_1+\varepsilon b_2) = a_1b_1 + \varepsilon a_2b_1 + \varepsilon a_1b_2 + \varepsilon^2 a_2b_2 =$ $= a_1b_1 + e_o a_2b_2 + \varepsilon(a_1b_2+a_2b_1) = (a_1b_1+e_o a_2b_2, a_1b_2+a_2b_1)$.

Neben den gewöhnlichen komplexen Zahlen ($\varepsilon^2 = -1$) sind jene verallgemeinerten komplexen Zahlen von besonderer Bedeutung, die zu $\varepsilon^2 = o$ bzw. $\varepsilon^2 = 1$ gehören.

<u>Definition 8.1:</u> Verallgemeinerte komplexe Zahlen $\alpha = a_1 + \varepsilon a_2$ mit $\varepsilon^2 = o$ heißen *duale Zahlen*. Verallgemeinerte komplexe Zahlen mit $\varepsilon^2 = 1$ heißen *Doppelzahlen*.

Bemerkung: In der russischen Literatur [34,280] werden die gewöhnlichen komplexen Zahlen ($\varepsilon^2 = -1$) gelegentlich als *hyperbolische komplexe Zahlen*, die dualen Zahlen als *parabolische komplexe Zahlen* und die Doppelzahlen als *elliptische komplexe Zahlen* bezeichnet.

Die Eigenschaften der komplexen Zahlen setzen wir als bekannt voraus; sie können z.B. in [42] nachgelesen werden. Wir erwähnen nur ohne Beweise einige Eigenschaften:

1) Als Betrag $|\alpha|$ der komplexen Zahl $\alpha = a_1 + ia_2$ definiert man

$$(8.3) \qquad r := |\alpha| = \sqrt[+]{\alpha\tilde{\alpha}} = \sqrt[+]{a_1^2 + a_2^2} \;.$$

Hiermit läßt sich α in *trigonometrischer Form* darstellen, nämlich als

$$(8.4) \qquad \alpha = r(\cos \varphi + i \sin \varphi),$$

wobei für das Argument φ von α gilt $\cos \varphi = \dfrac{a_1}{r}$, $\sin \varphi = \dfrac{a_2}{r}$.

2) Die Darstellung (8.4) ist besonders geeignet, wenn man komplexe Zahlen zu multiplizieren bzw. zu dividieren hat. Für $\alpha = r_1(\cos \varphi_1 + i \sin \varphi_2)$ und $\beta = r_2(\cos \varphi_2 + i \sin \varphi_2)$ gilt nämlich

$$(8.5) \qquad \alpha\beta = r_1 r_2 [\cos(\varphi_1 + \varphi_2) + i \sin(\varphi_1 + \varphi_2)]$$

bzw. für $\beta \neq o$

$$(8.5a) \qquad \frac{\alpha}{\beta} = \frac{r_1}{r_2} [\cos(\varphi_1 - \varphi_2) + i \sin(\varphi_1 - \varphi_2)] \;.$$

Beschäftigen wir uns nun mit den dualen Zahlen! Nach SATZ 8.1 gibt es im Ring der dualen Zahlen *Nullteiler*. Ist $\alpha = a_1 + \varepsilon a_2$ eine duale Zahl, so heißt $a_1 = R(\alpha)$ der Realteil, $a_2 =: D(\alpha)$ der Dualteil von α. Duale Zahlen α mit $R(\alpha) = o$ heißen *rein duale Zahlen*. Es gilt der

SATZ 8.2: Die einzigen Nullteiler im Ring der dualen Zahlen sind die rein dualen Zahlen. Ist $\alpha = a_1 + \varepsilon a_2$ eine nicht rein duale Zahl, dann gibt es genau zwei duale Zahlen β, die sich nur durch das Vorzeichen unterscheiden, mit $\beta^2 = \alpha$. Hierbei gilt

$$(8.6) \qquad \beta = \sqrt{\alpha} = \pm(\sqrt[+]{a_1} + \varepsilon \frac{a_2\sqrt{a_1}}{2a_1}) \;.$$

<u>Beweis:</u>

(<u>1</u>): Wie im Beweis von SATZ 8.1 gezeigt, ist $\alpha = a_1 + \varepsilon a_2$ genau dann ein Nullteiler, wenn $\Delta = a_1^2 - a_2^2 e_0 = o$ gilt, d.h. wegen $e_0 = o$, genau für $a_1 = o$.

(<u>2</u>): Aus dem Ansatz $a_1 + \varepsilon a_2 = (b_1 + \varepsilon b_2)^2$ folgt $a_1 + \varepsilon a_2 = b_1^2 + 2\varepsilon b_1 b_2$ und hieraus durch Vergleich von Real- und Dualteil: $a_1 = b_1^2$, $a_2 = 2b_1 b_2$, $b_1 = \pm\sqrt{a_1}$, $b_2 = \dfrac{a_2}{\pm 2\sqrt{a_1}} = \dfrac{\pm a_2 \sqrt{a_1}}{a_1}$, womit (8.6) gezeigt ist. ◆

Sind $\alpha = a_1 + \varepsilon a_2$ und $\beta = b_1 + \varepsilon b_2$ mit $R(\beta) \neq o$ duale Zahlen, so wird der Quotient $\frac{\alpha}{\beta}$ gemäß

$$(8.7) \qquad \frac{\alpha}{\beta} = \frac{a_1 + \varepsilon a_2}{b_1 + \varepsilon b_2} = \frac{(a_1 + \varepsilon a_2)(b_1 - \varepsilon b_2)}{(b_1 + \varepsilon b_2)(b_1 - \varepsilon b_2)} = \frac{a_1}{b_1} + \varepsilon\,\frac{a_2 b_1 - b_2 a_1}{b_1^2}$$

berechnet. Hieraus und der Produktformel

$$(8.8) \qquad \alpha\cdot\beta = (a_1 + \varepsilon a_2)(b_1 + \varepsilon b_2) = a_1 b_1 + \varepsilon(a_1 b_2 + b_1 a_2)$$

gewinnt man sofort Beziehungen für den Real- bzw. Dualteil eines Produktes bzw. eines Quotienten

$$(8.9) \qquad R(\alpha\cdot\beta) = R(\alpha)R(\beta), \quad R\left(\frac{\alpha}{\beta}\right) = \frac{R(\alpha)}{R(\beta)} \quad \text{für} \quad R(\beta) \neq o,$$

$$D(\alpha\cdot\beta) = R(\alpha)D(\beta) + R(\beta)D(\alpha), \quad D\left(\frac{\alpha}{\beta}\right) = \frac{R(\beta)D(\alpha) - R(\alpha)D(\beta)}{R^2(\beta)}$$

$$\text{für} \quad R(\beta) \neq o.$$

Mittels *formaler Potenzreihen* kann man schließlich die elementaren Funktionen einer dualen Veränderlichen definieren. Wir beschäftigen uns hier nur mit der *Exponentialfunktion* e^z einer dualen Variablen $z = x + \varepsilon y$. Es gilt $e^{\varepsilon y} = \sum\limits_{j=0}^{\infty} \frac{1}{j!}(\varepsilon y)^j = 1 + \varepsilon y$ wegen $\varepsilon^j = o$ für $j \geq 2$.

Damit gewinnt man

$$(8.10) \qquad e^z = e^{x + \varepsilon y} = e^x \cdot e^{\varepsilon y} = e^x(1 + \varepsilon y).$$

Umgekehrt läßt sich auch jede duale Zahl $\alpha = a_1 + \varepsilon a_2$ mit $R(\alpha) \neq o$ mittels der Exponentialfunktion sehr einfach darstellen, denn es gilt

$$(8.11) \qquad \alpha = a_1 + \varepsilon a_2 = a_1\left(1 + \varepsilon\frac{a_2}{a_1}\right) = a_1\, e^{\varepsilon\frac{a_2}{a_1}} .$$

Als *Betrag* $|\alpha|$ einer dualen Zahl $\alpha = a_1 + \varepsilon a_2$ bezeichnen wir

(8.12) $|\alpha| := a_1 = \frac{1}{2}(\alpha + \tilde{\alpha})$

und beachten, daß zum Unterschied von den komplexen Zahlen hier $|\alpha| > o$, $|\alpha| = o$ oder $|\alpha| < o$ gelten kann. In Analogie zu (8.4) kann man für duale Zahlen, die nicht rein dual sind, eine Art trigonometrische Darstellung angeben. Aus $\alpha = a_1 + \varepsilon a_2$ folgt nämlich für $a_1 \neq o$: $\alpha = a_1(1 + \varepsilon \frac{a_2}{a_1}) = a_1(1 + \varepsilon\varphi)$, wenn $\varphi := \frac{a_2}{a_1}$ gesetzt wird. Wir bezeichnen φ als Argument der dualen Zahl α und vermerken

(8.13) $\alpha = |\alpha|\,(1 + \varepsilon\varphi)$, $\varphi = \arg \alpha$, α nicht rein dual.

Die Darstellung (8.13) läßt sich in der isotropen Ebene I_2 unmittelbar deuten, wenn man $|\alpha|$ und φ gemäß (6.9) als *isotrope Polarkoordinaten* des Punktes $P(a_1, a_2)$ interpretiert. Man erkennt hiermit (8.13) als direktes Analogon zu (8.4). Wir leiten nunmehr die Analoga zu (8.5) bzw. (8.5a) her. Für $\alpha = |\alpha|\,(1 + \varepsilon\varphi_1)$ und $\beta = |\beta|\,(1 + \varepsilon\varphi_2)$ folgt $\alpha\beta = |\alpha|\,|\beta|\,(1 + \varepsilon\varphi_1 + \varepsilon\varphi_2 + \varepsilon^2\varphi_1\varphi_2) = |\alpha|\,|\beta|\,[1 + \varepsilon(\varphi_1 + \varphi_2)]$ bzw. für $\beta \neq o$:

$$\frac{\alpha}{\beta} = \frac{|\alpha|}{|\beta|}\,\frac{1 + \varepsilon\varphi_1}{1 + \varepsilon\varphi_2} = \frac{|\alpha|}{|\beta|}\,\frac{(1 + \varepsilon\varphi_1)(1 - \varepsilon\varphi_2)}{(1 + \varepsilon\varphi_1)(1 - \varepsilon\varphi_2)} = \frac{|\alpha|}{|\beta|}\,[1 + \varepsilon(\varphi_1 - \varphi_2)].$$

Wir vermerken

(8.14) $\alpha\beta = |\alpha|\,|\beta|\,[1 + \varepsilon(\varphi_1 + \varphi_2)]$,

wenn $\alpha = |\alpha|\,(1 + \varepsilon\varphi_1)$, $\beta = |\beta|\,(1 + \varepsilon\varphi_2)$ gilt bzw.

(8.14a) $\frac{\alpha}{\beta} = \frac{|\alpha|}{|\beta|}\,[1 + \varepsilon(\varphi_1 - \varphi_2)]$,

wenn $\alpha = |\alpha|\,(1 + \varepsilon\varphi_1)$, $\beta = |\beta|\,(1 + \varepsilon\varphi_2) \neq o$ gilt.
Wichtig für die isotrope Geometrie ist der

SATZ 8.3: Unter Verwendung dualer Zahlen läßt sich die Gruppe $\mathscr{M}_4$ der isotropen winkeltreuen Ähnlichkeiten in der Form

(8.15) $\bar{\xi} = \alpha + \beta\xi$ mit $|\beta| \neq o$

schreiben, wobei $\bar{\xi} = \bar{x} + \varepsilon\bar{y}$, $\alpha = a_1 + \varepsilon a_2$, $\beta = b_1 + \varepsilon b_2$, $\xi = x + \varepsilon y$ duale Zahlen bezeichnen. Die isotrope Bewegungsgruppe $\mathscr{B}_3$ läßt sich durch (8.15) mit $|\beta| = 1$ beschreiben.

Beweis:
Durch Vergleich von Real- und Dualteil von (8.15) $\bar{x} + \varepsilon\bar{y} = a_1 + \varepsilon a_2 + (b_1 + \varepsilon b_2)(x - \varepsilon y) = a_1 + \varepsilon a_2 + b_1 x + \varepsilon b_2 x + \varepsilon b_1 y$ erhält man

$\{\bar{x} = a_1 + b_1 x, \ \bar{y} = a_2 + b_2 x + b_1 y\}$, d.h. Transformationen (2.16), wobei $|\beta| = b_1 \neq o$ gilt. Für isotrope Bewegungen gilt $b_1 = 1 = |\beta|$. ◆

Folgerungen:

1) Auch die *allgemeine isotrope Ähnlichkeitsgruppe* $\mathcal{G}_5$ (2.5) läßt sich unter Verwendung dualer Zahlen einfach beschreiben. Ihre Transformationen lassen sich in der Form

$$(8.16) \qquad \bar{x} + \lambda \varepsilon \bar{y} = \alpha + \beta \xi \text{ mit } \lambda \neq o,1 \text{ und } \beta = b_1 + \varepsilon b_2 \text{ mit } |\beta| \neq o,$$

sowie $\alpha = a_1 + \varepsilon a_2$, $\xi = x + \varepsilon y$ darstellen, wie man sofort verifiziert. Für $\lambda = 1$ gelangt man zur Gruppe $\mathcal{W}_4$ der winkeltreuen Ähnlichkeiten zurück.

2) Jede *winkeltreue isotrope Ähnlichkeit*, die keine Translation ist, besitzt genau einen (eigentlichen) Fixpunkt. Für einen Fixpunkt $\bar{\xi} = \xi$ folgt nämlich aus (8.15) : $\xi(1-\beta) = \alpha$, d.h. $\xi = \alpha(1-\beta)^{-1}$, falls $\beta \neq 1$ gilt. $\beta = 1$ beschreibt aber in (8.15) genau die Translationen.

3) Verlegt man den einzigen Fixpunkt einer winkeltreuen Ähnlichkeit in den Koordinatenursprung, so folgt nach 2) $\alpha = o$ und man erhält diese Transformation in der Normalform

$$(8.17) \qquad \bar{\xi} = \beta \xi.$$

Alle Transformationen (8.17) bilden eine zweigliedrige Untergruppe $\mathcal{Z}_2 \subset \mathcal{W}_4$, die Gruppe der *zentralen, winkeltreuen Ähnlichkeiten*. Die Gruppe $\mathcal{Z}_2$ enthält zwei bemerkenswerte Untergruppen: Betrachtet man zunächst alle Transformationen (8.17) mit $D(\beta)=o$, $\beta \neq o$, so bilden diese eine eingliedrige Untergruppe von (8.17), wie man mittels SATZ 1.3 sofort nachprüft. Es handelt sich um die Gruppe $\mathcal{Z}_1$ der *zentrischen Ähnlichkeiten* mit dem Koordinatenursprung als Ähnlichkeitszentrum. Wird hingegen in (8.17) $|\beta| = 1$ gesetzt, so bildet die Menge dieser Transformationen wieder eine eingliedrige Untergruppe $\sigma_1 \subset \mathcal{W}_4$, die man als Gruppe der *isotropen Scherungen* bezeichnet. Bei den Transformationen dieser Art ist nämlich die y-Achse ($R(\xi) = o$) Punktfixgerade, während alle anderen Punkte in isotroper Richtung verschoben werden. Nun zeigt man sofort den

SATZ 8.4: Jede winkeltreue isotrope Ähnlichkeit, die keine Translation ist, läßt sich als kommutatives Produkt einer zentrischen Ähnlichkeit mit einer isotropen Scherung darstellen.

Beweis:

Wegen $|\beta| \neq o$ kann β in der Form $\beta = b_1 + \epsilon b_2 = b_1(1+\epsilon \frac{b_2}{b_1}) =: b_1 \gamma$ geschrieben werden, wobei $b_1 \in \mathbb{R}$ und γ eine duale Zahl mit $R(\gamma)=1$ ist. Die Transformation (8.17) $\overline{\overline{\xi}} = b_1 \gamma \xi$ kann somit in die beiden Einzelabbildungen $\hat{\xi} = \gamma \xi$ und $\overline{\overline{\xi}} = \hat{b}_1 \xi$ zerlegt werden. Es handelt sich um eine isotrope Scherung bzw. eine zentrische Ähnlichkeit, wobei es auf die Reihenfolge in der Darstellung nicht ankommt.

Wir wenden uns jetzt der Untersuchung der Doppelzahlen zu. Sie wurden erstmals von W. CLIFFORD und zwar unter der Bezeichnung "motors" verwendet. Als Betrag $|\alpha|$ einer Doppelzahl $\alpha = a_1 + \epsilon a_2$ definiert man [34,276]:

$$(8.18a,b) \qquad (a) \quad r := |\alpha| = \pm\sqrt{a_1^2 - a_2^2} \quad \text{für} \quad |a_1| \geq |a_2| \qquad \text{bzw.}$$

$$(b) \quad r := |\alpha| = \pm\sqrt{a_2^2 - a_1^2} \quad \text{für} \quad |a_2| \leq |a_1| \, .$$

Das Vorzeichen der Wurzel wird im allgemeinen so festgelegt, daß es mit dem Vorzeichen der dem Betrage nach größeren Zahl von a_1 und a_2 übereinstimmt. Zunächst erkennt man, daß die Doppelzahlen α mit $|\alpha| = o$ genau die *Nullteiler* im Ring der Doppelzahlen sind. Aus dem Beweis von SATZ 8.1 ist nämlich bekannt, daß $\alpha = a_1 + \epsilon a_2$ genau dann Nullteiler ist, wenn $\Delta = a_1^2 - e_o\, a_2^2 = o$ gilt, d.h. im vorliegenden Fall, wenn $a_1^2 - a_2^2 = o$ ist. Etwas mühsamer ist die Herleitung einer *trigonometrischen Darstellung* für Doppelzahlen.

SATZ 8.5: Jede Doppelzahl $\alpha = a_1 + \epsilon a_2$ mit $|\alpha| \neq o$ gestattet eine trigonometrische Darstellung in der Form

$$(8.19a,b) \qquad \alpha = |\alpha| (\text{ch } \varphi + \epsilon \text{ sh } \varphi) \quad \text{bzw.} \quad \alpha = |\alpha| (\text{sh } \varphi + \epsilon \text{ ch } \varphi),$$

wobei das Argument φ durch $\text{ch } \varphi = \frac{a_1}{|\alpha|}$ bzw. $\text{ch } \varphi = \frac{a_2}{|\alpha|}$ gegeben ist und der Fall (a) für $|a_1| > |a_2|$, der Fall (b) für $|a_1| < |a_2|$ vorliegt.

Beweis:

Es sind zwei Fälle zu unterscheiden, je nachdem für die Doppelzahl $\alpha = a_1 + \epsilon a_2$, $|a_1| > |a_2|$ oder $|a_1| < |a_2|$ gilt. Für $|a_1| > |a_2|$ gilt nach (8.18a) $r = \pm\sqrt{a_1^2 - a_2^2}$, wobei $\text{sgn } r = \text{sgn } a_1$ ist. Hiermit folgt $(\frac{a_1}{r})^2 - (\frac{a_2}{r})^2 = \frac{a_1^2 - a_2^2}{a_1^2 - a_2^2} = 1$ und überdies $(\frac{a_1}{r}) \geq 1$. Man kann daher φ so bestimmen, daß ch $\varphi = \dfrac{a_1}{r}$ gilt. Dann folgt sh $\omega =$

$= \dfrac{a_2}{r}$ und (8.19a) ist gezeigt. Im Fall $|a_1| < |a_2|$ gilt nach (8.18b)

$r = \pm \sqrt{a_2^2 - a_1^2}$, wobei sgn $r =$ sgn a_2 ist. Nun gilt $(\dfrac{a_1}{r})^2 - (\dfrac{a_2}{r})^2 =$

$= \dfrac{a_2^2 - a_1^2}{a_2^2 - a_1^2} = 1$ und überdies $(\dfrac{a_2}{r}) \geq 1$. Bestimmt man φ so, daß ch $\omega =$

$= \dfrac{a_2}{r}$ wird, so folgt sh $\phi = \dfrac{a_1}{r}$ und hieraus die Darstellung (8.19b).

Die Doppelzahlen, die eine Darstellung der Bauart (8.19a) gestatten, nennt man *Doppelzahlen 1. Art*, die Doppelzahlen der Form (8.19b) heißen *Doppelzahlen 2. Art*.

Wir bestimmen noch das Analogon zu (8.5). Sind $\alpha = |\alpha|$ (ch φ_1 +
$+\varepsilon$ sh φ_1), $\beta = |\beta|$ (ch $\varphi_2 + \varepsilon$ sh φ_2) zwei Doppelzahlen 1. Art mit
$|\alpha| \neq o$, $|\beta| \neq o$, so findet man unter Ausnutzung der Additionstheoreme für die Hyperbelfunktionen: $\alpha\beta = |\alpha|\,|\beta|$ [ch φ_1 ch φ_2 +
$+ \varepsilon$ (sh φ_1 ch φ_2 + ch φ_1 sh φ_2) + sh φ_1 sh φ_2] $= |\alpha|\,|\beta|$ [ch$(\varphi_1+\varphi_2)$ +
$+ \varepsilon$ sh$(\varphi_1+\varphi_2)$]. Das Produkt zweier Doppelzahlen 1. Art ist somit
wieder eine Doppelzahl 1. Art. Ebenso rechnet man leicht nach,
daß das Produkt einer Doppelzahl 1. Art mit einer Doppelzahl 2.
Art eine Doppelzahl 2. Art ist. Das Produkt zweier Doppelzahlen
2. Art ist eine Doppelzahl 1. Art. Wir vermerken

(8.20) $\quad \alpha\beta = |\alpha|\,|\beta|$ [ch$(\varphi_1+\varphi_2)+\varepsilon$ sh$(\varphi_1+\varphi_2)$], falls α,β von gleicher
$\qquad\qquad\qquad\qquad\qquad\qquad\qquad\qquad\qquad\qquad$ Art

$\qquad\quad \alpha\beta = |\alpha|\,|\beta|$ [sh$(\varphi_1+\varphi_2)+\varepsilon$ ch$(\varphi_1+\varphi_2)$], falls α,β von ver-
$\qquad\qquad\qquad\qquad\qquad\qquad\qquad\qquad\qquad$ verschiedener Art sind.

Weitere Sätze über Doppelzahlen - speziell ein Analogon zu (8.5a) -
können in [34,279] nachgelesen werden. Speziell folgt aus (8.20)
noch, daß für Doppelzahlen, die Beziehung

(8.21) $\quad |\alpha\beta| = |\alpha|\,|\beta|$

gilt, sofern $|\alpha| \neq o$, $|\beta| \neq o$ ist.

So wie die dualen Zahlen zur Beschreibung der winkeltreuen isotropen Ähnlichkeitsgruppe herangezogen werden können, so dienen
die komplexen Zahlen bzw. die Doppelzahlen zur Beschreibung der
euklidischen bzw. pseudoeuklidischen Ähnlichkeitsgruppe. Wir
wollen in einem kleinen Exkurs etwas näher auf diese Dinge eingehen, da sie deutlich die Position der isotropen Geometrie als
Grenzfall der euklidischen bzw. pseudoeuklidischen Geometrie dokumentieren.

a) Konstruktion der euklidischen Geometrie im Rahmen der projektiven Geometrie:

Wir gehen von der projektiven Ebene P_2 aus, in der wir eine projektive Gerade f und auf ihr zwei konjugiert-komplexe Punkte F_1,
F_2 als *Absolutfigur* einer Cayley-Kleinschen Geometrie auszeichnen.

Definition 8.2: Die Gruppe der projektiven Automorphien des Absolutgebildes $\{f,F_1,F_2\}$ heißt *allgemeine euklidische Ähnlichkeitsgruppe* $\mathcal{G}_4$. Wird $E_2 := P_2 \setminus f$ gesetzt, dann heißt die Geometrie
$(E_2, \mathcal{G}_4)$ die *allgemeine euklidische Ähnlichkeitsgeometrie*.

SATZ 8.6: In einem geeigneten affinen Koordinatensystem läßt sich
die allgemeine euklidische Ähnlichkeitsgruppe $\mathcal{G}_4$ in der Form

$$(8.22) \qquad \begin{cases} \bar{x} = a_{1o} + p(x \cos \varphi - y \sin \varphi) \\ \bar{y} = a_{2o} + p(\pm x \sin \varphi \; \pm y \cos \varphi) \end{cases} \quad , \quad p > o$$

darstellen. Die Gruppe (8.22) enthält die *gleichsinnigen Ähnlichkeiten*

$$(8.22a) \qquad \begin{cases} \bar{x} = a_{1o} + p(x \cos \varphi - y \sin \varphi) \\ \bar{y} = a_{2o} + p(x \sin \varphi + y \cos \varphi) \end{cases} \quad , \quad p > o,$$

die für sich eine Gruppe $\mathcal{G}_4^+$ bilden und geometrisch dadurch gekennzeichnet sind, daß die absoluten Punkte F_1, F_2 bei den projektiven Automorphismen von $\{f,F_1,F_2\}$ einzeln fest bleiben. Bei
den *ungleichsinnigen Ähnlichkeiten*

$$(8.22b) \qquad \begin{cases} \bar{x} = a_{1o} + p(x \cos \varphi - y \sin \varphi) \\ \bar{y} = a_{2o} + p(-x \sin \varphi \; - y \cos \varphi) \end{cases} \quad , \quad p > o$$

werden die absoluten Punkte F_1, F_2 untereinander vertauscht; diese
Transformationen bilden keine Gruppe.

Beweis:
Wir wählen in P_2 ein projektives Koordinatensystem so, daß f durch
$x_o = o$ und F_1, F_2 durch $F_1(o:1:i)$, $F_2(o:1:-i)$ beschrieben werden.
f wird somit als Ferngerade der projektiv abgeschlossenen affinen
Ebene A_2 gewählt. Ausgehend von den Projektivitäten (2.4) findet
man dann wie im Beweis von SATZ 2.1, daß in (2.4) $\alpha_{o1} = \alpha_{o2} = o$
gilt. Damit vereinfacht sich (2.4) zu

$$(8.23) \quad \begin{cases} \rho \bar{x}_0 = \alpha_{00} \, x_0 \\[4pt] \rho \bar{x}_1 = \alpha_{10} \, x_0 + \alpha_{11} \, x_1 + \alpha_{12} \, x_2 \\[4pt] \rho \bar{x}_2 = \alpha_{20} \, x_0 + \alpha_{21} \, x_1 + \alpha_{22} \, x_2 \; . \end{cases}$$

Nun sind zwei Unterfälle zu diskutieren, da bei den automorphen Projektivitäten von $\{f, F_1, F_2\}$ entweder $F_1 \leftrightarrow F_1$, $F_2 \leftrightarrow F_2$ (a) oder $F_1 \leftrightarrow F_2$ (b) gelten kann.

Fall a: Bleiben F_1 und F_2 einzeln fest, so folgen aus (8.23) die Bedingungen $\rho = \alpha_{11} + i\,\alpha_{12}$, $i\rho = \alpha_{21} + i\,\alpha_{22}$, d.h. $\alpha_{21} + i\,\alpha_{22} = i\,\alpha_{11} - \alpha_{12} \Rightarrow \alpha_{21} + \alpha_{12} + i(\alpha_{22} - \alpha_{11}) = 0$. Analog findet man $\alpha_{21} + \alpha_{12} - i(\alpha_{22} - \alpha_{11}) = 0$ und aus beiden Bedingungen somit $\alpha_{21} = -\alpha_{12}$, $\alpha_{11} = \alpha_{22}$. Hieraus folgt, wenn man in (8.23) zu affinen Koordinaten übergeht

$$(8.24) \quad \begin{cases} \bar{x} = a_{10} + a_{11}x + a_{12}y \\[4pt] \bar{y} = a_{20} - a_{12}y + a_{11}y \end{cases} ,$$

wobei $\dfrac{\alpha_{10}}{\alpha_{00}} =: a_{10}$, $\dfrac{\alpha_{11}}{\alpha_{00}} =: a_{11}$, $\dfrac{\alpha_{12}}{\alpha_{00}} =: a_{12}$ und $\dfrac{\alpha_{20}}{\alpha_{00}} =: a_{20}$ gesetzt

wurde. Wegen $\begin{vmatrix} a_{11} & a_{12} \\ -a_{12} & a_{11} \end{vmatrix} = a_{11}^2 + a_{12}^2 > 0$ sind die Affinitäten

(8.24) gleichsinnig. Zur Darstellung (8.22a) gelangt man schließlich, wenn man $a_{11} = p \cos \varphi$, $a_{12} = -p \sin \varphi$ setzt, wodurch über

$p = \sqrt[+]{a_{11}^2 + a_{12}^2} > 0$, $\sin \varphi = -\dfrac{a_{12}}{p}$ *neue Gruppenparameter* p, φ

eingeführt werden. Daß die Transformationen (8.22a) eine Untergruppe von $\mathcal{G}_4$ bilden, folgt mit dem SATZ 1.3 durch Nachrechnen von I) und II).

Fall b: Werden die Punkte F_1 und F_2 vertauscht, so findet man wie unter a) die Bedingungen $\alpha_{12} - \alpha_{21} - i(\alpha_{11} + \alpha_{22}) = 0$, $\alpha_{12} - \alpha_{21} + i(\alpha_{11} + \alpha_{22}) = 0$, aus denen $\alpha_{12} = \alpha_{21}$, $\alpha_{11} = -\alpha_{22}$ fließt. Hieraus folgt, wenn man in (8.23) zu affinen Koordinaten übergeht und dieselben Abkürzungen wie unter a) benützt

$$(8.25) \quad \begin{cases} \bar{x} = a_{10} + a_{11}x + a_{12}y \\[4pt] \bar{y} = a_{20} + a_{12}x - a_{11}y \; . \end{cases}$$

Diese Affinitäten sind ungleichsinnig, wegen $\begin{vmatrix} a_{11} & a_{12} \\ a_{12} & -a_{11} \end{vmatrix} = -a_{11}^2 -$

- $a_{12}^2 < 0$. Zur Darstellung (8.22b) gelangt man, wenn man in (8.25) $a_{11} = p \cos \varphi$, $a_{12} = -p \sin \varphi$ setzt. Diese Transformationen bilden für sich keine Gruppe, denn (8.25) enthält nicht die identische Abbildung $\{\bar{x} = x, \bar{y} = y\}$. Bildet man die Vereinigungsmenge aus den Transformationen (8.22a) und (8.22b), so erhält man die viergliedrige Gruppe (8.22).

Folgerungen:

1) Die Gruppe $\mathcal{G}_4$ wird oft als *euklidische Hauptgruppe* bezeichnet. In der Sprache der topologischen Gruppen kann man sagen, daß die Gruppe $\mathcal{G}_4$ aus den beiden Komponenten (8.22a) und (8.22b) besteht. Die Untergruppe $\mathcal{G}_4^+ \subset \mathcal{G}_4$ definiert die gleichsinnige euklidische Ähnlichkeitsgeometrie $\{E_2, \mathcal{G}_4^+\}$.

2) Wird in (8.22a) $p = 1$ gesetzt, so entstehen die Transformationen

$$(8.26) \qquad \begin{cases} \bar{x} = a_{1o} + x \cos \varphi - y \sin \varphi \\ \bar{y} = a_{2o} + x \sin \varphi + y \cos \varphi \end{cases},$$

die ebenfalls eine Untergruppe von $\mathcal{G}_4$ bilden, wie man mittels SATZ 1.3 schnell nachprüft. Die dreigliedrige Gruppe (8.26) heißt *euklidische Bewegungsgruppe* und wird mit $\mathcal{L}_3^E$ bezeichnet. Sie definiert die *euklidische Bewegungsgeometrie* $\{E_2, \mathcal{L}_3^E\}$.

3) Wir betrachten noch die euklidischen Bewegungen mit einem Fixpunkt M. Wird M(o,o) gewählt, so folgt in (8.26) $a_{1o} = a_{2o} = o$ und man erhält die eingliedrige *euklidische Drehungsgruppe*

$$(8.27) \qquad \begin{cases} \bar{x} = x \cos \varphi - y \sin \varphi \\ \bar{y} = x \sin \varphi + y \cos \varphi . \end{cases}$$

Jeder Punkt $P \neq M$ beschreibt bei Anwendung von (8.27) als Bahnkurve dieser Gruppe einen euklidischen Kreis mit Mittelpunkt M und Radius $\overline{MP}$.

SATZ 8.7: Unter Verwendung komplexer Zahlen läßt sich die Gruppe $\mathcal{G}_4^+$ der gleichsinnigen euklidischen Ähnlichkeiten in der Form

$$(8.28) \qquad \bar{\xi} = \alpha + \beta \xi \qquad \text{mit} \qquad |\beta| > 0$$

schreiben, wobei $\bar{\xi} = \bar{x} + i\bar{y}$, $\alpha = a_1 + ia_2$, $\beta = b_1 + ib_2$, $\xi = x + iy$ komplexe Zahlen bezeichnen. Die euklidische Bewegungsgruppe $\mathcal{L}_3^E$ läßt sich durch (8.28) mit $|\beta| = 1$ darstellen.

Beweis:

Aus $\bar{x}+i\bar{y} = a_1+ia_2 + (b_1+ib_2)(x+iy) = a_1+b_1x-b_2y+i(a_2+b_2x+b_1)$
folgt durch Vergleich von Real- und Imaginärteil $\{\bar{x} = a_1+bx_1-b_2y,$
$\bar{y} = a_2+b_2x+b_1\}$, d.h. (8.24), wenn $a_1=a_{10}$, $b_1=a_{11}$, $-b_2=a_{12}$, und
$a_2=a_{20}$ gesetzt wird. Hierbei gilt $a_{11}^2 + a_{12}^2 = b_1^2 + b_2^2 = |\beta| > o$.
Speziell für euklidische Bewegungen gilt $a_{11}^2 + a_{12}^2 = p^2 = 1$, d.h.
$|\beta| = 1$. ◆

Komplexe Zahlen sind vorzüglich zur Beschreibung der ebenen euklidischen Geometrie geeignet. Eine umfassende Darstellung findet
man in der Monographie von H. SCHWERDTFEGER [93]. Wir skizzieren
nur kurz, wie man die *Kreisgeometrie* in E_2 entwickeln kann.

Definition 8.3: Unter einem *Kreis* der euklidischen Ebene E_2 versteht man eine reguläre Kurve 2. Ordnung in $E_2 \subset P_2$, die F_1 und
F_2 enthält.

Folgerungen:

1) Wird eine reguläre Kurve 2. Ordnung c in P_2 in der Form $\alpha_{oo}x_o^2+$
$+ \alpha_{11}x_1^2 + \alpha_{22}x_2^2 + 2\alpha_{01}x_ox_1 + 2\alpha_{02}x_ox_2 + 2\alpha_{12}x_1x_2 = o$ (*) mit
$\alpha_{ij} \in \mathbb{R}$ angesetzt, so folgt aus $F_1(o:1:i)$, $F_2(o:1:-i)| \in c$:
$\alpha_{11} - \alpha_{22} + 2\alpha_{12}i = o$, $\alpha_{11} - \alpha_{22} - 2\alpha_{12}i = o$, d.h. $\alpha_{11} = \alpha_{22}$,
$\alpha_{12} = o$. Hiermit vereinfacht sich (*) zu $\alpha_{11}(x_1^2+x_2^2) + 2\alpha_{01}x_ox_1+$
$+ 2\alpha_{02}x_ox_2 + \alpha_{oo}x_o^2 = o$. Hierbei ist $\alpha_{11} \neq o$ sonst wäre c re-
duzibel, d.h. nicht regulär. Geht man zu affinen Koordinaten
$\{x,y\}$ über und setzt man $\alpha := \dfrac{\alpha_{o1}}{\alpha_{11}}$, $\beta := \dfrac{\alpha_{o2}}{\alpha_{11}}$, $\gamma := \dfrac{\alpha_{oo}}{\alpha_{11}}$, so
folgt $x^2+y^2+2\alpha x+2\beta y+\gamma = o$. Die Menge der *euklidischen Kreise*
hängt somit von 3 Parametern ab.

2) Um die Kreise $x^2+y^2+2\alpha x+2\beta y+\gamma = o$ näher zu klassifizieren, wenden wir auf diese Gleichung die Translation $\{\bar{x} = x+\alpha, \bar{y} = y+\beta\}$,
d.h. eine spezielle Bewegung an. Dadurch entsteht $\bar{x}^2 + \bar{y}^2 =$
$= c_o^2$ (**) mit $c_o^2:= \alpha^2 + \beta^2 - \gamma$. Für $c_o^2 > o$ liegt der elementare
Kreisbegriff vor. Für $c_o^2 < o$ enthält (**) keinen einzigen re-
ellen Punkt; dieses Gebilde bezeichnet man als *nullteiligen
Kreis*. Für $c_o = o$ liegt keine reguläre Kurve 2. Ordnung vor.
Die Größe $\sqrt{\alpha^2+\beta^2-\gamma}$ ist invariant gegenüber Transformationen
(8.26) und heißt *Kreisradius*.

3) Wir beweisen noch, daß sich jeder Kreis der euklidischen Ebene
   in der Gestalt

(8.29) $A z \tilde{z} + B z - \tilde{B} \tilde{z} + C = o$ mit $R(A)=o$, $R(C)=o$, $A \neq o$, $B\tilde{B}+AC \neq o$

darstellen läßt, wobei A, B, C, z komplexe Zahlen bezeichnen. Mit
$A = ia_2$ $(a_2 \neq o)$, $C = ic_2$, $z = x+iy$, $B = b_1+ib_2$, $\tilde{B} = b_1-ib_2$ folgt
nämlich: $A(x^2+y^2) + x(B-\tilde{B}) + iy(B+\tilde{B}) + C = o \Rightarrow ia_2(x^2+y^2) +$
$+ 2ib_2 x + 2ib_1 y + ic_2 = o \Rightarrow (x^2+y^2) + 2\frac{b_2}{a_2}x + 2\frac{b_1}{a_2}y + \frac{c_2}{a_2} = o$. Die
Bedingung $B\tilde{B} + AC \neq o$, d.h. $b_1^2 + b_2^2 - a_2 c_2 \neq o$ garantiert, daß
ein einteiliger bzw. nullteiliger Kreis vorliegt.

4) Die Punkte $F_1(o:1:i)$ und $F_2(o:1:-i)$, durch die alle euklidischen Kreise hindurchgehen, bezeichnet man oft als *absolute*
   Kreispunkte. Geraden durch F_1 bzw. F_2 bezeichnet man als *iso-*
   trope Geraden. Zum Unterschied von der isotropen Ebene sind
   die isotropen Geraden hier stets komplex; sie werden in affinen
   Koordinaten durch $y = \pm ix + c$ festgelegt.

5) Sind $A=(a_1, a_2)$, $B=(b_1, b_2)$ zwei reelle Punkte in E_2, so kann
   man durch

(8.30) $d(A,B) := \sqrt[+]{(b_1-a_1)^2 + (b_2-a_2)^2}$

ihren *euklidischen Abstand* definieren. Eine einfache Rechnung
zeigt, daß $d(A,B)$ eine Invariante gegenüber euklidischen Bewegungen (8.26) ist, wodurch diese Definition erst motiviert
wird. Wird einem Punkt $P(x,y)$ bezüglich des Koordinatenursprungs $O(o,o)$ eine komplexe Zahl $\alpha = x+iy$ zugewiesen, so gilt
nach (8.3)

(8.31) $d(O,P) = \sqrt[+]{\alpha \tilde{\alpha}} = |\alpha|$.

Für zwei Punkte $A(a_1, \pm ia_1 + c)$, $B(b_1, \pm ib_1 + c)$ auf einer
isotropen Geraden wird der Abstand (8.30) stets Null, denn
$d^2 = (b_1-a_1)^2 + (\pm ib_1 \mp ia_1)^2 = o$. Aus diesem Grunde werden
die isotropen Geraden oft als *Minimalgeraden* bezeichnet. Diese
Überlegungen zeigen, daß die isotropen Geraden der euklidischen Ebene das Analogon zu den isotropen Geraden in I_2 sind.

<u>b) Konstruktion der pseudoeuklidischen Geometrie im Rahmen der
projektiven Geometrie:</u>

Analog wie unter a) gehen wir von der projektiven Ebene P_2 aus

und zeichnen in P_2 eine projektive Gerade f und auf ihr 2 verschiedene, reelle Punkte F_1, F_2 als *Absolutfigur* einer Cayley-
Kleinschen Geometrie aus.

<u>Definition 8.4</u>: Die Gruppe der projektiven Automorphien des Ab-
solutgebildes $\{f, F_1, F_2\}$ heißt *allgemeine pseudoeuklidische Ähn-*
lichkeitsgruppe $\hat{\mathcal{G}}_4$. Wird $\hat{E}_2 = P_2 \setminus f$ gesetzt, dann heißt die
Geometrie $(\hat{E}_2, \hat{\mathcal{G}}_4)$ die *allgemeine pseudoeuklidische Ähnlichkeits-*
geometrie.

Ein Vergleich dieser Definition mit der Definition 8.2 zeigt, daß
sich das Absolutgebilde der pseudoeuklidischen Ähnlichkeitsgeometrie vom Absolutgebilde der euklidischen Ähnlichkeitsgeometrie
nur durch die *Realitätsverhältnisse* unterscheidet. Dem zufolge
werden beim Aufbau der beiden Geometrien weitgehende Analogien
(bis auf die Realitätsverhältnisse) zu erwarten sein.

<u>SATZ 8.8</u>: In einem geeigneten affinen Koordinatensystem läßt sich
die allgemeine pseudoeuklidische Ähnlichkeitsgruppe $\hat{\mathcal{G}}_4$ in der
Form

$$(8.32) \qquad \begin{cases} \bar{x} = a_{10} + a_{11}x + a_{12}y \\ \bar{y} = a_{20} \pm a_{12}x \pm a_{11}y \end{cases}$$

darstellen. Die Gruppe (8.32) enthält die *eigentlichen pseudoeu-*
klidischen Ähnlichkeiten

$$(8.32a) \qquad \begin{cases} \bar{x} = a_{10} + p(x \, \mathrm{ch} \, \varphi + y \, \mathrm{sh} \, \varphi) \\ \bar{y} = a_{20} + p(x \, \mathrm{sh} \, \varphi + y \, \mathrm{ch} \, \varphi) \end{cases} \qquad , \qquad p > 0,$$

die für sich eine Gruppe $\hat{\mathcal{G}}_4^+$ bilden und geometrisch dadurch gekennzeichnet sind, daß sie die absoluten Punkte F_1, F_2 einzeln
festlassen und gleichsinnige Affinitäten sind. Die *drei* verbleibenden Typen *uneigentlicher pseudoeuklidischer Ähnlichkeiten* bilden keine Gruppen.

<u>Beweis:</u>

Wählt man ein projektives Koordinatensystem so, daß f durch $x_0 = 0$
und F_1, F_2 durch $F_1(0:1:0)$ bzw. $F_2(0:-1:0)$ beschrieben werden, so
besitzen gemäß dem Beweis von SATZ 8.6 die projektiven Automorphismen von $\{f, F_1, F_2\}$ notwendig die Bauart (8.23). Je nachdem nun
$F_1 \longleftrightarrow F_1$, $F_2 \longleftrightarrow F_2$ (a) oder $F_1 \longleftrightarrow F_2$ (b) gilt, sind 2 Unterfälle ge-

sondert zu diskutieren.

<u>Fall a:</u> Bleiben F_1 und F_2 einzeln fest, so findet man aus (8.23) $\alpha_{11}=\alpha_{22}$, $\alpha_{12}=\alpha_{21}$ und nach Übergang zu affinen Koordinaten lauten die gesuchten Transformationen

$$(8.33) \qquad \begin{cases} \bar{x} = a_{1o} + a_{11}x + a_{12}y \\ \bar{y} = a_{2o} + a_{12}x + a_{11}y \ . \end{cases}$$

Für die Determinante D dieser Affinität gilt $D = \begin{vmatrix} a_{11} & a_{12} \\ a_{12} & a_{11} \end{vmatrix} = a_{11}^2 - a_{12}^2$, d.h. es kann $D > o$ oder $D < o$ gelten. Soll eine Gruppe vorliegen, so muß die Identität ($a_{11}=1$, $a_{12}=o$) zur Transformationsschar gehören. Die Transformationen (8.33) bilden daher nur dann für sich eine Gruppe, wenn $D > o$ gilt, denn zur Identität gehört $D= 1 > o$. Ausgehend von (8.33) kann man in diesem Fall über $a_{11} = p$ ch φ, $p > o$, $a_{12} = p$ sh φ *neue Parameter* einführen, denn diese sind über $D = a_{11}^2 - a_{12}^2 = p^2(\text{ch}^2\varphi-\text{sh}^2\varphi) = p^2$, wegen $D > o$ reell bestimmt. Hiermit folgt (8.32a). Für $D < o$ gelangt man, wenn $a_{11} = p$ sh φ, $p > o$, $a_{12} = p$ ch φ gesetzt wird, zur Transformationsschar

$$(8.32b) \qquad \begin{cases} \bar{x} = a_{1o} + p(x \text{ sh } \varphi + y \text{ ch } \varphi) \\ \bar{y} = a_{2o} + p(x \text{ ch } \varphi + y \text{ sh } \varphi) \end{cases} , \qquad p > o,$$

die keine Gruppe bildet.

<u>Fall b:</u> Werden die Punkte F_1 und F_2 vertauscht, so findet man aus (8.23) $\alpha_{11}=-\alpha_{22}$, $\alpha_{12}=-\alpha_{21}$, und nach Übergang zu affinen Koordinaten lauten die gesuchten Transformationen

$$(8.34) \qquad \begin{cases} \bar{x} = a_{1o} + a_{11}x + a_{12}y \\ \bar{y} = a_{2o} - a_{12}x - a_{11}y \ . \end{cases}$$

Die Determinante $D = -a_{11}^2 + a_{12}^2$ dieser Affinität kann wieder $>o$ oder $<o$ sein. Die identische Abbildung gehört jedoch nicht zu (8.34), so daß diese Transformationen für sich keine Gruppe bilden. Im Fall $D > o$ kann man setzen $a_{11} = p$ sh φ, $a_{12} = p$ ch φ, $p > o$ und erhält die Schar

$$(8.32c) \qquad \begin{cases} \bar{x} = a_{1o} + p(x \text{ sh } \varphi + y \text{ ch } \varphi) \\ \bar{y} = a_{2o} + p(-x \text{ ch } \varphi - y \text{ sh } \varphi) \end{cases} , \qquad p > o,$$

während sich im Fall $D < o$ über $a_{11} = p$ ch φ, $a_{12} = p$ sh φ, $p>o$

die Transformationsschar

$$(8.32d) \quad \begin{cases} \bar{x} = a_{1o} + p(x\,\mathrm{ch}\,\varphi + y\,\mathrm{sh}\,\varphi) \\ \bar{y} = a_{2o} + p(-x\,\mathrm{sh}\,\varphi - y\,\mathrm{ch}\,\varphi) \end{cases} \quad , \quad p > o$$

einstellt. Die Transformationsscharen (8.32b) - (8.32d) bilden keine Gruppen. ◆

Folgerungen:

1) Die Gruppe $\hat{\mathcal{G}}_4$ besitzt die vier Komponenten (8.32b) - (8.32d). Die Untergruppe $\hat{\mathcal{G}}_4^+$ definiert die *eigentliche pseudoeuklidische Ähnlichkeitsgeometrie* $\{\hat{E}_2, \hat{\mathcal{G}}_4^+\}$.

2) Wird in (8.32a) $p = 1$ gesetzt, so erhält man eine dreigliedrige Untergruppe von $\hat{\mathcal{G}}_4^+$, was man mittels SATZ 1.3 nachprüfen kann. Diese Untergruppe

$$(8.35) \quad \begin{cases} \bar{x} = a_{1o} + x\,\mathrm{ch}\,\varphi + y\,\mathrm{sh}\,\varphi \\ \bar{y} = a_{2o} + x\,\mathrm{sh}\,\varphi + y\,\mathrm{ch}\,\varphi \end{cases}$$

heißt die *pseudoeuklidische Bewegungsgruppe* $\hat{\mathcal{L}}_3^E$. Die Geometrie $\{\hat{E}_2, \hat{\mathcal{L}}_3^E\}$ heißt *pseudoeuklidische Bewegungsgeometrie*.

3) Die pseudoeuklidischen Bewegungen mit einem Fixpunkt M, den wir o.B.d.A. als M(o,o) annehmen dürfen, schreiben sich in der Form

$$(8.36) \quad \begin{cases} \bar{x} = x\,\mathrm{ch}\,\varphi + y\,\mathrm{sh}\,\varphi \\ \bar{y} = x\,\mathrm{sh}\,\varphi + y\,\mathrm{ch}\,\varphi \ . \end{cases}$$

Diese eingliedrige Gruppe heißt *pseudoeuklidische Drehungsgruppe*. Jeder Punkt $P(x_o, y_o) \neq M$, festgelegt durch $\alpha = x_o + \varepsilon y_o$ mit $|\alpha| \neq o$, wobei α eine Doppelzahl ist, beschreibt bei einer Drehung (8.36) eine gleichseitige Hyperbel mit den Geraden $y = \pm x$ als Asymptoten. Aus (8.26) folgt nämlich als Bahnkurve des Punktes $P(x_o, y_o)$: $\bar{x}^2 - \bar{y}^2 = x_o^2 - y_o^2 \neq o$.

Figur 45 zeigt die Bahnkurven von Punkten bei einer pseudoeuklidischen Drehung.
Die Bedeutung der Doppelzahlen zeigt der

SATZ 8.9: Unter Verwendung von Doppelzahlen läßt sich die Gruppe $\hat{\mathcal{G}}_4^+$ der eigentlichen pseudoeuklidischen Ähnlichkeiten in der Form

(8.37) $\quad \bar{\xi} = \alpha + \beta \xi$

schreiben, wobei β eine Doppelzahl 1. Art bezeichnet. Speziell für $|\beta| = 1$ erhält man die pseudoeuklidische Bewegungsgruppe.

Beweis:

Mit $\bar{\xi} = \bar{x} + \varepsilon \bar{y}$, $\alpha = a_1 + \varepsilon a_2$, $\xi = x + \varepsilon y$, $\beta = |\beta|$ (ch φ + ε sh φ) erhält man aus (8.37): $\bar{x} + \varepsilon \bar{y} = a_1 + |\beta|$ x ch φ + $|\beta|$ y sh φ + $\varepsilon[a_2 + |\beta|$ x sh φ + $|\beta|$ y ch $\varphi]$.

Durch einen Vergleich von Real- und Imaginärteil folgt mittels (8.32a) die erste Aussage. Speziell für $p = |\beta| = 1$ stellen sich die pseudoeuklidischen Bewegungen (8.35) ein. ◆

Ein Vergleich von (8.15) mit (8.28) und (8.37) zeigt, daß sich die Gruppe $\mathcal{M}_4$ der isotropen winkeltreuen Ähnlichkeiten, die Gruppe $\mathcal{G}_4^+$ der gleichsinnigen euklidischen Ähnlichkeiten und die Gruppe $\hat{\mathcal{G}}_4^+$ der eigentlichen pseudoeuklidischen Ähnlichkeiten formal gleich beschreiben lassen, wobei in den Darstellungen der Reihe nach duale Zahlen, komplexe Zahlen und Doppelzahlen verwendet werden. Dieser Vergleich zeigt, daß sich die genannten Gruppen in den drei Geometrien entsprechen. Dasselbe gilt für die isotrope Bewegungsgruppe $\mathcal{L}_3$ und die euklidische bzw. pseudoeuklidische Bewegungsgruppe $\mathcal{L}_3^E$ bzw. $\hat{\mathcal{L}}_3^E$. Wir werden i.f. noch weitere Analogien sehen.

Definition 8.5: Unter einem *Kreis der pseudoeuklidischen Ebene* $\hat{E}_2$ versteht man eine reguläre Kurve 2. Ordnung in $\hat{E}_2 \subset P_2$, die F_1 und F_2 enthält.

Folgerungen:

1) Wie im euklidischen Fall zeigt man, daß die Menge aller pseudoeuklidischen Kreise in $\hat{E}_2$ in der Form $x^2 - y^2 + 2\alpha x + 2\beta y + \gamma = o$ dargestellt werden kann; die Menge der pseudoeuklidischen

Kreise hängt demnach von 3 Parametern ab.

2) Um die pseudoeuklidischen Kreise $x^2-y^2+2\alpha x+2\beta y+\gamma = o$ näher zu klassifizieren, wenden wir auf diese Gleichung die Translation $\{\bar{x} = x+\alpha,\ \bar{y} = y-\beta\}$, d.h. eine spezielle pseudoeuklidische Bewegung an. Dadurch entsteht $\bar{x}^2 - \bar{y}^2 = \gamma_o$ mit $\gamma_o := \alpha^2-\beta^2-\gamma$. Für $\gamma_o=o$ liegen die beiden Geraden $\bar{y}= \pm\bar{x}$ vor, d.h. kein pseudoeuklidischer Kreis gemäß Definition 8.5. Für $\gamma_o \neq o$ erhält man - euklidisch betrachtet - *gleichseitige Hyperbeln* mit den Geraden $\bar{y}= \pm\bar{x}$ als Asymptoten. Diese besitzen für $\gamma_o>o$ die x-Achse als reelle Achse; für $\gamma_o<o$ ist die y-Achse die reelle Achse (vgl. Figur 45). Die Bahnkurve jedes Punktes P - der nicht auf den Geraden $\bar{y}= \pm\bar{x}$ liegt - bei der pseudoeuklidischen Drehungsgruppe (8.36) ist somit ein pseudoeuklidischer Kreis.

3) Wir beweisen noch, daß sich jeder pseudoeuklidische Kreis der pseudoeuklidischen Ebene $\hat{E}_2$ in der Form

$$(8.38) \quad Az\tilde{z}+Bz-\tilde{B}\tilde{z}+C = o \quad \text{mit } R(A)=o,\ R(C)=o,\ A \neq o,\ B\tilde{B}+AC \neq o$$

darstellen läßt, wobei A,B,C,z Doppelzahlen bezeichnen. Mit $A=\varepsilon a_2$, $(a_2\neq o)$, $C=\varepsilon c_2$, $z=x+\varepsilon y$, $B=b_1+\varepsilon b_2$, $\tilde{B}=b_1-\varepsilon b_2$ findet man nämlich $\varepsilon a_2(x^2-y^2) + 2\varepsilon b_2 x + 2\varepsilon b_1 y + \varepsilon c_2 = o \Rightarrow (x^2-y^2) + 2\dfrac{b_2}{a_2} x + 2\dfrac{b_1}{a_2} y + \dfrac{c_2}{a_2} = o$. Die Bedingung $B\tilde{B}+AC \neq o$, d.h. $b_1^2 - b_2^2 + a_2 c_2 \neq o$ garantiert, daß ein pseudoeuklidischer Kreis im Sinne von Definition 8.5 (und kein Geradenpaar) vorliegt.

4) Die Punkte $F_1(o:1:1)$ und $F_2(o:1:-1)$, durch die alle pseudoeuklidischen Kreise hindurchgehen, bezeichnet man oft als *absolute Kreispunkte* der pseudoeuklidischen Geometrie. Geraden durch F_1 bzw. F_2 nennt man *isotrope Geraden*. Sie werden durch $y= \pm x+c$ festgelegt und bilden demnach 2 reelle Geradenscharen in $\hat{E}_2$.

5) Sind $A=(a_1,a_2)$, $B=(b_1,b_2)$ zwei reelle Punkte in $\hat{E}_2$, so definiert man ihren *pseudoeuklidischen Abstand* $d(A,B)$ wie folgt:

$$(8.39a,b) \quad \text{(a)}\ d(A,B) = \pm \sqrt{(b_1-a_1)^2-(b_2-a_2)^2} \quad \text{für } |b_1-a_1| \geq |b_2-a_2|$$

$$\text{(b)}\ d(A,B) = \pm \sqrt{(b_2-a_2)^2-(b_1-a_1)^2} \quad \text{für } |b_2-a_2| \geq |b_1-a_1|.$$

Das Vorzeichen der Wurzel wird hierbei so festgelegt, daß es mit dem Vorzeichen der dem Betrage nach größeren Zahl von (b_1-a_1) und (b_2-a_2) übereinstimmt. Eine einfache Rechnung zeigt, daß $d(A,B)$ eine Invariante gegenüber pseudoeuklidischen Bewegungen (8.35) ist. Wird einem Punkt $P(x,y)$ bezüglich des Koordinatenursprungs $O(o,o)$ die Doppelzahl $\alpha=x+\varepsilon y$ zugewiesen, so zeigt ein Vergleich von (8.39a,b) mit (8.18a,b) daß

(8.40) $d(O,P) = |\alpha|$

gilt. Der Abstand $d(A,B)$ zweier Punkte A,B auf einer isotropen Geraden $y= \pm x+c$ ist wieder stets Null, wie man sofort nachrechnet. Wir fassen zusammen und beweisen ergänzend den

<u>SATZ 8.10</u>: Die Länge eines Vektors $\mathfrak{w}(v_1,v_2)$ ist in der euklidischen, pseudoeuklidischen bzw. isotropen Ebene einheitlich durch $|\mathfrak{w}|=|\alpha|$ gegeben, wenn $\alpha = v_1+\varepsilon v_2$ der Reihe nach eine komplexe Zahl, eine Doppelzahl bzw. eine duale Zahl mit $|\alpha|\neq o$ bezeichnet. Die Kreise der euklidischen, pseudoeuklidischen bzw. isotropen Ebene sind einheitlich durch (8.38) gegeben, wobei diese Gleichung entsprechend der vorliegenden Maßbestimmung in komplexen Zahlen, in Doppelzahlen bzw. in dualen Zahlen zu interpretieren ist.

<u>Beweis:</u>
Die erste Aussage folgt aus den Formeln (8.31), (8.40) und (8.12). Zum Beweis der zweiten Aussage ist nur mehr nachzutragen, daß die Darstellung (8.37) auch für Kreise der isotropen Ebene gilt, wobei man in (8.37) duale Zahlen benützt. Nun gilt aber mit $A=\varepsilon a_2$ ($a_2\neq o$), $C=\varepsilon c_2$, $z=x+\varepsilon y$, $B=b_1+\varepsilon b_2$, $\tilde{B}=b_1-\varepsilon b_2$: $\varepsilon a_2 x^2+2\varepsilon b_2 x+2\varepsilon b_1 y+$ $+\varepsilon c_2=o \Rightarrow a_2 x^2+2b_2 x+2b_1 y+c_2=o$, wobei $B\tilde{B}+AC = b_1^2 \neq o$ gilt. Wegen $a_2\neq o$ liegt somit ein isotroper Kreis (3.1) vor.

Die ebene pseudoeuklidische Geometrie, einschließlich n-dimensionaler Verallgemeinerungen wird ausführlich dargestellt bei B.A. ROSENFELD [83,517f]. Unter geometrisch-konstruktiven Gesichtspunkten wird die pseudoeuklidische Geometrie in der Monographie von E. MÜLLER [62] betrachtet, wobei sie als *C-Geometrie* bezeichnet wird. Einige neue Resultate zur ebenen pseudoeuklidischen Geometrie gibt H. SCHAAL in [89] an. Eine umfassende und saubere Darstellung der ganzen Thematik wird in [37] gegeben. Der Kalkül mit dualen Zahlen erweist sich als besonders vorteilhaft, wenn man in der isotropen Ebene verschiedene *Kreisgeometrien* studieren will. Die Möbiusgeometrie der isotropen Ebene wurde von U. GRAF in [23], von H. BRAUNER in [13] und von S.

GRÜNER in [27] bzw. [28] unter differentialgeometrischen Aspekten studiert. Mit der Laguerreschen und Lieschen isotropen Kreisgeometrie befassen sich die Arbeiten [23], und [13]. Wir beschränken uns hier darauf, gemäß [99,349] die *involutorischen Möbius-Transformationen* in I_2 zu bestimmen und zu beschreiben!

<u>Definition 8.6</u>: Unter der Gruppe $\mathfrak{M}_7$ der *allgemeinen isotropen Möbiusschen Kreistransformationen* versteht man die Abbildungen

$$(8.41) \qquad x' + \varepsilon k y' = \frac{\alpha z + \beta}{\gamma z + \delta}$$

mit $k \neq o \in \mathbb{R}$ und dualen Zahlen $\alpha = \alpha_1 + \varepsilon \alpha_2$, $\beta = \beta_1 + \varepsilon \beta_2$, $\gamma = \gamma_1 + \varepsilon \gamma_2$, $\delta = \delta_1 + \varepsilon \delta_2$, $z = x + \varepsilon y$, wobei

$$(8.41a) \qquad \begin{vmatrix} \alpha_1 & \beta_1 \\ \gamma_1 & \delta_1 \end{vmatrix} \neq o$$

gilt. Die Transformationen (8.41) mit $k=1$ heißen *eigentliche Möbius-Transformationen*, die Abbildungen (8.41) mit $k=-1$ heißen *uneigentliche Möbius-Transformationen*.

1) Man bestätigt leicht, daß die Abbildungen (8.41) eine Gruppe bilden. Da man durch Division in (8.41) rechts eine duale Zahl zu 1 normieren kann, kommen in (8.41) genau 7 unabhängige, reelle Parameter vor, sodaß diese Gruppe *siebengliedrig* ist.

2) Die Transformationen (8.41) mit $k=1$ bilden eine Untergruppe $\mathfrak{M}_6^+ \subset \mathfrak{M}_7$, welche sechsgliedrig ist und sich in der Form

$$(8.42) \qquad z' = \frac{\alpha z + \beta}{\gamma z + \delta} \quad \text{mit} \quad \begin{vmatrix} \alpha_1 & \beta_1 \\ \gamma_1 & \delta_1 \end{vmatrix} \neq o$$

schreiben läßt. Die Transformationen (8.41) mit $k=-1$ bilden hingegen keine Gruppe. Diese Transformationsschar, die wir mit $\mathfrak{M}_6^-$ bezeichnen, läßt sich in der Form

$$(8.43) \qquad \tilde{z}' = \frac{\alpha z + \beta}{\gamma z + \delta} \quad \text{mit} \quad \begin{vmatrix} \alpha_1 & \beta_1 \\ \gamma_1 & \delta_1 \end{vmatrix} \neq o$$

schreiben, wobei $\tilde{z}' = x' - \varepsilon y'$ bezeichnet.

3) Die Transformationen (8.41) bilden die Vereinigungsmenge $\mathfrak{F}$ aus isotropen Kreisen und nichtisotropen Geraden auf sich ab.

<u>Beweis</u>:
Zum Beweis benützen wir die Darstellung (8.38) eines Elementes

aus δ , wobei für nichtisotrope Geraden gemäß dem Beweis von SATZ 8.10 der Dualteil von A verschwindet. Setzt man $u := x'+\lambda\varepsilon y'$, so folgt aus (8.41) $z = \dfrac{\beta - u\delta}{u\gamma - \alpha}$ und die Gleichung $Az\tilde{z}+Bz-\tilde{B}\tilde{z}+C = o$ von $k \in \delta$ geht über in eine Gleichung der Bauart $A^*u\tilde{u} + B^*\tilde{u} - E^*\tilde{u} + C^* = o$ (*), wobei die Abkürzungen

$$(8.44) \quad \begin{aligned}
A^* &:= A\delta\tilde{\delta} - B\delta\tilde{\gamma} + \tilde{B}\tilde{\delta}\gamma + C\gamma\tilde{\gamma} \\
B^* &:= -A\delta\tilde{\beta} - \tilde{B}\tilde{\beta}\gamma + B\tilde{\alpha}\delta - C\gamma\tilde{\alpha} \\
E^* &:= A\tilde{\delta}\beta - B\beta\tilde{\gamma} + \tilde{B}\alpha\tilde{\delta} + C\tilde{\gamma}\alpha \\
C^* &:= A\beta\tilde{\beta} - B\beta\tilde{\alpha} + \tilde{B}\tilde{\beta}\alpha + C\alpha\tilde{\alpha}
\end{aligned}$$

eingeführt wurden. Wegen $C=\varepsilon c_2$ und $A=\varepsilon a_2$ gilt $\tilde{B}^*=E^*$ und man verifiziert leicht, daß A^* und C^* rein dual sind. Wird (*) ausgerechnet, so entsteht $a_2^* x^2 + 2b_2^* x + 2\lambda b_1^* y + c_2^* = o$, wobei $b_1^*=R(B^*)$ ist. Man berechnet $b_1^* = b_1 \begin{vmatrix} \alpha_1 & \beta_1 \\ \gamma_1 & \delta_1 \end{vmatrix}$, sodaß wegen (8.43) mit $b_1 \neq o$ auch $b_1^* \neq o$ gilt. Nach SATZ 8.10 liegt das Bild von $k \in \delta$ somit wieder in $\mathfrak{b}$.

<u>Definition 8.7</u>: Eine Abbildung $T \neq E$ auf einer Menge M heißt *involutorisch*, wenn $T \circ T = E$, d.h. die identische Abbildung ist.

Wir zeigen nun den

<u>SATZ 8.11</u>: In der Gruppe $\mathfrak{M}_6^+$ gibt es eine *einzige* involutorische Möbius-Abbildung, die sich bezüglich der Gruppe $\mathfrak{W}_4$ der winkeltreuen isotropen Ähnlichkeiten durch die Normalform

$$(8.45) \quad z' = \frac{1}{z}$$

beschreiben läßt. In der Transformationsschar $\mathfrak{M}_6^-$ gibt es genau *zwei Typen* involutorischer Abbildungen, die sich bezüglich der Gruppe $\mathfrak{W}_4$ durch

$$(8.46) \quad \tilde{z}' = \frac{1}{z} \quad \text{bzw.}$$

$$(8.47) \quad \tilde{z}' = \frac{z}{(\gamma_o\varepsilon)z + 1} \qquad \text{mit } \gamma_o \in \mathbb{R} \setminus \{o\}$$

beschreiben lassen.

<u>Beweis:</u>
(<u>1</u>): Wird die Abbildung $z' = \dfrac{\alpha z + \beta}{\gamma z + \delta}$ mit der Abbildung $z'' = \dfrac{\alpha z' + \beta}{\gamma z' + \delta}$ zusammengesetzt, so muß die Identität $z''=z$ entstehen. Dies liefert die *drei Involutionsbedingungen*

(8.48a-c) $\gamma(\alpha+\delta) = o$, $\quad \beta(\alpha+\delta) = o$, $\quad \alpha^2-\delta^2 = o$,

die ersichtlich für $\alpha=-\delta$ erfüllt sind. Gilt hingegen $\alpha+\delta \neq o$, so würde $\gamma=\beta=o$ folgen und die dritte Bedingung würde $\alpha=\delta$ liefern; dann wäre (8.42) aber die Identität. Es verbleibt somit nur die Möglichkeit

(8.49) $z' = \dfrac{\alpha z + \beta}{\gamma z - \alpha}$.

Wendet man auf (8.49) gemäß (8.15) die winkeltreue Ähnlichkeit $z=B\hat{z}+A$ mit noch zu bestimmenden Koeffizienten B,A an, so entsteht

$\hat{z}' = \dfrac{(\alpha-A\gamma)\hat{z} + \frac{1}{B}(2A\alpha-A^2\gamma+\beta)}{B\gamma\hat{z} + (\gamma A - \alpha)}$. Da γ nicht rein dual ist, kann man

$\gamma A-\alpha = o$, d.h. $A = \alpha\gamma^{-1}$ verlangen und schließlich B gemäß der Forderung $B = (\frac{\alpha}{\gamma})^2 + \frac{\beta}{\gamma}$ bestimmen. Wegen (8.49) gilt dann sicher $B\neq o$ und (4.49) nimmt die Normalform (8.45) an.

($\underline{2}$): Zur Bestimmung der uneigentlichen involutorischen Möbiustransformationen setzen wir die beiden Abbildungen $\tilde{z}' = \dfrac{\alpha z + \beta}{\gamma z + \delta}$ und $\tilde{z}'' = \dfrac{\alpha z' + \beta}{\gamma z' + \delta}$ zusammen, was $\tilde{z}'' = \tilde{z}$ liefern muß. Die Auswertung dieser für alle z gültigen Beziehung liefert die folgenden *drei Involutionsbedingungen*

(8.50a-c) $\alpha\tilde{\beta} + \beta\tilde{\delta} = o$, $\quad \tilde{\alpha}\gamma + \tilde{\gamma}\delta = o$,

$\qquad\qquad\quad \alpha\tilde{\alpha} - \delta\tilde{\delta} + \beta\tilde{\gamma} - \gamma\tilde{\beta} = o$.

Da $\alpha\tilde{\alpha}$ und $\delta\tilde{\delta}$ reell sind, und $\beta\tilde{\gamma} - \gamma\tilde{\beta}$ rein dual ist, ist (8.50a-c) gleichwertig mit

(8.51a-d) $\alpha\tilde{\beta} + \beta\tilde{\alpha} = o$, $\quad \tilde{\alpha}\gamma + \tilde{\gamma}\alpha = o$,

$\qquad\qquad\quad \alpha\tilde{\alpha} = \delta\tilde{\delta}$, $\quad \beta\tilde{\gamma} = \gamma\tilde{\beta}$.

Die weitere Untersuchung erfolgt nun durch eine sorgfältige Fallunterscheidung!

Ist $\alpha=\varepsilon\alpha_2$ rein dual, dann ist nach (8.51d) auch $\delta=\varepsilon\delta_2$ rein dual. Gemäß (8.41a) ist dann $\beta_1\gamma_1 \neq o$ und β und γ sind nicht rein dual. Dann folgt aber aus (8.51d) $\frac{\beta}{\gamma} = \frac{\tilde{\beta}}{\tilde{\gamma}}$, d.h. $\frac{\beta}{\gamma}$ ist eine reelle Zahl $\rho\neq o$. Mit $\beta=\rho\gamma$ folgt aus (8.51a) und (8.51b) beidemale $\alpha_2\tilde{\gamma}-\gamma\delta_2=o$ und mit $\gamma=\gamma_1+\varepsilon\gamma_2$ ergeben sich hieraus die beiden Bedingungen $\gamma_1(\alpha_2-\delta_2) = o$ und $\gamma_2(\alpha_2+\delta_2) = o$. Wegen $\gamma_1\neq o$ ist $\alpha_2=\delta_2$, was $2\gamma_2\alpha_2=o$ nach sich zieht. Ist $\alpha_2=\delta_2=o$, dann ist $\alpha=\delta=o$ und (8.43) lautet $\tilde{z}' = \frac{\beta}{\gamma z} = \frac{\rho}{z}$ mit $\rho \in \mathbb{R}\setminus\{o\}$. Wendet man gemäß (8.15) die isotrope Ähnlichkeit $z = B\hat{z}$ an, so entsteht $\hat{z}' = \dfrac{\rho}{B\tilde{B}\hat{z}}$ und man kann B so wählen, daß $\rho = B\tilde{B}$ wird. Hiermit ist der Typus (8.46) gefunden. Ist hingegen $\gamma_2 = o$, so ist $\gamma = \gamma_1$ reell und ebenso $\beta = \beta_1 = \rho\gamma_1$. Wegen $\alpha_2 = \alpha_2$ ist dann $\alpha = \varepsilon\alpha_2 = \delta$ und man findet die Abbildung

$$\tilde{z}' = \frac{(\varepsilon\alpha_2)z + (\rho\gamma_1)}{\gamma_1 z + (\varepsilon\alpha_2)}.$$ Man kann durch eine kurze Rechnung zeigen, daß eine geeignete winkeltreue Ähnlichkeit (8.15) dann ebenfalls die Normalform (8.46) liefert.

Ist $\alpha = \alpha_1 + \varepsilon\alpha_2$ nicht rein dual, dann ist auch δ nicht rein dual und nach (8.51c) gilt $\delta = \pm\alpha_1 + \varepsilon\delta_2$.

Für die weitere Untersuchung ist es zweckmäßig, das Transformationsverhalten von (8.43) bei den winkeltreuen Ähnlichkeiten $z = B\hat{z}$ und $z = A + \hat{z}$ zu studieren. Man findet

$$(8.52) \qquad \hat{\tilde{z}}' = \frac{(\alpha B)\hat{z} + \beta}{\gamma(B\tilde{B})\hat{z} + \delta\tilde{B}} \qquad \text{bei} \quad z = B\hat{z}$$

und

$$(8.53) \qquad \hat{\tilde{z}}' = \frac{(\alpha - \tilde{A}\gamma)\hat{z} + \beta + \alpha A - \tilde{A}(A\gamma + \delta)}{\gamma\hat{z} + (A\gamma + \delta)}$$

bei einer Schiebung $z = A + \hat{z}$. Ist $\beta = \gamma = o$, so lehrt (8.52), daß man (8.43) auf die Identität transformieren kann. Nun sei $\gamma = \varepsilon\gamma_2$ rein dual; dann folgt aus (8.51d), daß entweder auch $\beta = \varepsilon\beta_2$ rein dual ist, oder daß $\gamma = o$ gilt. Ist $\beta = \varepsilon\beta_2$, so sieht man leicht, daß für $\alpha = \alpha_1 + \varepsilon\alpha_2$, $\delta = \alpha_1 + \varepsilon\delta_2$, $\gamma = \varepsilon\gamma_2$ und $\beta = \varepsilon\beta_2$ alle Bedingungen (8.51) erfüllt sind, während $\delta = -\alpha_1 + \varepsilon\delta_2$ auf $\beta_2 = \gamma_2 = o$, d.h. den schon oben behandelten Fall führt. Im ersten Fall stellt sich die Abbildung

$$\tilde{z}' = \frac{\alpha z + (\varepsilon\beta_2)}{(\varepsilon\gamma_2)z + \delta} \quad (*) \quad \text{mit } \gamma_2 \neq o$$ ein. Gemäß (8.53) kann man durch eine geeignete Schiebung $z = A + \hat{z}$ erreichen, daß das Glied $(\varepsilon\beta_2)$ in (*) zu Null wird; hierbei bleibt A_1 in $A = A_1 + \varepsilon A_2$ noch unbestimmt. Man kann durch geeignete Wahl von A_1 noch erreichen, daß α in (*) den reellen Wert α_1 annimmt; dazu ist $A_1 = \dfrac{\alpha_2}{\gamma_2}$ zu wählen. Nach Ausführung dieser Transformation entsteht $\tilde{z}' = \dfrac{\alpha_1 z}{(\varepsilon\gamma_2)z + \delta^*} \quad (**)$ mit $\delta^* = \alpha_1 + \varepsilon\delta_2^*$;

hierbei wurde wieder $\tilde{z}'$ und z geschrieben. Wendet man noch eine geeignete Abbildung $z = B\hat{z}$ auf (**) an, so kann man noch erreichen, daß in (**) $\delta^* = \alpha_1$ wird; es genügt hierzu $B = 1 - \varepsilon\,\dfrac{\delta_2^*}{\alpha_1}$ zu wählen. Wird in der entstehenden Abbildung $\tilde{z}' = \dfrac{\alpha_1 z}{(\varepsilon\gamma_2)z + \alpha_1}$ noch mit α_1 dividiert, so entsteht die Normalform (8.47), wenn $\frac{\gamma}{\alpha_1} =: \gamma_0$ gesetzt wird. Ist $\gamma=o$, so

kann wegen der Existenz von δ^{-1} die Abbildung (8.43) in der Form

$\tilde{z}' = \alpha^* z + \beta^*$ mit $\alpha^* = \alpha\delta^{-1}$ und $\beta^* = \beta\delta^{-1}$ geschrieben werden; diese

Abbildung ist aber zur Identität äquivalent. Nun sei schließlich

$\gamma = \gamma_1 + \varepsilon\gamma_2$ nicht rein dual; dann ist auch $\beta = \beta_1 + \varepsilon\beta_2$ nicht rein

dual. Nach (8.51d) ist dann $\frac{\beta}{\gamma} = \rho \neq o$ eine reelle Zahl. Gemäß

(8.53) kann man $\tilde{A}$ so wählen, daß $\alpha - \tilde{A}\gamma = o$ wird. Dann folgt nach

(8.51b), daß auch $A\gamma + \delta = o$ wird. Schließlich berechnet man

$\frac{1}{\gamma}(\beta + \alpha A) = \frac{1}{\gamma\tilde{\gamma}}(\rho\gamma\tilde{\gamma} + \alpha\tilde{\alpha}) = \sigma \in R$, $\sigma \neq o$. Hiermit nimmt (8.43) die

Form $\tilde{z}' = \frac{\sigma}{z}$ an und kann gemäß (8.52) auf die Form (8.46) transfor-

miert werden.

<u>Folgerungen:</u>

1) Geht man in (8.45) zu Real- und Dualteil über, so erhält man
   für diese *eigentliche Möbiusinvolution* die Abbildungsgleichungen

(8.54) $\{x' = \frac{1}{x},\ y' = -\frac{y}{x^2}\}$.

Sie besitzt die beiden *Fixpunkte* $S_1(-1,o)$ und $S_2(1,o)$. Wird
durch S_1, S_2 und einen Punkt $P(z)$ ein Kreis k gelegt, so enthält der Bildkreis die Punkte S_1, S_2 und $P'(z')$ und ist wegen
$(P')' = P$ mit dem Ausgangskreis identisch. Jede Gerade g durch
den Mittelpunkt M der Strecke $\overline{S_1 S_2}$ wird auf eine Gerade g'
durch M abgebildet, die mit $S_1 S_2$ den entgegengesetzt gleichen
Winkel bildet. Weiter bestätigt man leicht: Bezeichnet T den

Schnittpunkt der Geraden PP'
mit der isotropen Geraden
durch M, dann enthalten die
Tangenten in S_1 und S_2 an k
den Punkt T. Diese Eigen-
schaften können dazu ver-
wendet werden, um zu $P \notin$
$\notin S_1 S_2$ den Bildpunkt P'
rasch zu konstruieren (Figur 46).
Liegt $P(z)$ auf $S_1 S_2$, dann
auch $P'(z')$ und zwar harmonisch zu S_1 und S_2.

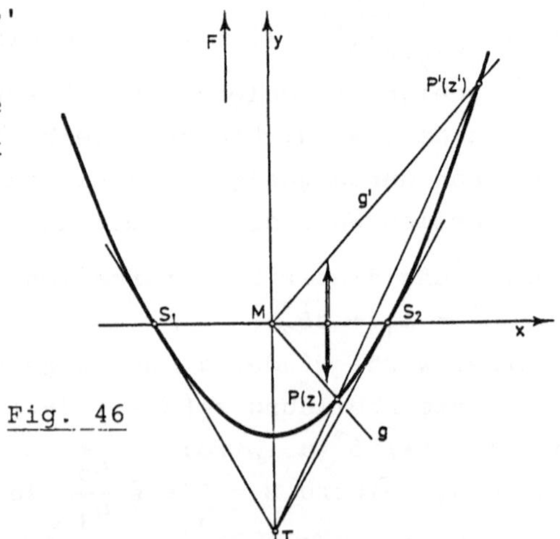

Fig. 46

2) Geht man in (8.46) zu Real- und Dualteil über, so erhält man für diese *uneigentliche Möbiusinvolution vom Typ 1* die Abbildungsgleichungen

$$(8.55) \qquad \{x' = \frac{1}{x} , \quad y' = \frac{y}{x^2}\} .$$

Die *Fixpunkte* dieser Abbildung liegen auf den beiden isotropen Geraden $s_1 \dots x = -1$ und $s_2 \dots x = 1$. Man sieht weiter, daß jeder Urpunkt $P(z)$ und sein Bildpunkt $P'(z')$ auf einer Geraden g durch den Ursprung des Koordinatensystems liegen und daß P und P' die Schnittpunkte S_1, S_2 von g mit s_1 und s_2 harmonisch trennen. Auf Grund dieser Eigenschaften kann man zu jedem Punkt P rasch den Bildpunkt P' konstruktiv ermitteln (Figur 47).

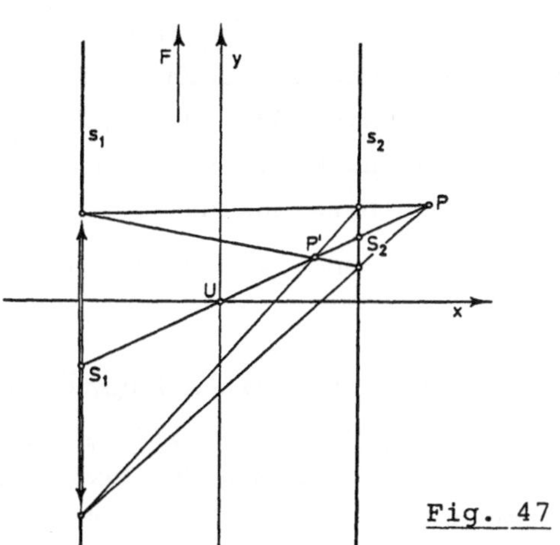

Fig. 47

3) Geht man in (8.47) zu Real- und Dualteil über, so erhält man für eine *uneigentliche Möbiusinvolution vom Typ 2* die Abbildungsgleichungen

$$(8.56) \qquad \{x' = x, \quad y' = \gamma_0 x^2 - y\}.$$

Wendet man noch auf (8.56) die allgemeine isotrope Ähnlichkeit $\{\bar{x} = x, \quad \bar{y} = \frac{1}{\gamma_0} y\}$ an, so kann man bezüglich der Gruppe $\mathcal{G}_5$ die Abbildung (8.56) zu

$$(8.57) \qquad \{\bar{x}' = x, \quad \bar{y}' = x^2 - y\}$$

vereinfachen. Die Fixpunkte dieser Abbildung liegen auf dem isotropen Kreis k_0 mit der Gleichung $y = \frac{1}{2} x^2$. Jeder Urpunkt $P(z) \in k_0$ liegt mit seinem Bildpunkt $P'(z')$ auf einer isotropen Geraden g. Bezeichnet S den Schnittpunkt von g mit k_0, so gilt $s(P,S) =$

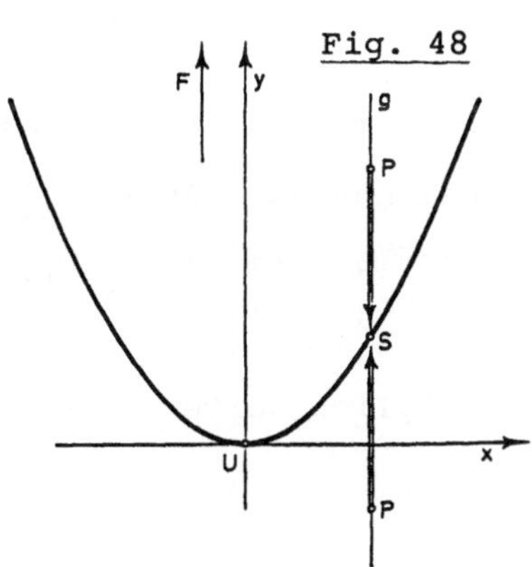

= -s(P',S). Hiermit kann P' zu P rasch konstruiert werden
(Figur 48). Man bezeichnet diese Abbildung oft auch als *Spiegelung an einem isotropen Kreis.*

Die Anwendungsmöglichkeiten der involutorischen Möbiustransformationen sind vielartig. Wir beweisen exemplarisch einen Satz aus der *Spiralengeometrie* (vgl. [112,66]):

<u>SATZ 8.12:</u> Es sei σ eine eigentliche Möbiusinvolution, die eine isotrope logarithmische Spirale k mit dem Spiralzentrum Z invariant läßt. Sind dann die Spiralpunkte P und Q sowie die Spiralpunkte U und V einander in der Abbildung σ zugeordnet, dann gilt die Winkelbezeichnung

$$(8.58) \qquad \sphericalangle(PUQ) + \sphericalangle(PVQ) = \sphericalangle(PZQ).$$

<u>Beweis:</u>

Die vier betrachteten Punkte auf der Spirale k_o mögen die Koordinaten $P(x_1,y_1)$, $Q(x_2,y_2)$, $U(x_3,y_3)$, $V(x_4,y_4)$ besitzen, während das Spiralzentrum Z der Normspirale $k_o \ldots y = x\ln|x|$ im Koordinatenursprung liegt. Wir betrachten die eigentliche Möbiusinvolution σ, gegeben durch

$$(8.59) \qquad \{x' = \frac{x_1 x_2}{x}, \quad y' = -x_1 x_2 \frac{y}{x^2} + (x_1 y_2 + x_1 y_2) \frac{1}{x}\}.$$

Da sich σ durch eine Ähnlichkeit aus $\mathcal{W}_4$ auf die Normalform (8.54) transformieren läßt, ist σ tatsächlich eine eigentliche Möbiustransformation. Man rechnet leicht nach, daß σ die Spirale k_o als Ganzes festläßt und überdies P mit Q vertauscht. Die Vertauschbarkeit von U mit V liefert die Bedingungen

$$(8.60) \qquad \{x_4 = \frac{x_1 x_2}{x_3}, \quad y_4 = -x_1 x_2 \frac{y_3}{x_3^2} + (x_1 y_2 + x_2 y_1) \frac{1}{x_3}\},$$

womit man (8.58) durch Rechnung rasch bestätigt, wenn man die Beziehungen $\sphericalangle(PZQ) = \frac{y_2}{x_2} - \frac{y_1}{x_1}$, $\sphericalangle(PUQ) = \frac{y_2 - y_3}{x_2 - x_3} - \frac{y_1 - y_3}{x_1 - x_3}$ und $\sphericalangle(PVQ) = \frac{y_2 - y_4}{x_2 - x_4} - \frac{y_1 - y_4}{x_1 - x_4}$ beachtet.

Bezüglich weiterer Resultate vergleiche man [13].

§ 9 Die Kurventheorie der isotropen Ebene bezüglich der Gruppen $\mathcal{W}_4$, $\mathcal{L}_4$, $\mathcal{C}_4$ und $\mathcal{G}_5$.

In Analogie zu § 7 wollen wir im *ersten Teil* dieses Abschnittes
die *Kurventheorie* der isotropen Ebene I_2 bezüglich der Gruppe $\mathcal{W}_4$
der *winkeltreuen isotropen Ähnlichkeiten* (2.16) entwickeln; wir
folgen hierbei der Abhandlung [98] von K. STRUBECKER. Im *zweiten
Teil* dieses Abschnittes bestimmen wir Bogenlänge und Krümmung ei-
ner Kurve der isotropen Ebene bezüglich der Gruppen $\mathcal{L}_4$, $\mathcal{C}_4$ und
$\mathcal{G}_5$, wobei wir [120] folgend die Methode der Lie-Gruppen verwenden (vgl.[111],[91,40f]); ein Teil der dargestellten Ergebnisse
findet sich auch in [121]. Die kompliziertere Bauart der Transformationsgruppe (2.16) der *winkeltreuen isotropen Ähnlichkeiten*
läßt schon erwarten, daß die kurventheoretischen Ähnlichkeitsin-
varianten eine kompliziertere Gestalt besitzen werden als die entsprechenden isotropen Bewegungsinvarianten zulässiger Kurven.
Es sei c eine zulässige C^r-Kurve ($r \geq 3$) der isotropen Ebene, die
wir in der Gestalt $\{x(t), y(t)\}$, $t \in I$ parametrisieren. Es ist zweckmäßig, c mittels dualer Zahlen zu beschreiben, indem man setzt

(9.1) $z = z(t) = x(t) + \varepsilon y(t)$,   wobei $z(t) \in C^r$ ($r \geq 3$), $R(\dot{z}) \neq 0$ gilt.

Nach Definition 7.4 muß eine *geometrische Größe* der Kurve c

      a) $\mathcal{W}_4$ - invariant   und

      b) parameterinvariant   sein.

<u>Definition 9.1</u>: Das Differential niedrigster Ordnung von c, das
parameter- und $\mathcal{W}_4$-invariant ist, heißt *äquiformes isotropes Bogendifferential*. Die Differentialinvariante niedrigster Ordnung von
c heißt *äquiforme isotrope Krümmung*.

Um das äquiforme Bogendifferential zu bestimmen, studieren wir
die Auswirkung einer winkeltreuen Ähnlichkeit (8.15) auf die Kurve c, d.h. wir betrachten

(9.2) $\bar{z}(t) = \alpha + \beta z(t)$.

Durch Differentiation entsteht $\dot{\bar{z}} = \beta \dot{z}$, $\ddot{\bar{z}} = \beta \ddot{z}$, und da wegen $R(\dot{z}) \neq 0$
sicher $\dot{z} \neq 0$ gilt, folgt durch Quotientenbildung

(9.3) $\dfrac{\ddot{\bar{z}}(t)}{\dot{\bar{z}}(t)} = \dfrac{\ddot{z}(t)}{\dot{z}(t)}$.

Der Ausdruck (9.3) ist somit eine $\mathcal{W}_4$-Invariante. Wir führen die
Abkürzung

(9.4) $\quad \dfrac{\ddot{z}(t)}{\dot{z}(t)} =: [z,t]$

ein; dann schreibt sich (9.3) in der Form

(9.5) $\quad [\bar{z},t] = [z,t].$

Diskutieren wir zunächst die Bedeutung von $[z,t] = o$. Nach (9.4) bedeutet dies $\ddot{z}(t) = \ddot{x}+\varepsilon\ddot{y} = o$, d.h. $\ddot{x}=\ddot{y}=o$. Wegen $\dot{x}\neq o$ bedeutet dies $\dot{x}=c_o\neq o \Rightarrow x(t) = c_o t+c_1$, $y(t) = c_2 t+c_3$, d.h. die Kurve c ist eine *nicht isotrope Gerade*. Gilt punktal $[z,t](t_o) = o$, so überlegt man z.B. an Hand der Formel (7.9), daß der Kurvenpunkt $P(t_o)$ ein Wendepunkt von c ist. Wir werden i.f. die zulässige C^r-Kurve c als wendepunktfrei voraussetzen, so daß $[z,t] \neq o$ über I gilt. Nunmehr untersuchen wir den Einfluß einer zulässigen C^r-Parametertransformation $(r\geq 3)t = f(v)$ auf (9.4). Bedeuten Striche Ableitungen nach v, so berechnet man aus $\bar{z}(f(v)) = \alpha+\beta z(f(v))$: $\bar{z}' = = \beta\dot{z}f'$, $\bar{z}'' = \beta(\ddot{z}f'^2 + \dot{z}f'')$. Wegen $f'\neq o$, $\dot{z}\neq o$ und $z'\neq o$ folgt hieraus $\dfrac{\bar{z}''}{\bar{z}'} = \dfrac{\ddot{z}f'^2 + \dot{z}f''}{\dot{z}f'} = \dfrac{\ddot{z}}{\dot{z}} f' + \dfrac{f''}{f'}$, d.h.

(9.6) $\quad [\bar{z},v] = [z,t]f' + [t,v]$,

wobei (9.4) auf $\dfrac{f''}{f'}$ angewandt wurde. In der Formel (9.6) sind $[\bar{z},v]$ und $[z,t]$ duale Zahlen, hingegen sind f' und $[t,v]$ reelle Zahlen. Geht man daher in (9.6) zu den Dualteilen über, so gewinnt man

(9.7) $\quad D[\bar{z},v] = f'D[z,t]$

und schließlich

(9.8) $\quad D[\bar{z},v]dv = D[z,t]dt.$

In (9.8) haben wir somit das äquiforme Bogendifferential gewonnen, denn der Ausdruck

(9.9) $\quad dS := D[z,t]dt$

ist nach den obigen Überlegungen parameterinvariant, $\mathcal{W}_4$-invariant (als Dualteil einer $\mathcal{W}_4$-invarianten Größe) und er ist von Null verschieden. Explizit berechnet man das äquiforme Bogendifferential zu $dS = D[z,t]dt = D(\dfrac{\ddot{z}}{\dot{z}}) = D(\dfrac{\ddot{x}+\varepsilon\ddot{y}}{\dot{x}+\varepsilon\dot{y}}) = \dfrac{\dot{x}\ddot{y} - \ddot{x}\dot{y}}{\dot{x}^2} dt$ nach (8.9). Dieser Ausdruck kann auch in der Form $dS = (\dfrac{\dot{y}}{\dot{x}})\dot{}dt = d(\dfrac{\dot{y}}{\dot{x}})$ geschrieben werden, woraus durch Integration die *isotrope äquiforme Bogenlänge* S der Kurve c gewonnen wird

$$(9.10) \qquad S = \frac{\dot{y}(t)}{\dot{x}(t)} - \frac{\dot{y}(t_o)}{\dot{x}(t_o)} \; .$$

Wir fassen zusammen und beweisen ergänzend den

<u>SATZ 9.1:</u> Für jede zulässige, wendepunktfreie C^2-Kurve c der isotropen Ebene kann mittels

$$(9.11) \qquad dS = D[z,t]dt = \frac{\dot{x}\ddot{y} - \dot{y}\ddot{x}}{\dot{x}^2} \, dt$$

ein äquiformes Bogendifferential eingeführt werden. c ist genau dann mit dem Äquiformbogen S parametrisiert, wenn $D[z,t]=1$ gilt.

<u>Beweis:</u>
(a): Gilt $D[z,t]=1$, so folgt aus (9.11) $dS=dt$, d.h. $S = t+c$. Somit ist $S=t$, wenn man von der additiven Konstante c absieht, die durch die Willkür bei der Wahl des Anfangspunktes für die Bogenzählung bedingt ist.
(b): Wir führen auf der Kurve $z(t)$ den Äquiformbogen S als natürlichen Parameter ein. Dies geht, da nach (9.11) $\frac{dS}{dt} \neq o$ gilt und $S = S(t) \in C^r$ $(r \geq 1)$ gilt. Aus $S = \int D[z,S]dS$ folgt nunmehr durch Differentiation $1=D[z,S]$.

Für die bisherigen Überlegungen genügt es c von der Klasse C^2 vorauszusetzen, da das äquiforme Bogendifferential nun von Ableitungen einschließlich 2. Ordnung abhängt. Für die Bestimmung einer äquiformen Krümmung hingegen wird i.f. die Klasse C^3 benötigt. Wir beziehen c auf den Äquiformbogen S als Parameter: $z(S) = x(S) + \varepsilon y(S)$. In dieser Darstellung genügt es dann eine möglichst einfache $\mathcal{W}_4$-Invariante aufzusuchen. Nach (9.5) sind sowohl der Realteil als auch der Dualteil von $[z,S]$ $\mathcal{W}_4$-Invarianten. $D[z,S]$ ist nach SATZ 9.1 als Invariante ungeeignet, da $D[z,S] \equiv 1$ gilt. Wir definieren daher

$$(9.12) \qquad K := R[z,S] = R\left(\frac{z''}{z'}\right) = \frac{x''(S)}{x'(S)}$$

als *äquiforme Krümmung*; hierbei bedeuten Striche - wie auch im folgenden - Ableitungen nach dem natürlichen Parameter S. Es gilt der

<u>SATZ 9.2:</u> Für jede zulässige, wendepunktfreie C^3-Kurve c der isotropen Ebene kann mittels (9.12) eine äquiforme Krümmung K erklärt werden. K ist eine Differentialinvariante 3. Ordnung, die -

- bezogen auf einen allgemeinen Parameter - die Gestalt

$$(9.13) \qquad K = \frac{3\dot{x}\ddot{x}(\dot{x}\ddot{y}-\dot{y}\ddot{x}) - \dot{x}^2(\dot{x}\dddot{y}-\dot{y}\dddot{x})}{(\dot{x}\ddot{y}-\dot{y}\ddot{x})^2}$$

hat.

<u>Beweis:</u>

Es bleibt nur mehr die Formel (9.13) zu beweisen. Es gilt x' =

$= \dot{x}\,\frac{dt}{dS}$, $x'' = \ddot{x}\left(\frac{dt}{dS}\right)^2 + \dot{x}\,\frac{d^2t}{dS^2}$, d.h. $K = \frac{\ddot{x}}{\dot{x}}\left(\frac{dt}{dS}\right) + \frac{d^2t}{dS^2}\Big/\frac{dt}{dS}$. Setzt

man $\frac{dt}{dS} = \frac{\dot{x}^2}{\dot{x}\ddot{y}-\dot{y}\ddot{x}} =: A$, so ist $\frac{d^2t}{dS^2} = A^{\cdot}\,\frac{dt}{dS}$ und man findet $K = \frac{\ddot{x}}{\dot{x}}\,A + A^{\cdot}$.

Eine kurze Rechnung liefert dann über $A^{\cdot} = \frac{2(\dot{x}\ddot{y}-\dot{y}\ddot{x})\dot{x}\ddot{x} - \dot{x}^2(\dot{x}\dddot{y}-\dot{y}\dddot{x})}{(\dot{x}\ddot{y}-\dot{y}\ddot{x})^2}$

die Formel (9.13), welche Ableitungen maximal 3. Ordnung enthält.

Eliminiert man aus den Gleichungen S = S(t), K = K(t) den Para-
meter t, so erhält man die *äquiforme natürliche Gleichung* K =
= K(S) der Kurve c. Diese Bezeichung wird durch den folgenden
Fundamentalsatz der äquiformen Kurventheorie begründet, der ein
Analogon zum Fundamentalsatz in § 7 ist. Wir benötigen einen
Hilfssatz, dessen Beweis z.B. in [95,266] nachgelesen werden kann.

<u>Hilfssatz:</u> Jede lineare Differentialgleichung n-ter Ordnung, der
Gestalt

$$(9.14) \qquad y^{(n)} + a_1(x)y^{(n-1)} + \ldots + a_n(x)y = V(x),$$

deren Koeffizienten $a_1(x),\ldots,a_n(x)$, und deren Störungsfunktion
V(x) in einem offenen Intervall J = (a,b) stetig sind, besitzt
über J Lösungen der Klasse C^n.

<u>SATZ 9.3:</u> Gegeben sei eine auf einem offenen Intervall I stetige
Funktion K(S). Dann gibt es bis auf winkeltreue isotrope Ähnlichkeiten ein einziges zulässiges, wendepunktfreies C^2-Kurvenstück
c mit K als äquiformer Krümmung und S als äquiformer Bogenlänge.

<u>Beweis:</u>
Für jede Lösungskurve c...{x(S), y(S)} muß nach SATZ 9.1 bzw.
(9.12) gelten D[z,S] = 1 bzw. $K(S) = \frac{x''(S)}{x'(S)}$, d.h. es sind die beiden Differentialgleichungen $x'y''-y'x'' = x'^2$ bzw. $x''-x'K(S) = o$
zu erfüllen. Wird die zweite in die erste eingesetzt, so folgt
wegen $x'\neq o$: $y''-y'K(S) = x'(S)$ (a), nebst $x''-x'K(S) = o$ (b).

Wegen $K(S) \in C^0$ besitzen (a) bzw. (b) C^2-Lösungen. Ist $y_0(S)$ bzw. $x_0(S)$ eine spezielle Lösung von (a) bzw. (b), so wird durch $\{x_0(S), y_0(S)\}$ eine C^2-Lösungskurve in I_2 festgesetzt. Diese besitzt S als Äquiformbogen und K als äquiforme Krümmung. Wegen $x' \neq o$ ist sie wendepunktfrei und zulässig. Es bleibt nunmehr zu zeigen, daß die allgemeine Lösung von (a) bzw. (b) mit der Lösung $\{x_0(S), y_0(S)\}$ durch eine winkeltreue isotrope Ähnlichkeit zusammenhängt. Die homogene lineare Differentialgleichung 2. Ordnung $x'' - x'K(S) = o$ besitzt die spezielle Lösung $x(S) = c_0 = \text{konst.}$, so daß die allgemeine Lösung von (b) die Form $x(S) = a + px_0(S)$ besitzt, wobei a und p Integrationskonstanten bezeichnen. Der homogene Teil der Differentialgleichung (a), d.h. $y'' - y'K(S) = o$ stimmt mit (b) überein und besitzt somit die allgemeine Lösung $y_h = b + cx_0(S)$ mit Konstanten $b, c \in \mathbb{R}$. Wird $x'(S) = px_0'(S)$ in (a) eingesetzt, so entsteht $y'' - y'K(S) = px_0'(S)$ und $y(S) = py_0(S)$ ist eine spezielle Lösung dieser inhomogenen Gleichung. Damit lautet die allgemeine Lösung von (a): $y(S) = b + cx_0(S) + py_0(S)$. Mit (2.16) folgt die Behauptung.

Die angegebenen Formeln für die äquiforme Bogenlänge und die äquiforme Krümmung vereinfachen sich erheblich, wenn man die vorgegebene zulässige und wendepunktfreie C^3-Kurve c mit der isotropen Bogenlänge s=x parametrisiert, d.h. zur Darstellung (7.7) $y = y(x)$ übergeht. Wir werden i.f. mit *Akzenten* usw. Ableitungen nach x bezeichnen. Dann gilt $x^{\backprime} = 1$, $x^{\backprime\backprime} = o$, $x^{\backprime\backprime\backprime} = o$ und (9.10) bzw. (9.13) vereinfachen sich zu

$$(9.15) \qquad S(x) = y^{\backprime}(x) - y^{\backprime}(x_0) \quad \text{bzw.} \quad K(x) = - \frac{y^{\backprime\backprime\backprime}}{y^{\backprime\backprime \, 2}} \ .$$

Eine schöne *geometrische Deutung* der isotropen äquiformen Krümmung wurde nach Vorarbeiten von O. RÖSCHEL (vgl. [77,117]) erst von M. HUSTY (vgl. [118]) gegeben. Wird eine C^r-Kurve c ($r \geq 2$) der affinen Ebene A_2 durch $\wp(t) = \{x(t), y(t)\}$ parametrisiert und bezeichnen Punkte Ableitungen nach t, dann kann man gemäß [8,10] eine *äquiaffine Bogenlänge* s^* über

$$(9.16) \qquad s^* = \int (\dot{\wp}, \ddot{\wp})^{1/3} \, dt$$

einführen, wobei $(\dot{\wp}, \ddot{\wp})$ die zweizeilige Determinante $\text{Det}(\dot{\wp}, \ddot{\wp})$ bezeichnet. Wir verwenden i.f. die Abkürzung $\lambda := (\dot{\wp}, \ddot{\wp})^{1/3}$.

Wird c mittels s^* parametrisiert, so wird der Vektor $\dfrac{d^2 \varrho\,(s^*)}{ds^{*2}} =:$
$=: w\,(s^*)$ als *Affinnormalenvektor* bezeichnet. Ist P
ein Punkt von c, so heißt jene Gerade n durch P, welche den
Affinnormalenvektor in P als Richtungsvektor besitzt, die *Affin-normale* der Kurve c in P. Wir berechnen unschwer: $\dfrac{d\varrho}{ds^*} = \dot\varrho\,\dfrac{dt}{ds^*} =$
$= \dot\varrho\,\dfrac{1}{\lambda} = \dot\varrho\,(\dot\varrho,\ddot\varrho)^{-1/3}$, $\dfrac{d^2\varrho}{ds^{*2}} = \ddot\varrho\,\dfrac{1}{\lambda^2} - \dot\varrho\,\dfrac{\dot\lambda}{\lambda^3}$. Aus $\lambda^3 = (\dot\varrho,\ddot\varrho)$ folgt
$3\lambda^2\dot\lambda = (\dot\varrho,\dddot\varrho)$, also $\dfrac{\dot\lambda}{\lambda^3} = \dfrac{(\dot\varrho,\dddot\varrho)}{3\lambda^5} = \dfrac{1}{3}(\dot\varrho,\dddot\varrho)(\dot\varrho,\ddot\varrho)^{-5/3}$. Wird

dies oben eingesetzt, so erhält man schließlich

$$(9.17)\qquad w = \frac{d^2\varrho}{ds^{*2}} = \ddot\varrho\,(\dot\varrho,\ddot\varrho)^{-2/3} - \frac{1}{3}\dot\varrho\,(\dot\varrho,\ddot\varrho)^{-5/3}\,(\dot\varrho,\dddot\varrho).$$

Wir benötigen i.f. den Vektor w für eine Kurve c, die in der
Form $\varrho\,(x) = \{x, y(x)\}$ parametrisiert vorliegt. Aus (9.17) folgt
dann zunächst $w = \{-\dfrac{1}{3}y''^{-5/3}\,y''', \; y''^{1/3} - \dfrac{1}{3}y'\,y''^{-5/3}\,y'''\}$ bzw.
in normierter Form (vgl.[77,117])

$$(9.18)\qquad w = \{1, \; y' - \frac{3(y'')^2}{y'''}\}.$$

Diese Überlegungen zeigen, daß der Affinnormalenvektor nur für
scheitelfreie $(\varrho'''\neq o)$ C^r-Kurven $(r\geq 3)$ existiert. Berechnet man
nun den isotropen Winkel $\delta = \sphericalangle(t,w)$ zwischen dem Tangentenvektor
$t = \{o, y'\}$ und dem Affinnormalenvektor w in P, so stellt sich
$\delta = -\dfrac{3(y'')^2}{y'''} = \dfrac{3}{K}$ ein. Damit haben wir den

SATZ 9.4: Die isotrope äquiforme Krümmung einer wendepunktfreien
und scheitelfreien C^r-Kurve c $(r\geq 3)$ in einem Punkt $P \in c$ läßt
sich als dreifacher Reziprokwert des Winkels δ zwischen der Tangente und der Affinnormalen in P deuten.

Wir wollen nun noch die zulässigen, wendepunktfreien Kurven konstanter äquiformer Krümmung $K_o =$ konst. bestimmen. Nach dem Fundamentalsatz 9.3 genügt es hierzu je eine spezielle Lösung der beiden Differentialgleichungen
$$(9.19)\quad x'' - x'K(S) = o \quad \text{bzw.} \quad y'' - y'K(S) = x'(S)$$

mit $x'(S)\neq o$ anzugeben, wobei im vorliegenden Fall $K(S)=K_o =$konst.
gilt. Für $K_o =o$ sind die Gleichungen $x''=o$ und $y''=x'$ zu lösen. Die
erste Gleichung besitzt die spezielle brauchbare Lösung $x=S$ die

über y"=1 auf die spezielle Lösung $y(S) = \frac{1}{2} S^2$ führt. Die Lösungskurven im Fall K_o=o sind somit die *parabolischen Kreise*. Für $K_o\neq$o liefert (9.19) die speziellen Lösungen $x(S)=e^{K_oS}$, $y(S)=$ $=Se^{K_oS}$. Diese Lösungskurven können in dualen Zahlen unter Beachtung von (8.11) in der Gestalt

$$(9.20) \quad z(S) = x+\varepsilon y = e^{K_oS}(1+\varepsilon S) = e^{K_oS} \cdot e^{\varepsilon S} = e^{(K_o+\varepsilon)S}$$

geschrieben werden. Verwendet man isotrope Polarkoordinaten (6.9), so folgt über $r=x=e^{K_oS}$, $\varphi = \frac{y}{x} = S$ die Polargleichung dieser Kurve zu

$$(9.21) \quad r = e^{K_o\varphi} \quad \text{mit } K_o \neq o.$$

Die Gleichung (9.21) zeigt, daß diese Kurven das isotrope Analogon zu den *logarithmischen Spiralen* der ebenen euklidischen Geometrie sind [104,86]. Wir haben diese Kurve schon in § 6 in anderem Zusammenhang betrachtet. Zunächst fassen wir zusammen und beweisen ergänzend den

<u>SATZ 9.5:</u> Die einzigen zulässigen wendepunktfreien C^3-Kurven von verschwindender Äquiformkrümmung sind die parabolischen isotropen Kreise. Die einzigen zulässigen, wendepunktfreien C^3-Kurven mit konstanter und von Null verschiedener Äquiformkrümmung K_o sind die isotropen logarithmischen Spiralen. Die logarithmischen Spiralen sind die einzigen zulässigen C^1-Kurven bezüglich der Gruppe $\mathcal{W}_4$ mit der Eigenschaft, daß ihre Tangenten die nicht isotropen Geraden eines Büschels mit eigentlichem Zentrum unter einem konstanten Winkel $\Psi_o\neq$o schneiden.

<u>Beweis:</u>
Es bleibt nur mehr die letzte Aussage zu zeigen. Wir wählen das Zentrum des Geradenbüschels im Ursprung des Standardkoordinatensystems. Dann kann das Büschel in der Form y=kx mit k∈ℝ beschrieben werden. Die Lösungskurve des Problems parametrisieren wir in der Form $\varkappa(x)=\{x,y(x)\}$. Bezeichnet Ψ_o den *isotropen Schnittwinkel* der Kurventangente im Punkt P(x,y(x)) mit dem durch P laufenden Büschelstrahl, so findet man Ψ_o=y'-k und hieraus als Differentialgleichung unseres Problems: $xy'-y=\Psi_o x$. Die allgemeine Lösung dieser Gleichung lautet $y(x) = \Psi_o x \ln|x|+Ax$ mit A∈ℝ. Wendet man auf diese Kurve die spezielle winkeltreue isotrope Ähnlichkeit $\{\bar{x}=x,$ $\bar{y}= -Ax+y\}$ an, so entsteht als *Normalform* der Lösungskurven, wenn

man zur alten Bezeichnung zurückkehrt.

(9.22) $y = \Psi_o \, x \, \ln |x|$.

Hieraus gewinnt man rasch die Polargleichung $r = e^{\frac{1}{\Psi_o} \varphi}$ dieser
Kurven, die für $K_o = \frac{1}{\Psi_o}$ mit (9.21) übereinstimmt.   ◆

Bemerkungen:

1) Die Formel (9.22) wurde schon in (6.5) bei der Betrachtung der
   logarithmischen Spirale der isotropen Ebene verwendet.
2) Die Funktion (9.22) besitzt im Punkt $T(\frac{1}{e}, -\frac{1}{e})$ ein *Minimum* und
   geht für $x \to o$ durch den Koordinatenursprung.

Die Differentialgeometrie bezüglich der Gruppe der winkeltreuen
isotropen Ähnlichkeiten ist vielfach leitungsfähiger als die
isotrope Differentialgeometrie bezüglich der Bewegungsgruppe $\mathcal{L}_3$.
Wir führen dies exemplarisch vor, indem wir die *Evolutoide* einer
ebenen Kurve c studieren. Betrachtet man die euklidischen Normalen einer ebenen Kurve c, so umhüllen diese bekanntlich eine Kurve c^*, die man als *Evolute* bezeichnet. Eine Übertragung dieser
Begriffsbildung in die isotrope Ebene versagt, da dort alle Kur-
vennormalen isotrop, d.h. parallel sind und somit keine Hüllkurve besitzen. Legt man jedoch die Gruppe $\mathcal{W}_4$ zugrunde, so kann
man alle Geraden betrachten, die eine vorgegebene Kurve unter
konstantem Winkel α_o schneiden. Die Hüllkurve $c^*_{\alpha_o}$ dieser Geradenmenge bezeichnen wir als α_o-*Evolutoide* zu c (vgl.[88]). Setzt
man c in der Form $\mathcal{c} = \{x, \, f(x)\}$ an, so lassen sich alle Geraden,
die c unter dem konstanten Winkel α_o schneiden in der Form

(9.23) $F(x) \equiv [\alpha_o + f'(x)]X - Y + f(x) - x[\alpha_o + f'(x)] = o$

schreiben, wobei X,Y die Koordinaten eines laufenden Punktes be-
zeichnen. Aus (9.23) und der Hüllbedingung $\frac{\partial F}{\partial x} = o$ folgt - wenn
man c als wendepunktfrei ($f'' \neq o$) voraussetzt - nach kurzer Rechnung für $c^*_{\alpha_o}$ die Darstellung

(9.24) $\begin{cases} \bar{x}(x) = \alpha_o \rho(x) + x \\ \bar{y}(x) = \alpha_o [\alpha_o + f'(x)] \rho(x) + f(x) \quad , \end{cases}$

wobei Striche jetzt Ableitungen nach x bedeuten und $\rho(x) := \frac{1}{f''(x)}$
gesetzt wurde. Für den Abstand $d(P, P^*)$ eines Punktes $P \in c$ vom
entsprechenden Hüllpunkt $P^* \in c^*_{\alpha_o}$ gilt somit $d = \alpha_o \rho(x)$, womit

eine *Deutung des Krümmungsradius*
über die 1-Evolutoide gefunden
ist.

Verschiebt man die Vektoren $\overrightarrow{PP^*}$
durch einen festen Anfangspunkt
U (vgl. Figur 49), so gewinnt
man als Menge der Endpunkte $\hat{P}$
eine Kurve $\hat{c}$, die wir als *Rich-*
tungsbild der α_o-Evolutoide bezeichnen. Eines der interes-
santesten euklidischen Resultate über die Evolute c^* einer
Kurve c ist die folgende Deutung der ersten Ableitung des
euklidischen Krümmungsradius
ρ_E nach der euklidischen Bogenlänge s auf c (vgl.[104,66]):
Bezeichnet s^* die euklidische
Bogenlänge auf c^*, dann gilt

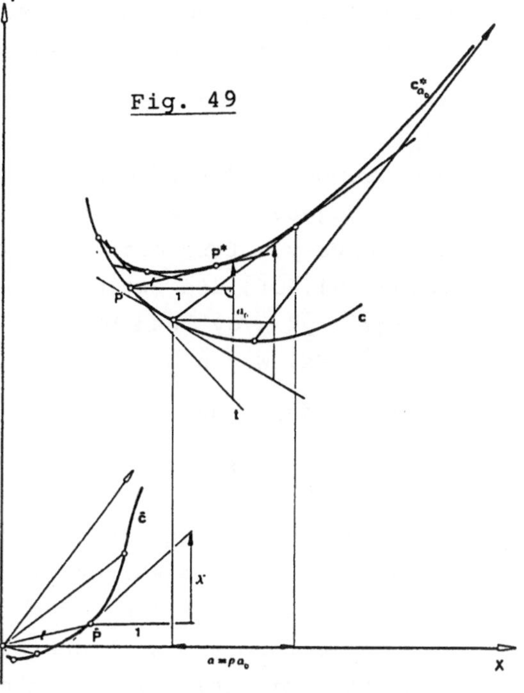

$ds^*=|\rho_E'(s)|$ ds. Ein direktes isotropes Analogon zu dieser Formel
existiert natürlich nicht, obwohl man für die 1-*Evolutoide* die
Beziehung

$$(9.25) \qquad d\bar{x} - dx = \rho'(x)$$

aus (9.23) und (9.24) findet. Berechnet man jedoch den Winkel χ
unter dem jeder Radiusvektor von $\hat{c}$ die entsprechende Tangente
von $\hat{c}$ schneidet, so erhält man für $\rho'(x) \neq o$ die *von* α_o *unab-*
hängige Deutung (vgl.[88])

$$(9.26) \qquad \chi = \frac{1}{\rho'(x)} \ .$$

Wir fassen zusammen im

<u>SATZ 9.6:</u> Der Krümmungsradius einer wendepunktfreien zulässigen
C^r-Kurve (r≥2) läßt sich als Abstand eines Kurvenpunktes P vom
entsprechenden Hüllpunkt P^* auf der 1-Evolutoide deuten. Die erste Ableitung des Krümmungsradius einer wendepunktfreien und
scheitelfreien zulässigen C^r-Kurve c (r≥3) nach der isotropen
Bogenlänge läßt sich als Reziprokwert jenes Winkels deuten, unter dem die Radiusvektoren jedes Richtungsbildes $\hat{c}$ von c die entsprechenden Tangenten von $\hat{c}$ schneiden.

Die letzte Aussage von SATZ 9.6 zeigt, daß $\rho'(x)$ eine *äquiforme Invariante* ist. Bezüglich weiterer Resultate vergleiche [88].

Wir wenden uns nun der Kurventheorie in den Gruppen $\mathcal{L}_4$, $\mathcal{C}_4$ und $\mathcal{G}_5$ zu!

Die Gruppe $\mathcal{L}_4$ der *längentreuen isotropen Ähnlichkeiten* ist durch (2.7) gegeben. Um ein *Bogenelement* ds_L und eine *Krümmung* $\varkappa_L$ einer Kurve $y = f(x)$ bezüglich $\mathcal{L}_4$ zu bestimmen, betrachten wir gemäß [91,40f] die zweimalige differentielle Erweiterung $\bar{y}' = c+qy'$, $\bar{y}'' = qy''$ und bilden das Differential $d\bar{y}'' = qy'' = qy'''dx = \frac{y'''}{y''}\bar{y}''\,dx$. Wegen $d\bar{x} = dx$ folgt somit

$$(9.27) \qquad ds_L = dx \qquad\qquad \text{bzw.}$$

$$(9.28) \qquad \varkappa_L = \frac{y'''}{y''}\,.$$

Gemäß der Herleitung ist $\varkappa_L$ nur für *wendepunktfreie* C^r-Kurven $(r \geq 3)$ erklärt. Die Kurven mit $\varkappa_L = o$ sind die *isotropen Kreise* $y(x) = \frac{c_1}{2}x^2 + c_2 x + c_3$, die sich bezüglich der Gruppe $\mathcal{L}_4$ auf die Normalform $y = x^2$ transformieren lassen. Ein isotroper Kreis besitzt somit keine Invariante bezüglich der Gruppe $\mathcal{L}_4$. Die Integration von (2.28) mit $\varkappa_L =: K_o = $ konst. $\neq o$ liefert als Kurven von konstanter längentreuer Krümmung $K_o \neq o$

$$(9.29) \qquad y(x) = \frac{1}{K_o^2}\, e^{K_o x + c_1} + c_2 x + c_3,$$

mit Integrationskonstanten $c_j \in \mathbb{R}$ $(j=1,2,3)$. Durch Anwendung einer geeigneten Transformation der Gruppe $\mathcal{L}_4$ kann (9.29) auf die *Normalform*

$$(9.30) \qquad c \ldots y(x) = e^{K_o x}$$

transformiert werden. Wir geben eine euklidische Deutung von K_o. Dazu bestimmen wir in einem Punkt $P(x_o, y_o)$ der Kurve (9.30) den isotropen Krümmungskreis c^*, für den sich

$$(9.31) \qquad y = (\tfrac{1}{2}K_o^2\, e^{K_o x_o})x^2 + K_o e^{K_o x_o}(1-K_o x_o)x +$$

$$+ e^{K_o x_o}(1-K_o x_o + \tfrac{1}{2}K_o^2 x_o^2)$$

einstellt. Für die euklidische Achse a^* der Parabel c^* berechnet man $x = x_o - \frac{1}{K_o}$, sodaß man K_o als Reziprokwert des euklidischen Abstandes $d_E(a^*, P)$ deuten kann. Wir notieren den

<u>SATZ 9.7:</u> Für wendepunktfreie C^r-Kurven ($r≥3$) der isotropen
Ebene läßt sich bezüglich der Gruppe $\mathcal{L}_4$ der längentreuen, isotropen Ähnlichkeiten mittels (9.27) ein isotropes Bogenelement
ds_L und mittels (9.28) eine isotrope Krümmung $\varkappa_L$ definieren.
Die einzigen wendepunktfreien C^r-Kurven ($r≥3$) konstanter Krümmung $\varkappa_L = K_0$ sind die isotropen Kreise ($K_0 = o$) und die Exponentialkurven (9.30) mit $K_0 \neq o$. Ist c^* die Schmiegparabel mit der isotropen Achse a^* in einem Punkt P einer Exponentialkurve (9.30),
dann läßt sich K_0 als Reziprokwert des euklidischen Abstandes
des Punktes P von a^* deuten.

Die Gruppe $\mathcal{b}_4$ der *spannentreuen isotropen Ähnlichkeiten* ist
durch (2.10) gegeben. Zur Bestimmung eines isotropen *Bogenele-
ments* ds_S und einer *isotropen Krümmung* $\varkappa_S$ bezüglich $\mathcal{b}_4$ bilden
wir durch zweimalige differentielle Erweiterung von (2.10) $\bar{y}' =$
$= \frac{c}{p} + \frac{1}{p} y'$, $\bar{y}'' = \frac{1}{p^2} y''$ und weiters $d\bar{x} = pdx = \sqrt{\frac{y''}{\bar{y}''}} dx$, woraus
sich

(9.32) $ds_S = \sqrt{y''}\ dx$

ergibt. Weiter folgt $d\bar{y}'' = \frac{1}{p^2} dy'' = \frac{\bar{y}''}{y''} y''' dx$, woraus mittels
(9.32)

$$(9.33) \qquad \varkappa_S = \frac{y'''}{\sqrt{(y'')^3}}$$

fließt. Gemäß der Herleitung lassen sich ds_S und $\varkappa_S$ nur für *wendepunktfreie* C^r-Kurven ($r≥3$) definieren. Aus (9.33) folgt, daß
die Kurven von verschwindender Krümmung $\varkappa_S = o$ die isotropen Kreise
$y(x) = \frac{c_1}{2} x^2 + c_2 x + c_3$ sind; jeder Kreis läßt sich durch eine
spannentreue isotrope Ähnlichkeit auf die Normalform $y = x^2$ transformieren. Kreise besitzen somit keine isotrope Invariante gegenüber der Gruppe $\mathcal{b}_4$. Bestimmt man aus (9.33) die Kurven konstanter spannentreuer Krümmung $\varkappa_S = K_0 \neq o$, so stellt sich als *Normalform* dieser Kurven

$$(9.34) \qquad c \ldots y(x) = - \frac{4}{K_0^2} \ln x$$

ein. Um die Größe $- \frac{4}{K_0^2}$ innerhalb der Gruppe $\mathcal{b}_4$ geometrisch zu
deuten, betrachten wir in einem Punkt $P(x_0, y_0)$ der Kurve (9.34)
den isotropen Krümmungskreis c^*. Man findet für c^* die Gleichung

$$(9.35) \qquad y = (\ \frac{2}{K_o^2 x_o^2}\ )x^2 + (-\ \frac{8}{K_o^2 x_o^2}\ )x + \frac{6}{K_o^2} + y_o$$

und berechnet hieraus den Schnittpunkt S von c^* mit der Asymptote a: x=o von c zu $S(o,y_o+ \frac{6}{K_o^2}\ )$. Andererseits schneidet die Tangente t in P an c die Asymptote a im Punkt $T(o,y_o+ \frac{4}{K_o^2}\ )$, sodaß man die Spanne $s(S,T) = -\ \frac{2}{K_o^2}$ als $\mathcal{G}_4$-Invariante berechnet, womit eine Deutung von $-\ \frac{4}{K_o^2}$ gefunden ist. Wir vermerken den

<u>SATZ 9.8:</u> Für wendepunktfreie C^r-Kurven (r≥3) der isotropen Ebene läßt sich bezüglich der Gruppe $\mathcal{G}_4$ der spannentreuen, isotropen Ähnlichkeiten mittels (9.32) ein isotropes Bogenelement ds_S und mittels (9.33) eine isotrope Krümmung $\varkappa_S$ definieren. Die einzigen wendepunktfreien C^r-Kurven (r≥3) konstanter Krümmung $\varkappa_S = K_o$ sind die isotropen Kreise (K_o=o) und die logarithmischen Kurven (9.34) mit $K_o \neq$o. Ist c^* der isotrope Krümmungskreis in einem Punkt P einer logarithmischen Kurve c mit der Tangente t in P und bezeichnen S bzw. T die Schnittpunkte von c^* bzw. t mit der Asymptote von c, so kann die Invariante $-\ \frac{4}{K_o^2}$ in (9.34) als zweifache Spanne $s(S,T)$ gedeutet werden.

Wir betrachten schließlich die *allgemeine isotrope Ähnlichkeitsgruppe* $\mathcal{G}_5$, die durch (2.5) gegeben sit. Dreimalige differentielle Erweiterung von (2.5) liefert $\bar{y}' = \frac{c}{p} + \frac{q}{p}\,y'$, $\bar{y}'' = \frac{q}{p^2}\,y''$, $\bar{y}''' = \frac{q}{p^3}\,y'''$, woraus $d\bar{x} = \frac{\bar{y}''}{\bar{y}'''}\ \frac{y'''}{y''}\,dx$ folgt. Damit erhält man als *Bogenelement* ds_G der Gruppe (2.5)

$$(9.36) \qquad ds_G = \frac{y'''}{y''}\,dx.$$

Für die *Krümmung* $\varkappa_G$ erhält man über $d\bar{y}''' = \frac{\bar{y}'''}{\bar{y}'''}\,y^{IV}\,dx$ mittels (9.36) sofort

$$(9.37) \qquad \varkappa_G = \frac{y^{IV}\,y''}{y'''^2}\ .$$

Gemäß der Herleitung existieren die Invarianten (9.36) und (9.37) nur, wenn die betrachtete C^r-Kurve (r≥4) *wendepunktfrei* und *scheitelfrei* (y'''≠o) ist. Bestimmen wir noch die Kurven konstanter Krümmung $\varkappa_G = K_o$. Für K_o=o erhalten wir aus (9.37) die *kubischen Para-*

beln

$$(9.38) \qquad y(x) = \frac{1}{6} c_1 x^3 + \frac{1}{2} c_2 x^2 + c_3 x + c_4,$$

die sich bezüglich der Gruppe $\mathcal{G}_5$ auf die *Normalform* $y=x^3$ transformieren lassen. Wir haben diese Kurven schon in § 6 näher betrachtet. Mit einer interessanten Kennzeichnung dieser Kurven im Sinne der *isotropen Relativgeometrie* werden wir uns in § 10 beschäftigen. Bei der Integration der Differentialgleichung (9.37) mit $\varkappa_G = K_o \neq o$ sind *4 Fälle* zu unterscheiden:

Für $K_o = 1$ stellt sich die allgemeine Lösung

$$(9.39) \qquad y(x) = \frac{1}{c_1^2} e^{c_1 x + c_2} + c_3 x + c_4$$

mit Integrationskonstanten $c_j \in \mathbb{R}$ $(j = 1,..,4)$ ein, für $K_o = 2$ ergibt sich

$$(9.40) \qquad y(x) = - \frac{1}{c_1^2} \{ (c_1 x + c_2) [\ln(c_1 x + c_2) - 1] \} + c_3 x + c_4,$$

für $K_o = \frac{3}{2}$ findet man

$$(9.41) \qquad y(x) = - \frac{4}{c_1^2} \ln (c_1 x + c_2) + c_3 x + c_4,$$

während sich schließlich für $K_o \neq 1, 2, \frac{3}{2}$ die Lösung

$$(9.42) \qquad y(x) = \frac{1}{\alpha(\alpha+1)(\alpha+2)c_1^2} (c_1 x + c_2)^{\alpha+2} + c_3 x + c_4$$

mit $\alpha := \frac{1}{1-K_o}$ einstellt. Durch eine Transformation der Gruppe $\mathcal{G}_5$ kann man die Gleichungen (9.39) - (9.42) der Reihe nach auf die *Normalformen*

$$(9.43) \qquad y(x) = e^x \qquad \text{bzw.}$$

$$(9.44) \qquad y(x) = x \ln|x| \qquad \text{bzw.}$$

$$(9.45) \qquad y(x) = \ln x \qquad \text{bzw.}$$

$$(9.46) \qquad y(x) = x^{\alpha+2} \qquad \text{mit} \quad \alpha \neq -2, -1, o, 1$$

transformieren. Die Kurven (9.46) sind für $-2 < \alpha < -1$ *verallgemeinerte Parabeln*, die im Punkt $(o:1:o)$ die Ferngerade berühren und im Punkt $U(o,o)$ eine isotrope Tangente a_1 besitzen; sie gehören zur Krümmung $\frac{3}{2} < \varkappa_G < 2$. Wir bezeichnen diese Kurven als *verallgemeinerte Parabeln 1. Art*. Für $\alpha > -1$ sind die Kurven (9.46) verallgemeinerte Parabeln, welche die absolute Gerade f

im absoluten Punkt F(o:o:1) berühren und in U die Gerade $a_2 \ldots y=o$
als Tangente besitzen; sie gehören zur Krümmung $\varkappa_G$ mit $\varkappa_G < 1$
bzw. $\varkappa_G > 2$. Wir bezeichnen diese Kurven als *verallgemeinerte Parabeln 2. Art*. Für $\alpha < -2$ stellt (9.46) *verallgemeinerte Hyperbeln* dar (vgl.[91,29]); sie gehören zu Krümmungen $\varkappa_G$ mit $1 < \varkappa_G <$
$< \frac{3}{2}$. Bevor wir uns mit einer Deutung der Krümmung $\varkappa_G = K_O$ der
Kurven (9.46) beschäftigen, wollen wir die *Sonderfälle* $K_O = 1$ (Exponentialkurve), $K_O = \frac{3}{2}$ (logarithmische Kurve) und $K_O = 2$ (isotrope
logarithmische Spirale) innerhalb der Gruppe $\mathcal{G}_5$ geometrisch deuten. Wir fassen zusammen und beweisen ergänzend den

SATZ 9.9: Für wendepunktfreie und scheitelfreie C^r-Kurven ($r \geq 4$)
der isotropen Ebene läßt sich bezüglich der allgemeinen isotropen
Ähnlichkeitsgruppe $\mathcal{G}_5$ mittels (9.36) ein isotropes Bogenelement
ds_G und mittels (9.37) eine isotrope Krümmung $\varkappa_G$ definieren. Die
einzigen wendepunktfreien und scheitelfreien C^r-Kurven ($r \geq 4$) konstanter Krümmung $\varkappa_G = K_O$ sind die kubischen Parabeln ($K_O = o$), die
Exponentialkurven ($K_O = 1$), die isotropen logarithmischen Spiralen
($K_O = 2$), die logarithmischen Kurven ($K_O = \frac{3}{2}$), die verallgemeinerten
Parabeln 1. Art ($\frac{3}{2} < K_O < 2$), die verallgemeinerten Parabeln 2.
Art ($K_O < 1$ bzw. $K_O > 2$) und die verallgemeinerten Hyperbeln
($1 < K_O < \frac{3}{2}$). Bezeichnet P einen Punkt einer Exponentialkurve c,
t die Tangente und a die Affinnormale in P und bedeutet $\tilde{P}$ die Projektion von P in isotroper Richtung auf die Asymptote l von c,
während A und T die Schnittpunkte von a bzw. t mit l bezeichnen,
dann gilt $\varkappa_G(c) = \frac{1}{3} TV(T,\tilde{P};A) = 1$. Bezeichnet P einen Punkt einer
logarithmischen Kurve c, t die Tangente, a die Affinnormale und
c^* den isotropen Krümmungskreis in P und bedeuten T, A und S die
Schnittpunkte von t, a und c^* mit der isotropen Asymptote von c,
dann gilt $\varkappa_G(c) = 2 TV(T,S;A) = \frac{3}{2}$. Bezeichnet P einen Punkt einer isotropen logarithmischen Spirale c, der vom Spiralzentrum
Z verschieden ist und bezeichnet S bzw. T den Schnittpunkt des
isotropen Krümmungskreises c^* bzw. der Tangente t in P mit der
isotropen Wendetangente von c, so gilt $\varkappa_G(c) = TV(T,S;Z) = 2$.

Beweis:
In laufenden Koordinaten (X,Y) wird die Affinnormale a eines
Punktes $P(x_O,y_O)$ einer Kurve $y = f(x)$ durch

(9.47) $\quad X(y_o'-A)-Y+(y_o-x_oy_o'+Ax_o) = o \quad$ mit $\quad A := \dfrac{3y_o''^2}{y_o'''}$

festgelegt, wie man sofort aus (9.18) folgert; hierbei muß die
betrachtete Kurve als frei von isotropen Scheiteln vorausgesetzt
werden. Ist c eine Exponentialkurve (9.43), so findet man
$A(\frac{1}{2}+x_o,o)$, $T(x_o-1,o)$ und $\tilde{P}(x_o,o)$, woraus sich $TV(T,\tilde{P};A) = 3$ ergibt. Analog berechnet man für eine logarithmische Kurve (9.45)
der Reihe nach $A(o, \frac{1}{2} + \ln x_o)$, $T(o, -1+\ln x_o)$ und $S(o, -\frac{3}{2} +$
$+ \ln x_o)$, woraus $TV(T,S;A) = \frac{3}{4}$ fließt. Die letzte Aussage bestätigt man ebenfalls durch Rechnung; sie findet sich bereits
in [112,64].

Wir geben nun noch eine geometrische Deutung von $K_o = 1 - \frac{1}{\alpha}$ in
(9.46). Zunächst ist klar, daß die Geraden $a_1(x=o)$ und $a_2(y=o)$
für die Kurven (9.46) geometrische Bedeutung besitzen und ebenso ihr Schnittpunkt $U(o,o)$. Für den isotropen Krümmungskreis c^*
in einem Punkt $P \neq U$ einer Kurve c (9.46) findet man

(9.48) $\quad y = [\dfrac{(\alpha+1)(\alpha+2)y_o}{2x_o^2}] x^2 - \dfrac{\alpha(\alpha+2)y_o}{x_o} x + \dfrac{\alpha(\alpha+1)}{2} y_o,$

sodaß der Schnittpunkt S von c^* mit a_1 die Koordinaten $S(o,$
$\frac{\alpha(\alpha+1)}{2} y_o)$ besitzt. Setzen wir, wie immer $\alpha \neq o,-1$ voraus, so gilt
$S \neq U$. Bezeichnet weiter $\tilde{P}$
die Projektion von P in
der Richtung a_2 auf a_1
(vgl. Fig. 50), so gilt
wegen $\alpha \neq -2$, daß $\tilde{P}=S$
genau für $\alpha=1$, d.h. für
die kubische Parabel
$y = x^3$ eintritt.
Schließlich berechnen
wir den Schnittpunkt T
der Tangente t in P an
c mit a_1 zu $T(o,-(1+\alpha)y_o)$.
Bestimmt man nun das
Doppelverhältnis DV(T,
$S,U,\tilde{P}) = \dfrac{TV(T,S;U)}{TV(T,S;\tilde{P})} =$

$= \dfrac{\alpha-1}{\alpha} = K_o,$ so hat man

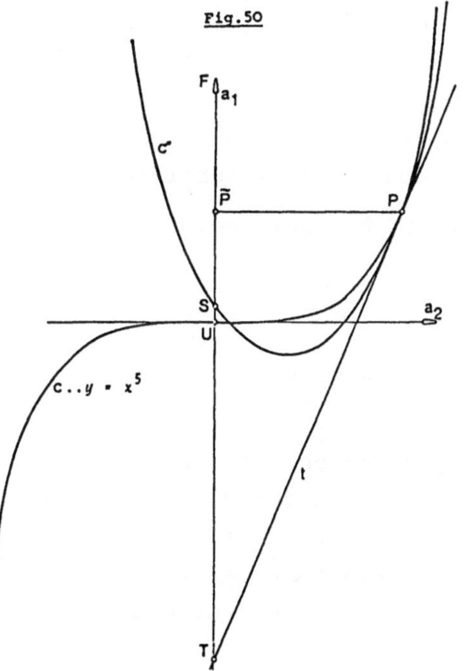

eine schöne *geometrische Deutung* von K_o innerhalb der Gruppe $\mathcal{G}_5$ gefunden. Wir vermerken den

SATZ 9.10: Bezeichnet T den Schnittpunkt der Tangente eines Punktes P≠U einer Kurve c (9.46) - die keine kubische Parabel ist - mit der isotropen Tangente a_1 durch U und bezeichnet S den Schnittpunkt des isotropen Krümmungkreises in P mit a_1, so gilt $DV(T,S,U,\tilde{P}) = K_o$, wenn $\tilde{P}$ die Projektion von P in der Richtung a_2 auf a_1 ist.

Aus den voranstehenden Überlegungen ergibt sich noch ein bisher offenbar unbemerkt gebliebenes Ergebnis der Elementargeometrie, das in Figur 51 veranschaulicht wurde:

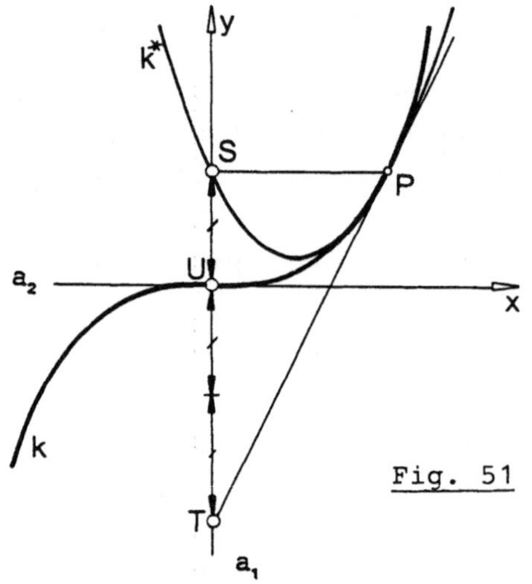

Korrolar: Bezeichnet k eine kubische Parabel $y=x^3$ mit dem Wendepunkt U und der Wendepunktsnormalen a_1, dann schneidet die Schmiegparabel k^* jedes Punktes P∈k, P≠U die Gerade a_1 in einem Punkt

S, der mit P auf einer Parallelen zur Wendetangente liegt. Ist T der Schnittpunkt der Tangente t in P mit a_1, so gilt $\overline{TU}=2\overline{US}$.

Bezüglich weiterer Resultate vergleiche [32] und [121].

§ 10 Ergänzungen

In diesem Abschnitt wird die in § 1 - § 9 dargelegte allgemeine Theorie in einigen Punkten ergänzt. Diese Ergänzungen beziehen sich auf die Bestimmung der eingliedrigen Untergruppen der *allgemeinen isotropen Ähnlichkeitsgruppe* $\mathcal{G}_5$, wobei ein relativ elementares Verfahren verwendet wird (vgl.[32]), auf die Untersu-

chung der *vollständig zirkulären Kurven* n-ter Ordnung (vgl.[119],
[120]) und einige Resultate aus der isotropen Differentialgeometrie bzw. *Kinematik* (vgl.[73]-[80]).

Wie in (2.1) betrachten wir eine r-gliedrige Transformationsgruppe

$$(10.1) \quad \bar{x}_i = \varphi_i(x_1,\ldots,x_n; a_1,\ldots,a_r) \quad (i = 1,\ldots,n)$$

mit $\varphi_i \in C^\omega$ und den wesentlichen Parametern $a_1,\ldots,a_r$. Setzt man
$\mathfrak{x}:=(x_1,\ldots,x_n)$, $\bar{\mathfrak{x}}:=(\bar{x}_1,\ldots,\bar{x}_n)$ und $\mathfrak{a}:=(a_1,\ldots,a_r)$, so kann man
(10.1) symbolisch kurz durch

$$(10.2) \quad \bar{\mathfrak{x}} = T_\mathfrak{a}\mathfrak{x}$$

beschreiben, wobei $T_\mathfrak{a}$ jene Transformation aus (10.1) bezeichnet,
die zu den festen Parametern $(a_1,\ldots,a_r)$ gehört. Wir wollen i.f.
eine einfache Methode darlegen, wie man alle eingliedrigen Untergruppen von (10.1) bestimmen kann, ohne tiefere Sätze aus der
Theorie der LIE-Gruppen heranzuziehen; bezüglich der allgemeinen
Verfahren vergleiche man [43],[19],[111] und [59]. Zunächst die

<u>Definition 10.1</u>: Eine Transformation S, beschrieben durch n Funk-
tionen $y_i=\Psi_i(x_1,\ldots,x_n)$ $(i=1,\ldots,n)$ mit Det $\dfrac{\partial\Psi_i}{\partial x_j} \neq 0$ heißt - angewendet auf (10.1) - eine *reguläre Koordinatentransformation* der
Gruppe (10.1).

<u>Folgerungen und Bemerkungen:</u>

1) Mit Det $\dfrac{\partial\Psi_i}{\partial x_j}$ haben wir in obiger Definition die

$$\text{Determinante} \quad \begin{vmatrix} \dfrac{\partial\Psi_1}{\partial x_1} & \cdots\cdots & \dfrac{\partial\Psi_1}{\partial x_n} \\ & \cdot & \\ & \cdot & \\ & \cdot & \\ \dfrac{\partial\Psi_n}{\partial x_1} & \cdots\cdots & \dfrac{\partial\Psi_n}{\partial x_n} \end{vmatrix} \quad \text{bezeichnet.}$$

2) Wird S symbolisch beschrieben durch $\mathfrak{y} = S\mathfrak{x}$, so ist $S^{-1}\mathfrak{y}=\mathfrak{x}$,

$$S^{-1}\bar{\bar{y}} = \bar{t} \implies S^{-1}\bar{y} = T_\alpha S^{-1}y \implies \bar{y} = (ST_\alpha S^{-1})y \,, \text{ d.h. in den neu-}$$

en Koordinaten wird eine Abbildung aus (10.2) beschrieben durch

$$(10.3) \qquad \bar{y} = T_\alpha^* y \quad \text{mit} \quad T_\alpha^* = ST_\alpha S^{-1} .$$

3) Die Gruppeneigenschaft einer Menge von Transformationen ist invariant gegenüber regulären Koordinatentransformationen S.

<u>Beweis:</u>

Sei $\mathcal{G} = \{T_{\alpha_1}, T_{\alpha_2}, T_{\alpha_3}, \ldots\}$ eine Transformationsgruppe. Dann gilt $T_{\alpha_2} \circ T_{\alpha_1} = T_{\alpha_3}$ und mit (10.3) folgt: $S^{-1}T_\alpha^* S = T_\alpha \implies (S^{-1}T_{\alpha_2}^* S) \circ$ $\circ (S^{-1}T_{\alpha_1}^* S) = S^{-1}T_{\alpha_3}^* S \implies S^{-1}T_{\alpha_2}^* \circ T_{\alpha_1}^* S = S^{-1}T_{\alpha_3}^* S \implies T_{\alpha_2}^* \circ T_{\alpha_1}^* = T_{\alpha_3}^*$, d.h. die erste Bedingung für das Vorliegen einer Gruppe ist erfüllt. Da zu T_α stets T_α^{-1} in $\mathcal{G}$ mit $T_\alpha \circ T_\alpha^{-1} = I$ existiert, folgt weiter: $(S^{-1}T_\alpha^* S) \circ (S^{-1}T_\alpha^* S)^{-1} = I \implies (S^{-1}T_\alpha^* S) \circ (S^{-1}T_\alpha^{*-1} S) = S^{-1}T_\alpha^* \circ T_\alpha^{*-1} S = I \implies T_\alpha^* \circ T_\alpha^{*-1} = I$, womit die zweite Gruppenbedingung ebenfalls erfüllt ist.

<u>Definition 10.2:</u> Zwei Transformationsgruppen mit gleicher Gliederzahl und gleicher Zahl von Variablen heißen *äquivalent*, wenn es eine reguläre Koordinatentransformation gibt, die die eine in die andere überführt.

Wir betrachten jetzt eine Transformationsgruppe $\mathcal{G}$ mit der Darstellung (10.1). Sind die $a_j = a_j(\tau)$ $(j=1,\ldots,r)$ Funktionen eines Parameters τ, so wird hierdurch eine einparametrige Schar $\mathcal{A}$ von Transformationen aus $\mathcal{G}$ ausgesondert, nämlich

$$(10.4) \qquad \bar{x} = \varphi_i(x_1,\ldots,x_n; a_1(\tau),\ldots,a_r(\tau)) = \varphi_i(x_1,\ldots,x_n;\tau) .$$

Mit einer Vektorfunktion $f = (\varphi_1,\ldots,\varphi_n)$ schreiben wir hierfür kurz

$$(10.5) \qquad \bar{t} = f(\varphi;\tau) .$$

Natürlich wird die Transformationsschar (10.5) i.a. keine Gruppe bilden. Dazu muß vielmehr gelten:

I: Sind $\bar{t} = f(t,\tau_1)$ und $\bar{\bar{t}} = f(\bar{t},\tau_2)$ aus $\mathcal{A}$, so muß $\bar{\bar{t}} = f(f(t,\tau_1), \tau_2) =: f(t,\tau_3)$ in $\mathcal{A}$ liegen, d.h. es muß eine Funktion h mit $\tau_3 = h(\tau_1,\tau_2)$ geben.

II: Die identische Transformation $\bar{t} = f(t,\tau_o)$ gehöre o.B.d.A.

zum Parameterwert $\tau_0 = o$, d.h. es sei $\bar{t} = f(t,o) = t$. Nach I folgt dann, daß zu jedem τ ein τ' mit $h(\tau,\tau') = o$ existiert, denn dann gilt ja $T_\tau \ T_{\tau'} = $ Identität.

Nach diesen Vorbereitungen beweisen wir den im folgenden sehr wichtigen

SATZ 10.1: Bildet eine einparametrige Schar $\bar{t} = f(t,\tau)$ von Transformationen eine Gruppe, dann wird hierdurch ein von τ unabhängiges Richtungsfeld definiert, d.h. es existiert eine Parametertransformation $t = t(\tau)$, so daß $\frac{d\bar{t}}{dt} = g(\bar{t})$ nicht von t abhängt. Jede eingliedrige Transformationsgruppe ist zur eingliedrigen Translationsgruppe äquivalent.

Beweis:

($\underline{1}$): Wir führen zwei Transformationen aus $\mathcal{U}$ hintereinander aus, und zwar die Transformation, die zum Parameter $\tau + \sigma$ gehört und die Transformation, die zum Parameter τ' mit $h(\tau,\tau') = o$ nach II) gehört. Nach I) gilt dann: $\tau_3 = h(\tau + \sigma, \tau')$, wobei τ_3 zur zusammengesetzten Transformation $\bar{\bar{t}} = f(t;\tau_3) = f(t; h(\tau + \sigma, \tau'))$ gehört. Wird nun τ und damit τ' festgehalten, dann erscheint $\bar{\bar{t}}$ als Funktion von σ und beschreibt die Bahnkurve des Punktes $X(t)$ in Abhängigkeit von σ; dabei gehört $\sigma = o$ zur Identität $\bar{t} = t$. Wir berechnen nun die Bahntangente dieser Kurve an der Stelle $\sigma = o$. Man findet

$$(10.6) \qquad \left.\frac{d\bar{\bar{t}}}{d\sigma}\right|_{\sigma=o} = f_h(\bar{t}, h(\tau,\tau')) \cdot h_\tau(\tau,\tau') = f_h(\bar{\bar{t}},o) \cdot h_\tau(\tau,\tau').$$

Die Formel (10.6) zeigt, daß die Richtung von $\left.\dfrac{d\bar{t}}{d\sigma}\right|_{\sigma=o}$ d.h. der Tangentenvektor in $\sigma = o$ nicht von τ abhängt; nur seine Länge hängt von τ ab. In der Beziehung $h(\tau,\tau') = o$ ist sicher $h_\tau \neq o$ in einem t-Intervall, denn andernfalls wäre dort $h \equiv o$ und es würde keine Gruppe $\mathcal{U}$ vorliegen. Löst man $h(\tau,\tau') = o$ nach τ' auf zu $\tau' = \tau'(\tau)$, so ergibt sich $h_\tau(\tau,\tau'(\tau)) =: k(\tau) \neq o$ und (10.6) kann in der Form

$$(10.7) \qquad \left.\frac{d\bar{t}}{d\tau}\right|_{\sigma=o} = f_\tau(\bar{t},o) \cdot k(\tau)$$

geschrieben werden. Nun definieren wir eine zulässige Parametertransformation mittels $t = \int_o^\tau k(\chi)d\chi$. Mit ihr folgt $\dfrac{d\bar{t}}{dt} = \dfrac{d\bar{t}}{d\tau} \cdot \dfrac{d\tau}{dt} =$

$= f_\tau(\overline{\overline{z}},o)\,k(\tau) \cdot \dfrac{1}{k(\tau)} = f_\tau(\overline{\overline{z}},o) =: \mathcal{G}(\overline{\overline{z}})$, womit die erste Aussage des Satzes gezeigt ist.

(2): Es bleibt noch zu zeigen, daß durch den Parameter t die Äquivalenz zur eingliedrigen Translationsgruppe geleistet wird. Jedenfalls entspricht $\tau=o$ genau $t=o$. Nach (10.7) bleibt - nach Unterdrückung eines Querstriches - das folgende System von Differentialgleichungen $\dfrac{d\overline{x_i}}{dt} = g_i(\overline{x_1},..,\overline{x_n})$ $(i=1,..,n)$ zu studieren. Es ist gleichwertig mit dem System

$$(10.8) \qquad \frac{d\overline{x_1}}{g_1} = \frac{d\overline{x_2}}{g_2} = \ldots = \frac{d\overline{x_n}}{g_n} = dt \ .$$

Besitzt (10.8) die Lösungen $\Psi_1(\overline{x_1},..,\overline{x_n}) = c_1,\ldots,$ $\Psi_{n-1}(\overline{x_1},..,\overline{x_n}) = c_{n-1}$ mit Integrationskonstanten $c_1,..,c_{n-1}$, dann kann man dieses Funktionssystem nach $\overline{x_1},..,\overline{x}_{n-1}$ auflösen zu: $\overline{x_1} = \overline{x_1}(\overline{x_n},c_1,..,c_{n-1}),\ldots,\overline{x}_{n-1} = \overline{x}_{n-1}(\overline{x_n}, c_1,..,c_{n-1})$. Werden diese Funktionen in $g_n(\overline{x_1},..,\overline{x_2})$ eingesetzt, so liefert die letzte Gleichung in (10.7) $dt = \dfrac{d\overline{x_n}}{g_n} = \dfrac{d\overline{x_n}}{\hat{g}_n(\overline{x_n},c_1,..,c_{n-1})}$. Durch Integration folgt nun $t + c_n = \displaystyle\int \frac{d\overline{x_n}}{g_n} =: \hat{\Psi}_n(\overline{x_n},c_1,..,c_{n-1}) = \Psi_n(\overline{x_1},\overline{x_2},..,\overline{x_n})$, wenn die c_i durch die $\Psi_i(\overline{x_1},..,\overline{x_n})$ $(i=1,..,n-1)$ ersetzt werden. Insgesamt ergibt sich daher für $t = o$: $c_1 = \Psi_1(x_1,..,x_n) = \Psi_1(\overline{x_1},..,\overline{x_n}),\ldots,c_{n-1} = \Psi_{n-1}(x_1,..,x_n) = \Psi_{n-1}(\overline{x_1},..,\overline{x_n})$; $c_n = \Psi_n(x_1,..,x_n)$. Hiermit folgt $t + \Psi_n(x_1,..,x_n) = \Psi_n(\overline{x_1},..,\overline{x_n})$. Man kann unter Verwendung des Kroneckersymbols δ_n^i somit alle Gleichungen zusammenfassen in

$$(10.9) \qquad \Psi_i(\overline{x_1},..,\overline{x_n}) = \Psi_i(x_1,..,x_n) + \delta_n^i t \quad (i=1,..,n).$$

Führt man schließlich die reguläre Koordinatentransformation $y_i = \Psi_i(x_1,..,x_n)$ $(i=1,..,n)$ durch, so gewinnt man aus (10.9) die eingliedrige Translationsgruppe

$$(10.10) \qquad \overline{y}_i = y_i + \delta_n^i t \quad (i=1,..,n),$$

womit auch die zweite Aussage des SATZES 10.1 gezeigt ist.

Als wichtige Anwendung von SATZ 10.1 bestimmen wir i.f. alle eingliedrigen Untergruppen der isotropen Ähnlichkeitsgruppe $\mathcal{G}_5$. Wir gehen dazu von der allgemeinen isotropen Ähnlichkeitsgruppe $\mathcal{G}_5$ mit der Darstellung (2.5) aus. Der Parameter t sei so gewählt wie im SATZ 10.1. Dann gilt

$$(10.11) \quad \begin{cases} \bar{x} = a(t) + p(t)x \\ \bar{y} = b(t) + c(t)x + q(t)y \end{cases}$$

mit den Anfangsbedingungen

$$(10.12) \quad a(o) = b(o) = c(o) = o, \quad p(o) = q(o) = 1$$

und nach SATZ 10.1 müssen $\dot{\bar{x}} = \dot{a} + \dot{p}x$ und $\dot{\bar{y}} = \dot{b} + \dot{c}x + \dot{q}y$ - wenn hierin x und y durch $\bar{x}$ und $\bar{y}$ ausgedrückt werden - von t unabhängig sein. Die erste Gleichung liefert $\dot{\bar{x}} = \dot{a} + \frac{\dot{p}}{p}\bar{x} - \frac{\dot{p}}{p}a$ und damit $\frac{\dot{p}}{p} =: \alpha_o = $ konst. und $\dot{a} - \frac{\dot{p}}{p}a =: \gamma_o = $ konst. Die zweite Gleichung wird analog ausgewertet. Insgesamt ergibt sich mit Konstanten $\alpha_o, \beta_o, \gamma_o, \delta_o, \varepsilon_o$ folgendes System von Differentialgleichungen

$$(10.13a\text{-}e) \quad \dot{p} = \alpha_o p, \quad \dot{q} = \beta_o q, \quad \dot{a} - \alpha_o a = \gamma_o,$$
$$\dot{c} - \beta_o c = \delta_o p, \quad \dot{b} - \beta_o b = \varepsilon_o + a\delta_o.$$

Die Integration dieses Systems liefert alle eingliedrigen Untergruppen der Gruppe $\mathcal{G}_5$. Wir gliedern die Diskussion in 5 *Hauptfälle* und verschiedene *Unterfälle*:

Hauptfall A: $\quad \alpha_o = o, \quad \beta_o = o.$

Dieser Fall liegt genau dann vor, wenn man die eingliedrigen Untergruppen der *isotropen Bewegungsgruppe* (2.12) bestimmen will. Das System (10.13a-e) vereinfacht sich dann zu

$$(10.14a\text{-}e) \quad \dot{p} = o, \quad \dot{q} = o, \quad \dot{a} = \gamma_o$$
$$\dot{c} = \delta_o p, \quad \dot{b} = \varepsilon_o + a\delta_o$$

und besitzt unter Berücksichtigung der Anfangsbedingungen (10.12) die allgemeine Lösung

$$(10.15) \quad p = 1, \quad q = 1, \quad a(t) = \gamma_o t$$
$$c(t) = \delta_o t, \quad b(t) = \varepsilon_o t + \frac{1}{2}\gamma_o\delta_o t^2.$$

Die zugehörigen eingliedrigen Untergruppen lauten damit

$$(10.16) \quad \begin{cases} \bar{x} = \gamma_o t + x \\ \bar{y} = (\varepsilon_o t + \frac{1}{2}\gamma_o\delta_o t^2) + \delta_o tx + y. \end{cases}$$

Es müssen entsprechend der Bahnkurve eines Punktes $P(x=x_o, y=y_o)$ verschiedene Unterfälle betrachtet werden:

<u>Unterfall A1:</u> $\gamma_o = o$, $\varepsilon_o = o$, $\delta_o = o$ ... *Identität*

<u>Unterfall A2:</u> $\gamma_o = o$, $\varepsilon_o \neq o$, $\delta_o = o$.

Man findet

$$(10.17) \qquad \begin{cases} \bar{x} = x_o \\ \bar{y} = \varepsilon_o t + y_o. \end{cases}$$

Es handelt sich um *Schiebungen in isotroper Richtung*.

<u>Unterfall A3:</u> $\gamma_o = o$, $\varepsilon_o \neq o$, $\delta_o \neq o$.

Man findet $\{\bar{x} = x_o,\ \bar{y} = (\varepsilon_o + \delta_o x_o)t + y_o\}$. Der Bildpunkt $\bar{P}$ jedes Punktes P liegt mit diesem auf einer isotropen Geraden. Alle Fixpunkte liegen auf der Geraden $x_o = -\dfrac{\varepsilon_o}{\delta_o}$. Legt man diese nach Anwendung einer Schiebung in die y-Achse des Koordinatensystems, so folgt $\varepsilon_o = o$ und die Abbildungsgleichungen lauten

$$(10.18) \qquad \begin{cases} \bar{x} = x_o \\ \bar{y} = \delta_o x_o t + y_o \end{cases}$$

Das ist die Untergruppe der *isotropen Scherungen*.

<u>Unterfall A4:</u> $\gamma_o \neq o$, $\delta_o = o$.

Man findet $\{\bar{x} = \gamma_o t + x_o,\ \bar{y} = \varepsilon_o t + y_o\}$. Die Bahnkurven sind nichtisotrope parallele Geraden. Nach geeigneter Wahl des Koordinatensystems kann man $\varepsilon_o = o$ erreichen und findet

$$(10.19) \qquad \begin{cases} \bar{x} = \gamma_o t + x_o \\ \bar{y} = y_o \end{cases}$$

Das ist die Gruppe der *nichtisotropen Schiebungen*.

<u>Unterfall A5:</u> $\gamma_o \delta_o \neq o$.

Berechnet man aus (10.16) die Bahnkurve eines Punktes $P(x=x_o, y=y_o)$ so findet man den isotropen Kreis

$$(10.20) \qquad \bar{y} = \frac{\delta_o}{2\gamma_o} \bar{x}^2 + \frac{\varepsilon_o}{\gamma_o} \bar{x} + y_o - \frac{\varepsilon_o x_o}{\gamma_o} - \frac{\delta_o}{2\gamma_o} x_o^2 .$$

Die Bahnkurven aller Punkte P sind gemäß (10.20) kongruente und konzentrische Kreise; sie bilden das Hyperoskulationsbüschel durch das Linienelement (F,f). Wir nennen diese Untergruppe die Gruppe der *isotropen Grenzdrehungen*. Da man nach Ausübung einer Schiebung in $\bar{x}$-Richtung in (10.20) $\varepsilon_o=o$ erzielen kann, stellt sich aus (10.16) die Normalform

$$(10.21) \quad \begin{cases} \bar{x} = \gamma_o t + x_o \\ \bar{y} = \frac{1}{2}\gamma_o\delta_o t^2 + \delta_o t x_o + y_o \end{cases}$$

ein. Wir fassen zusammen im

<u>SATZ 10.2:</u> Die isotrope Bewegungsgruppe $\mathcal{L}_3$ besitzt außer der Identität 4 eingliedrige Untergruppen. Es sind dies die Gruppe der isotropen Grenzdrehungen, die Gruppe der isotropen Scherungen und die Gruppe der Schiebungen in isotroper bzw. nichtisotroper Richtung.

Wir wenden uns nun den weiteren Hauptfällen zu, wobei wir [32] folgen.

<u>Hauptfall B:</u> $\alpha_o=o$; $\beta_o\neq o$.

Wegen $p=1$ liegt dieser Fall genau dann vor, wenn man die eingliedrigen Untergruppen der Gruppe $\mathcal{L}_4$ der *längentreuen isotropen Ähnlichkeiten* bestimmen will. Die allgemeine Lösung des Systems (10.13a-e) lautet jetzt

$$(10.22) \quad p=1, \quad q = e^{\beta_o t}, \quad a = \gamma_o t$$

$$c = \frac{\delta_o}{\beta_o}(e^{\beta_o t} - 1), \quad b = A(1 - e^{\beta_o t}) + Bt$$

mit $A := -\frac{1}{\beta_o^2}(\gamma_o\delta_o + \varepsilon_o\beta_o)$ und $B := -\frac{\gamma_o\delta_o}{\beta_o}$.

Hiermit ergeben sich alle eingliedrigen Untergruppen der Gruppe $\mathcal{L}_4$ in der Gestalt

$$(10.23) \quad \begin{cases} \bar{x} = \gamma_o t + x \\ \bar{y} = A(1 - e^{\beta_o t}) + Bt + \frac{\delta_o}{\beta_o}(e^{\beta_o t} - 1)x + e^{\beta_o t}y. \end{cases}$$

<u>Unterfall B1):</u> $\gamma_o=o$

Dann läßt sich (10.23) in der Gestalt

(10.24)
$$\begin{cases} \bar{x} = x \\ \bar{y} = - \dfrac{\varepsilon_o}{\beta_o} - \dfrac{\delta_o}{\beta_o} x + e^{\beta_o t} \left[\dfrac{\varepsilon_o}{\beta_o} + \dfrac{\delta_o}{\beta_o} x + y \right] \end{cases}$$

schreiben. Ersichtlich ist die nicht isotrope Gerade g mit der Gleichung $y = - \dfrac{\delta_o}{\beta_o} x - \dfrac{\varepsilon_o}{\beta_o}$ eine Fixgerade. Wendet man auf die Ur- und Bildkoordinaten in (10.24) die Transformationen $\{x = x^*,$ $y = - \dfrac{\varepsilon_o}{\beta_o} - \dfrac{\delta_o}{\beta_o} x^* + y^*\}$ bzw. $\{\bar{x} = \bar{x}^*, \ \bar{y} = - \dfrac{\varepsilon_o}{\beta_o} - \dfrac{\delta_o}{\beta_o} \bar{x}^* + \bar{y}^*\}$ der Gruppe $\mathcal{L}_4$ an, so findet man $\{\bar{x}^* = x^*, \ \bar{y}^* = e^{\beta_o t} y^*\}$. Nach Rückkehr zu den alten Bezeichnungen und dem Parameterwechsel $e^{\beta_o t} =: u$ erhält man als *Normalform* einer Untergruppe vom *Typ B1)*

(10.25) $\{\bar{x} = x, \ \bar{y} = uy\}$.

Die Gerade g (y=o) ist Punktfixgerade und Ur- und Bildpunkte liegen stets auf einer isotropen Geraden. Somit ist (10.25) eine *perspektive Affinität* mit nichtisotroper Affinitätsachse und isotropen Affinitätsgeraden. Wir bezeichnen diese Abbildungen als *perspektive Affinitäten 1. Art.*

Unterfall B2): $\gamma_o \neq o$

Durch Anwendung der $\mathcal{L}_4$-Transformation $\{x = x^*, \ y = A - \dfrac{\delta_o}{\beta_o} x^* + y^*\}$ bzw. $\{\bar{x} = \bar{x}^*, \ \bar{y} = A - \dfrac{\delta_o}{\beta_o} \bar{x}^* + \bar{y}^*\}$ geht (10.23) in $\{\bar{x}^* = \gamma_o t + x^*,$ $\bar{y}^* = e^{\beta_o t} y^*\}$ über. Nach Rückkehr zur alten Bezeichnung und nach Anwendung des Parameterwechsels $t = \dfrac{1}{\gamma_o} u$ entsteht mit $K_o := \dfrac{\beta_o}{\gamma_o}$ als *Normalform* einer Untergruppe vom *Typ B2)*

(10.26) $\{\bar{x} = u + x, \ \bar{y} = ye^{K_o u}\}$.

Die Bahnen der Punkte $P(x,y)$ mit $y \neq o$ sind *Exponentialkurven* $\bar{y} = ye^{K_o(\bar{x}-x)}$, während die Punkte $P(x,o)$ die Gerade $y = o$ durchlaufen. Wir bezeichnen diese Untergruppe als Gruppe der *exponentiellen Spiralungen*. Ein Vergleich von (10.26) mit (9.30) lehrt, daß die einzige Gruppenkonstante $K_o \neq o$ mit der Krümmung $\varkappa_L$ der nicht geradlinigen Bahnen (10.26) bezüglich $\mathcal{L}_4$ übereinstimmt. Bezüglich einer geometrischen Deutung von K_o vergleiche den SATZ 9.7. Wir vermerken als Zwischenresultat den

SATZ 10.3: Die Gruppe $\mathcal{L}_4$ der längentreuen isotropen Ähnlichkeiten enthält genau zwei eingliedrige Untergruppen, die nicht in der isotropen Bewegungsgruppe $\mathcal{L}_3$ liegen, nämlich die Gruppe (10.25) der perspektiven Affinitäten 1. Art und die Gruppe (10.26) der exponentiellen Spiralungen.

Hauptfall C: $\alpha_o \neq o$, $\beta_o = o$.

Wegen $q=1$ liegt dieser Fall genau dann vor, wenn man die eingliedrigen Untergruppen der Gruppe $\mathcal{b}_4$ der *spannentreuen isotropen Ähnlichkeiten* bestimmen will. Man findet alle eingliedrigen Untergruppen von $\mathcal{b}_4$ in der Form

$$(10.27) \quad \begin{cases} \bar{x} = \dfrac{\gamma_o}{\alpha_o} (e^{\alpha_o t} - 1) + e^{\alpha_o t} x \\[2mm] \bar{y} = [(\varepsilon_o - \dfrac{\delta_o \gamma_o}{\alpha_o})t + \dfrac{\delta_o \gamma_o}{\alpha_o^2} (e^{\alpha_o t}-1)] + \dfrac{\delta_o}{\alpha_o} (e^{\alpha_o t}-1)x+y. \end{cases}$$

Unterfall C1): $\varepsilon_o \neq \dfrac{\delta_o \gamma_o}{\alpha_o}$.

Durch Anwendung der $\mathcal{b}_4$-Transformationen $\{x = - \dfrac{\gamma_o}{\alpha_o} + x^*, \ y = \dfrac{\delta_o}{\alpha_o} x^* + y^*\}$ bzw. $\{\bar{x} = - \dfrac{\gamma_o}{\alpha_o} + \bar{x}^*, \ \bar{y} = \dfrac{\delta_o}{\alpha_o} \bar{x}^* + \bar{y}^*\}$ erhält man aus (10.27)

$$(10.28) \quad \{\bar{x}^* = x^* e^{\alpha_o t}, \ \bar{y}^* = (\varepsilon_o - \dfrac{\delta_o \gamma_o}{\alpha_o})t + y^*\}.$$

Nach Rückkehr zur alten Bezeichnung und nach Ausführung des Parameterwechsels $(\varepsilon_o - \dfrac{\delta_o \gamma_o}{\alpha_o})t = u$ gewinnt man als *Normalform* einer Untergruppe vom *Typ C1)*

$$(10.29) \quad \{\bar{x} = xe^{-\frac{1}{4} K_o^2 u}, \ \bar{y} = u+y\} \ ,$$

wobei $\dfrac{\alpha_o^2}{\varepsilon_o \alpha_o - \delta_o \gamma_o} = -\dfrac{1}{4} K_o^2$ gesetzt wurde. Dies ist für $\varepsilon_o \alpha_o - \delta_o \gamma_o < o$ reell möglich. Falls jedoch $\varepsilon_o \alpha_o - \delta_o \gamma_o > o$ gilt, wendet man den Parameterwechsel $(\varepsilon_o - \dfrac{\delta_o \gamma_o}{\alpha_o})t = -u$ an. Die Punkte $P(o,y)$ durchlaufen bei (10.29) die isotrope Gerade $x=o$ als Bahn, während alle Punkte $P(x,y)$ mit $x \neq o$ *logarithmische Kurven* mit der Gleichung

$$(10.30) \quad \bar{y} = -\dfrac{4}{K_o^2} \ln \bar{x} + \dfrac{4}{K_o^2} \ln x + y$$

durchlaufen. Wir bezeichnen die Gruppe (10.29) daher als *logarithmische Spiralungsgruppe*. Ein Vergleich von (10.30) mit (9.34) lehrt, daß sich die einzige Gruppenkonstante K_o in (10.29) als isotrope Krümmung $\varkappa_s \neq o$ der nicht geradlinigen Bahnen von (10.29) bezüglich der Gruppe $\hat{\ell}_4$ deuten läßt. Bezüglich einer geometrischen Interpretation von K_o vergleiche den SATZ 9.8.

<u>Unterfall C2)</u>: $\varepsilon_o = \dfrac{\delta_o \gamma_o}{\alpha_o}$.

Nach Anwendung derselben $\hat{\ell}_4$-Transformation wie im Unterfall C1) gewinnt man

$$(10.31) \qquad \{\bar{x}^* = x^* e^{\alpha_o t}, \quad \bar{y}^* = y^*\},$$

sodaß sich nach Rückkehr zur alten Bezeichnung und nach Anwendung des Parameterwechsels $e^{\alpha_o t} = u$ als Normalform einer Untergruppe vom Typ C2)

$$(10.32) \qquad \{\bar{x} = ux, \quad \bar{y} = y\}$$

einstellt. Die isotrope Gerade $x=o$ ist Punktfixgerade, während jeweils Ur- und Bildpunkt auf nicht isotropen parallelen Geraden liegen. Somit ist (10.32) eine *perspektive Affinität* mit einer isotropen Affinitätsachse und nicht isotropen Affinitätsgeraden. Wir bezeichnen diese ·Abbildungen als *perspektive Affinitäten 2. Art*. Wir vermerken als Zwischenresultat den

<u>SATZ 10.4:</u> Die Gruppe $\hat{\ell}_4$ der spannentreuen isotropen Ähnlichkeiten enthält genau zwei eingliedrige Untergruppen, die nicht in der isotropen Bewegungsgruppe $\mathscr{B}_3$ liegen, nämlich die Gruppe (10.32) der perspektiven Affinitäten 2. Art und die Gruppe (10. 29) der logarithmischen Spiralungen.

<u>Hauptfall D:</u> $\alpha_o = \beta_o \neq o.$

Wegen $p=q=e^{\alpha_o t}$ liegt dieser Fall genau dann vor, wenn man alle eingliedrigen Untergruppen der Gruppe $\mathscr{W}_4$ der *winkeltreuen isotropen Ähnlichkeiten* bestimmen will. Man findet alle diese Untergruppen in der Gestalt

$$(10.33) \qquad \left\{ \begin{aligned} \bar{x} &= \frac{\gamma_o}{\alpha_o}(e^{\alpha_o t} - 1) + e^{\alpha_o t}\, x \\[2ex] \bar{y} &= A + \left(-A + \frac{\delta_o \gamma_o}{\alpha_o}\, t\right) e^{\alpha_o t} + \delta_o t\, e^{\alpha_o t}\, x + e^{\alpha_o t}\, y \end{aligned} \right.$$

mit $A := \dfrac{\delta_o \gamma_o - \alpha_o \varepsilon_o}{\alpha_o^2}$.

<u>Unterfall D1)</u>: $\delta_o \neq o$.

Durch Anwendung der beiden in $\mathcal{W}_4$ enthaltenen Schiebungen $\{x = = - \dfrac{\gamma_o}{\alpha_o} + x^*, \; y = A+y^*\}$ bzw. $\{\bar{x} = - \dfrac{\gamma_o}{\alpha_o} + \bar{x}^*, \; \bar{y} = A+\bar{y}^*\}$ geht (10.33) über in

$$(10.34) \qquad \{\bar{x}^* = e^{\alpha_o t} x^*, \quad \bar{y}^* = \delta_o t e^{\alpha_o t} x^* + e^{\alpha_o t} y^*\}.$$

Nach Rückkehr zu den alten Bezeichnungen und nach Anwendung des Parameterwechsels $e^{\alpha_o t} = u$ erhält man mit $K_o := \dfrac{\alpha_o}{\delta_o}$ als *Normalform* einer Untergruppe vom *Typ D1)*

$$(10.35) \qquad \{\bar{x} = xu, \quad \bar{y} = \dfrac{1}{K_o} xu \ln u + uy\}.$$

Jeder Punkt $P(o,y)$ mit $y \neq o$ durchläuft als Bahn die isotrope Gerade a: $x=o$, während $P(o,o)$ ein Fixpunkt bei allen Abbildungen (10.35) ist. Jeder Punkt $P(x,y)$ mit $x \neq o$ hingegen durchläuft als Bahn bei (10.35) eine *isotrope logarithmische Spirale* mit der Gleichung

$$(10.36) \qquad \bar{y} = \dfrac{1}{K_o} \bar{x} \ln \dfrac{1}{x} \bar{x} + \dfrac{y}{x} \bar{x} \; ,$$

die sich unschwer durch eine winkeltreue isotrope Ähnlichkeit auf die Normalform (9.22) mit $\Psi_o = \dfrac{1}{K_o}$ transformieren läßt. Hiermit läßt sich die einzige Gruppenkonstante K_o in (10.36) als Krümmung $\varkappa_w \neq o$ aller Bahnen von (10.35) in der Gruppe $\mathcal{W}_4$ deuten. Wir bezeichnen die Gruppe (10.35) als *isotrope Spiralungsgruppe*. Bezüglich einer geometrischen Deutung von K_o vergleiche den SATZ 9.5, sowie die in Satz 6.12 angegebene Deutung.

<u>Unterfall D2)</u>: $\delta_o = o$.

Man erhält aus (10.35) wie im Unterfall D1) die *Normalform* einer Untergruppe vom *Typ D2)*

$$(10.37) \qquad \{\bar{x} = xu, \quad \bar{y} = yu\}.$$

Die Untergruppe (10.37) stellt somit *zentrische Ähnlichkeiten* mit dem Ähnlichkeitszentrum $Z(o,o)$ dar. Wir vermerken als Zwischenresultat den

<u>SATZ 10.5:</u> Die Gruppe $\mathcal{M}_4$ der winkeltreuen isotropen Ähnlichkeiten enthält genau zwei eingliedrige Untergruppen, die nicht in der isotropen Bewegungsgruppe $\mathcal{L}_3$ liegen, nämlich die Gruppe (10. 37) der zentrischen Ähnlichkeiten mit eigentlichem Zentrum Z, sowie die Gruppe (10.35) der isotropen Spiralungen.

<u>Hauptfall E:</u> $\alpha_0 \neq o$, $\beta_0 \neq o$, $\alpha_0 \neq \beta_0$.

Nun liegt der *allgemeine Fall der isotropen Ähnlichkeitsgruppe* $\mathcal{G}_5$ vor. Man findet alle Untergruppen in der Form

$$(10.38) \quad \begin{cases} \bar{x} = \dfrac{\gamma_0}{\alpha_0} (e^{\alpha_0 t} - 1) + e^{\alpha_0 t} x \\[2ex] \bar{y} = [A(1-e^{\beta_0 t}) + B(e^{\alpha_0 t} - e^{\beta_0 t})] + \dfrac{\delta_0}{\alpha_0 - \beta_0} (e^{\alpha_0 t} - e^{\beta_0 t})x + \\[2ex] \qquad + e^{\beta_0 t} y, \end{cases}$$

mit den Abkürzungen $A := \dfrac{1}{\alpha_0 \beta_0} (\delta_0 \gamma_0 - \alpha_0 \varepsilon_0)$ und $B := \dfrac{\delta_0 \gamma_0}{\alpha_0 (\alpha_0 - \beta_0)}$.

Wendet man die $\mathcal{L}_3$-Abbildungen $\{x = -\dfrac{\gamma_0}{\alpha_0} + x^*, \; y = A + Cx^* + y^*\}$ bzw. $\{\bar{x} = -\dfrac{\gamma_0}{\alpha_0} + \bar{x}^*, \; \bar{y} = A + C\bar{x}^* + \bar{y}^*\}$ mit $C := \dfrac{\delta_0}{\alpha_0 - \beta_0}$ auf (10.38) an, so erhält man

$$(10.39) \quad \{\bar{x}^* = e^{\alpha_0 t} x^*, \quad \bar{y}^* = e^{\beta_0 t} y^*\}.$$

Kehrt man zur alten Bezeichnung zurück, so erhält man nach dem Parameterwechsel $e^{\alpha_0 t} = u$ mit der Abkürzung $\dfrac{\beta_0}{\alpha_0} =: \alpha + 2$ als *Normalform* der eingliedrigen Untergruppen vom *Typ E)*

$$(10.40) \quad \{\bar{x} = xu, \; \bar{y} = yu^{\alpha+2}\}.$$

Der Punkt U(o,o) ist ein Fixpunkt aller Abbildungen (10.40), während die Punkte P(x,y) mit $x \neq o$, $y \neq o$ die *allgemeinen Exponentialkurven* $\bar{y} = (\dfrac{y}{x^{\alpha+2}}) \bar{x}^{\alpha+2}$ durchlaufen, die zur Normalform (9. 46) $\mathcal{G}_5$-äquivalent sind. Die Punkte P(o,y) mit $y \neq o$ durchlaufen die Gerade $a_1 : x = o$, während die Punkte P(x,o) mit $x \neq o$ die Gerade $a_2 : y = o$ durchlaufen. Mit Rücksicht auf die entsprechenden Überlegungen im zweiten Teil von § 9 bezeichnen wir die Untergruppe (10.40) für $-2 < \alpha < -1$ als *parabolische Spiralungsgruppe 1. Art*, für $\alpha > -1$ als *parabolische Spiralungsgruppe 2. Art* und für $\alpha < -2$ als *hyperbolische Spiralungsgruppe*. Ein Vergleich von (10.40) mit (9.46) lehrt, daß sich die einzige Gruppenkonstante α über $1-\frac{1}{\alpha} = K_o$ als Krümmung $\varkappa_G = K_o \neq o,2,\frac{2}{3}$ der nicht geradlinigen Bahnen von (10.40) bezüglich $\mathcal{G}_5$ deuten läßt. Bezüglich geometrischer Interpretationen von K_o vergleiche man die SÄTZE 9.9 und 9.10. Wir vermerken als Zwischenresultat den

SATZ 10.6: Die Gruppe $\mathcal{G}_5$ der allgemeinen isotropen Ähnlichkeiten enthält genau 3 eingliedrige Untergruppen (10.40), die nicht in der isotropen Bewegungsgruppe $\mathcal{B}_3$ liegen, nämlich die Gruppe der parabolischen Spiralungen 1. Art ($-2<\alpha<-1$), die Gruppe der parabolischen Spiralungen 2. Art ($\alpha>-1$) und die Gruppe der hyperbolischen Spiralungen ($\alpha<-2$).

Damit haben wir sukzessive alle eingliedrigen Untergruppen der isotropen Ähnlichkeitsgruppe $\mathcal{G}_5$ bestimmt und können zusammenfassen im

SATZ 10.7: Die Gruppe $\mathcal{G}_5$ der allgemeinen isotropen Ähnlichkeiten besitzt außer der Identität genau 13 eingliedrige Untergruppen. Es sind dies die Gruppe der nicht isotropen Schiebungen, die Gruppe der isotropen Schiebungen, die Gruppe der isotropen Scherungen, die Gruppe der zentrischen Ähnlichkeiten, die Gruppe der perspektiven Affinitäten 1. Art, die Gruppe der perspektiven Affinitäten 2. Art, die Gruppe der isotropen Grenzdrehungen, die Gruppe der exponentiellen Spiralungen, die Gruppe der logarithmischen Spiralungen, die Gruppe der isotropen Spiralungen, die Gruppe der parabolischen Spiralungen 1. Art, die Gruppe der parabolischen Spiralungen 2. Art und die Gruppe der hyperbolischen Spiralungen.

Wir befassen uns nun mit den *vollständig zirkulären* Kurven n-ter Ordnung, wobei wir [119] und [120] folgen.

Definition 10.3: Eine algebraische Kurve $k^{(n)}$ n-ter Ordnung der isotropen Ebene I_2 heißt *vollständig zirkulär*, wenn der absolute Punkt F ein n-facher Schnittpunkt von $k^{(n)}$ mit der absoluten Geraden ist.

Folgerungen:
1) Da jede Gerade in P_2 eine algebraische Kurve n-ter Ordnung in

genau n Punkten im algebraischen Sinn schneidet, ist F der einzige Schnittpunkt einer vollständig zirkulären Kurve n-ter Ordnung mit der absoluten Geraden f.

2) Wir werden i.f. algebraische Kurven n-ter Ordnung in A_2 bzw. P_2 durch

$$(10.41) \qquad \sum_{i,j=0}^{i+j\leq n} a_{ij}x^i y^j = o \quad \text{bzw.}$$

$$(10.42) \qquad \sum_{i,j,k=0}^{i+j+k=n} a_{ijk}x_o^i x_1^j x_2^k = o$$

beschreiben. Schneidet man (10.42) mit der absoluten Geraden f $(x_o=o)$, so bleibt die Bedingung

$$(10.43) \qquad \sum_{j,k=0}^{j+k=n} a_{ojk}x_1^j x_2^k = a_{ono}x_1^n + a_{on-11}x_1^{n-1}x_2 + \ldots + a_{oon}x_2^n = o$$

und mit der Bezeichnung aus (10.41) folgert man leicht, daß genau dann $F(o:o:1)$ ein n-facher Schnittpunkt ist, wenn

$$(10.43) \qquad a_{n-\rho\rho} = o \quad \text{für} \quad 1 \leq \rho \leq n$$

gilt. Die Bedingung (10.44) *kennzeichnet* somit *vollständig zirkuläre Kurven* n-ter Ordnung. Ein einfaches Beispiel einer solchen Kurve ist ein isotroper Kreis $y(x) = Rx^2 + \alpha x + \beta$.

In § 6 , (6.13) haben wir den Begriff der Potenz $\wp(P,g)$ eines Punktes P in einer nicht isotropen Geraden g bezüglich einer algebraischen Kurve n-ter Ordnung $k^{(n)}$ definiert. Nun zeigen wir den

SATZ 10.8: Die einzigen algebraischen Kurven n-ter Ordnung $k^{(n)}$ der isotropen Ebene, für welche die Potenz $\wp$ eines Punktes P nicht von der Geraden g durch P abhängt, sind die vollständig zirkulären Kurven n-ter Ordnung. Wird $k^{(n)}$ durch (10.41) beschrieben, so gilt

$$(10.45) \qquad \wp(P) = \frac{1}{a_{no}} \sum_{i,j=0}^{i+j\leq n} a_{ij}p_1^i p_2^j$$

mit $a_{n-\rho\rho}=o$ für $1 \leq \rho \leq n$, wenn P die Koordinaten $P(p_1,p_2)$ besitzt.

<u>Beweis:</u>

Wird g durch $\{x = p_1+tv_1,\ y = p_2+tv_2\}$ mit $v_1 \neq o$ beschrieben, so folgt aus (10.41) als Schnittbedingung von $k^{(n)}$ mit g

$$\sum_{\substack{i,j=o}}^{i+j \leq n} a_{ij}(p_1+tv_1)^i(p_2+tv_2)^j = \sum_{\substack{i,j=o}}^{i+j \leq n} a_{ij}p_1^i p_2^j + \ldots + \sum_{\substack{i,j}}^{i+j=n} a_{ij}t^n v_1^i v_2^j = o,$$

sodaß nach VIETA für das Produkt $t_1 t_2 \ldots t_n$ der Nullstellen obiger Gleichung

$$(10.46) \qquad t_1 t_2 \ldots t_n = \frac{\sum\limits_{i+j \leq n} a_{ij}p_1^i p_2^j}{\sum\limits_{i+j=n} a_{ij}v_1^i v_2^j}$$

gilt. Bezeichnen $\{X_1 \ldots, X_n\}$ die Schnittpunkte von g mit $k^{(n)}$ im algebraischen Sinn, so gilt $\wp(P) = d(P,X_1) \cdot d(P,X_2) \ldots d(P,X_n) = v_1^n t_1 \ldots t_2$, und aus (10.46) folgt, wenn man noch $k := \dfrac{v_2}{v_1}$ setzt

$$(10.47) \qquad \wp(P) = \frac{\sum\limits_{i+j \leq n} a_{ij}p_1^i p_2^j}{\sum\limits_{i+j=n} a_{ij}v_1^{i-n}v_2^j} = \frac{\sum\limits_{i+j \leq n} a_{ij}p_1^i p_2^j}{\sum\limits_{i+j=n} a_{ij}k^j} \ .$$

Soll $\wp(P,g)$ nicht von g abhängig sein, so darf (10.47) nicht von $k \in \mathbb{R}$ abhängen, was $a_{n-11} = a_{n-22} = \ldots = a_{on} = o$ nach sich zieht, während $a_{no} \neq o$ gilt. Hieraus folgt sofort (10.45) und die vollständige Zirkularität gemäß (10.44). $\blacklozenge$

<u>Folgerungen und Anmerkungen:</u>

<u>1</u>) Explizit sehen die vollständig zirkulären Kurven gemäß (10. 41) und (10.44) wie folgt aus

$$(10.48) \qquad a_{oo}+a_{o1}y+\ldots+a_{n-1o}x^{n-1}+a_{on-1}y^{n-1}+a_{no}x^n = o,$$

d.h. die Glieder $a_{n-11}x^{n-1}y$, $a_{n-22}x^{n-2}y^2$, $\ldots$, $a_{2n-2}x^2y^{n-2}$, $a_{1n-1}xy^{n-1}$, $a_{on}y^n$ kommen nicht vor.

<u>2</u>) Für n=1 finden wir $a_{oo}+a_{1o}x = o$, d.h. x = konst. als die einzigen vollständig zirkulären Kurven 1. Ordnung. Dies sind somit die *isotropen Geraden*.

<u>3</u>) Für n=2 findet man die Kurven $a_{oo}+a_{1o}x+a_{o1}y+a_{2o}y^2 = o$. Im irreduziblen Fall ist dies ein *isotroper Kreis*, für den diese Potenzeigenschaft schon lange bekannt ist (vgl.[99,348f]). Im reduziblen Fall stellen sich entweder *zwei isotrope Geraden* oder

eine isotrope *Doppelgerade* ein.

$\underline{4}$) Im Fall n=3 besitzen die vollständig zirkulären Kurven 3. Ordnung die Darstellung

$$(10.49) \quad a_{oo}+a_{1o}x+a_{o1}y+a_{2o}x^2+a_{11}xy+a_{o2}y^2+a_{3o}x^3 = o.$$

Nach D. PALMAN (vgl. [119]) zerfallen diese Kurven, wenn man von den reduziblen Fällen absieht, in *3 Hauptklassen*: Die *divergenten Parabeln*, für die F ein Wendepunkt mit f als Wendetangente ist, besitzen die Gestalt

$$(10.50) \quad y^2 = ax^3+bx^2+cx+d$$

und bilden die *erste* Hauptklasse. Die *zweite* Hauptklasse besteht aus den *kubischen Parabeln*, welche F als Spitze mit f als Spitzentangente besitzen (vgl. § 6). Die *dritte* Hauptklasse besteht aus den *TRIDENS-Kurven*

$$(10.51) \quad xy = ax^3+bx^2+cx+d,$$

welche F als Knoten besitzen, wobei f Tangente eines Kurvenzweiges durch F ist. Die Geometrie dieser Kurven wurde ausführlich in [119] studiert. Natürlich sind auch in (10.49) reduzible Fälle möglich, nämlich: 3 isotrope Geraden, 1 isotrope Gerade und 1 isotrope Doppelgerade, 1 isotrope dreifache Gerade, 1 isotroper Kreis und 1 isotrope Gerade.

$\underline{5}$) Der interessante Fall n=4 ist bereits ziemlich schwierig in den Griff zu bekommen. Er wurde zum Zeitpunkt der Veröffentlichung des Buches von D. PALMAN in Angriff genommen.

Wir geben noch 2 Resultate über vollständig zirkuläre Kurven an, wobei wir [120] folgen.

<u>Definition 10.4</u>: Unter der *Potenzkurve* zweier vollständig zirkulärer Kurven $k_1^{(n)}$ und $k_2^{(m)}$ der Ordnungen n und m versteht man die Menge der Punkte der isotropen Ebene, die bezüglich $k_1^{(n)}$ und $k_2^{(m)}$ gleiche Potenz haben. Unter der Potenzkurve einer vollständig zirkulären Kurve $k^{(n)}$ versteht man die Menge der Punkte der isotropen Ebene, die bezüglich $k^{(n)}$ konstante Potenz besitzen.

<u>SATZ 10.9</u>: Ist m>n und sind $k_1^{(m)}$ und $k_2^{(n)}$ zwei vollständig zirku-

läre Kurven der Ordnungen m bzw. n, dann ist ihre Potenzkurve
eine vollständig zirkuläre Kurve der Ordnung m. Ist m=n, so ist
die Potzenkurve eine Kurve von maximal (m-1)-ter Ordnung, welche
i.a. nicht vollständig zirkulär ist. Die Potenzkurve einer vollständig zirkulären Kurve n-ter Ordnung ist wieder eine vollständig zirkuläre Kurve n-ter Ordnung.

<u>Beweis:</u>

Hat ein Punkt P die Koordinaten P(x,y), dann folgt nach (10.45)
für seine Potenz bezüglich $k_1^{(m)}$ bzw. $k_2^{(n)}$

$$\mathcal{k}_1(P) = \frac{1}{a_{mo}} \sum_{\substack{i,j=o}}^{i+j\leq m} a_{ij}x^iy^j \quad \text{mit } a_{m-\rho\rho}=o \text{ für } 1\leq\rho\leq m \quad \text{bzw.}$$

$$\mathcal{k}_2(P) = \frac{1}{a_{no}} \sum_{\substack{i,j=o}}^{i+j\leq n} b_{ij}x^iy^j \quad \text{mit } a_{n-\rho\rho}=o \text{ für } 1\leq\rho\leq n \text{ , wenn die}$$

a_{ij} bwz b_{ij} die Koeffizienten in den Kurvendarstellungen von $k_1^{(m)}$
bzw. $k_2^{(n)}$ bezeichnen. Die Bedingung $\mathcal{k}_1(P) = \mathcal{k}_2(P)$ liefert ersichtlich eine algebraische Kurve der Ordnung m, da m>n gilt. Da die
Glieder $a_{m-11}x^{m-1}y$, $a_{m-22}x^{m-2}y^2$, ..., $a_{om}y^m$ nicht vorkommen, ist
die Potenzkurve von $k_1^{(m)}$ und $k_2^{(n)}$ vollständig zirkulär.
Für m=n fällt in der Potenzkurve $\mathcal{k}_1(P) = \mathcal{k}_2(P)$ das einzige Glied
m-ter Ordnung weg und man erhält eine algebraische Kurve der Ord-
nung (m-1), falls sich nicht noch weitere Glieder wegheben. Diese Kurve ist jedoch i.a. nicht vollständig zirkulär, wie das folgende Beispiel zeigt: Es seien $k_1^{(2)}$ und $k_2^{(2)}$ zwei isotrope Kreise
mit den Darstellungen $y = R_ix^2+\alpha_ix+\beta_i$ (i=1,2). Als Potenzkurve
erhält man in diesem Fall die *Potenzgerade* a (vgl.[99,349]):
$(R_2-R_1)y + (R_1\alpha_2-R_2\alpha_1)x + (R_1\beta_2-R_2\beta_1)$. Die Gerade g enthält die
beiden Schnittpunkte von $k_1^{(2)}$ und $k_2^{(2)}$ und ist für inkongruente
Kreise $(R_2\neq R_1)$ eine nicht isotrope Gerade, d.h. keine vollständig zirkuläre Kurve. Für kongruente, aber nicht konzentrische
Kreise $(\alpha_2\neq\alpha_1)$ ist hingegen g eine isotrope Gerade, d.h. eine
vollständig zirkuläre Kurve.
Die letzte Aussage des Satzes gewinnt man aus der Bedingung $\mathcal{k}(P)=$

$$= \text{konst.} = \frac{1}{b_{no}} \sum_{\substack{i,j=o}}^{i+j\leq n} b_{ij}x^iy^j, \text{ wobei } b_{n-\rho\rho}=o \text{ für } 1\leq\rho\leq n \text{ gilt.} \qquad \blacklozenge$$

Der folgende Satz verallgemeinert ein Resultat aus [119].

<u>SATZ 10.10:</u> Sind $k_1^{(m)}$ und $k_2^{(n)}$ vollständig zirkuläre Kurven der Ordnung m bzw. n der isotropen Ebene, dann liegen alle Punkte, für die das Produkt der Potenzen bezüglich $k_1^{(m)}$ und $k_2^{(n)}$ konstant ist, auf einer vollständig zirkulären Kurve der Ordnung (m+n).

<u>Beweis:</u>
Man findet $\overset{\star}{k}_1(P) \cdot \overset{\star}{k}_2(P) = \text{konst.} = \dfrac{1}{a_{mo} b_{no}} \overset{i+j \leq m}{\underset{i,j=o}{\Sigma}} a_{ij} x^i y^j \cdot \overset{i+j \leq n}{\underset{i,j=o}{\Sigma}} b_{ij} x^i y^j$

und diese Kurve der Ordnung (m+n) enthält ersichtlich die Glieder $c_{m+n-11} x^{m+n-1} y, \ldots, c_{om+n} y^{m+n}$ nicht, da $k_1^{(m)}$ und $k_2^{(n)}$ als vollständig zirkulär vorausgesetzt wurden. ◆

Bezüglich weiterer Resultate verleiche [119] und [120]. Wir wollen uns jetzt mit zwei interessanten Ergebnissen zur *Differentialgeometrie ebener Kurven* beschäftigen, die von B. PAVKOVIĆ (vgl.[68] bzw. [67]) stammen. Die unbefriedigende Normalisierung einer Kurve c der isotropen Ebene läßt es zweckmäßig erscheinen, eine *relative Normalisierung* wie folgt einzuführen (vgl. Figur 52). Bezeichnet P einen Punkt auf c mit der Tangente t und bedeutet $\tilde{c}$ den isotropen Kreis y = $= \frac{1}{2} x^2$, der den Koordinatenursprung U enthält, so bestimmt man jene Tangente $\tilde{t}$ an $\tilde{c}$, die zu t parallel ist. Der eindeutig festgelegte Berührungspunkt $\tilde{P}$ von $\tilde{t}$

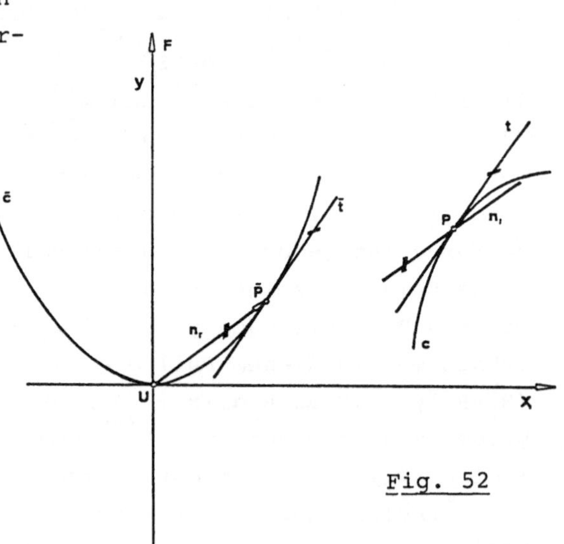

mit $\tilde{c}$ definiert einen Vektor $\mathbf{w}_r := \overrightarrow{U\tilde{P}}$, den man als *Relativnormalenvektor* bezeichnet. Die Gerade n_r durch P mit der Richtung $\mathbf{w}_r$ heißt *Relativnormale* von c in P. Die Hüllkurve der Relativnormalen bezeichnen wir als *Relativevolute* c_r^* zu c. Wird c mittels $\{x,y(x)\}$ parametrisiert, so findet man unschwer $\tilde{P}(y', \frac{1}{2} y'^2)$

und damit $w_r = \{y', \frac{1}{2} y'^2\}$. Hiermit erhält man für die Schar
der Relativnormalen von c

$$(10.52) \qquad F(x) \equiv \frac{1}{2} y'X - Y + y - \frac{1}{2} xy' = o,$$

wobei X,Y die Koordinaten eines auf der Geraden n_r laufenden
Punktes bezeichnen und x den Scharparameter angibt. Aus (10.52)
folgt mit der Hüllbedingung $\frac{\partial F}{\partial x} = o$ nach kurzer Rechnung als Parameterdarstellung der *Relativevolute* c_r^*

$$(10.53) \qquad \begin{cases} X = x - \dfrac{y'}{y''} \\[2ex] Y = y - \dfrac{1}{2} \dfrac{y'^2}{y''} \end{cases} .$$

Hierbei wurde vorausgesetzt, daß c wendepunktfrei ist, d.h. daß
$y'' \neq o$ gilt. Berechnen wir nun nach (7.9) die isotrope Krümmung
$\varkappa^*$ von c_r^*. Hierzu empfiehlt es sich vorübergehend die Abkürzung
$T := \dfrac{y'}{y''}$ einzuführen. Hiermit berechnet man der Reihe nach $X' =$
$= 1-T'$, $X'' = -T''$, $Y' = \frac{1}{2} y'(1-T')$, $Y'' = \frac{1}{2} y''(1-T') - \frac{1}{2} y'T''$,
$X'Y'' - Y'X'' = \frac{1}{2} y''(1-T')^2$ und gewinnt schließlich

$$(10.54) \qquad \varkappa^* = \frac{1}{2} \frac{y''^3}{y'y'''} .$$

Hierbei wurde vorausgesetzt, daß c frei von Scheiteln ($y''' \neq o$)
ist. Nun läßt sich rasch ein hübsches Resultat von B. PAVKOVIĆ
(vgl.[68]) zeigen:

SATZ 10.11: Die einzigen wendepunktfreien und scheitelfreien zulässigen C^r-Kurven (r≥3) der isotropen Ebene, die zu ihrer Relativevolute kongruent sind, sind die *kubischen Parabeln*.

Beweis:
Nach SATZ 7.13 sind c und c_r^* genau dann im isotropen Sinn kongruent, wenn $\varkappa^* = \varkappa$ gilt. Wegen $\varkappa = y''$ folgt damit aus (10.54) die
Differentialgleichung

$$(10.55) \qquad y''^2 - 2y'y''' = o.$$

Die Integration von (10.55) ergibt die allgemeine Lösung

$$(10.56) \qquad y(x) = a_1 x^3 + a_2 x^2 + a_3 x + a_4,$$

wobei die Integrationskonstanten a_i (i=1,..,4) der Nebenbedingung $a_2^2 = 3a_1 a_3$ genügen. Nach (6.10) liegen somit kubische Parabeln als Lösungskurven vor. ◆

Wir geben noch eine bemerkenswerte *Kennzeichnung der isotropen Kreise* an (vgl.[67]). Es gilt der

<u>SATZ</u> 10.12: Es sei c eine zulässige C^{ω}-Kurve der isotropen Ebene I_2 und P_1, P_2, P_3 seien drei Punkte auf c mit den Tangenten $t_1, t_2,$ t_3. Werden die Tangenten t_i um die Punkte P_i (i=1,2,3) je um einen Winkel $\varphi \neq o$ gedreht, so entstehen Geraden $t_1(\varphi), t_2(\varphi), t_3(\varphi)$. Bezeichnet $F_t(p)$ den orientierten Flächeninhalt des von $t_1(\varphi)$, $t_2(\varphi), t_3(\varphi)$ gebildeten Dreiecks und bedeutet F_p den orientierten Flächeninhalt des Dreiecks $\{P_1, P_2, P_3\}$, dann gilt

$$(10.57) \qquad \lim_{P_2, P_3 \to P_1} \frac{F_t(p)}{F_p} = -\frac{1}{2}$$

genau dann, wenn k ein isotroper Kreis ist.

Der <u>Beweis</u> dieses Satzes kann in [67] nachgelesen werden, wo auch noch eine andere interessante *Grenzwertformel* für C^{ω}-Kurven in I_2 hergeleitet wird.

Die *äquiform-metrischen Kurven* der isotropen Ebene hat B.PAVKOVIĆ in [69] bestimmt; es sind dies genau die nichtisotropen Geraden und die isotropen logarithmischen Spiralen. Eine interessante *Verallgemeinerung des Satzes von ABRAMESCU* stammt von Z. KURNIK (vgl.[48]). Eine hübsche Anwendung der ebenen isotropen Geometrie auf *Ausgleichsprobleme* gab K. STRUBECKER in der umfangreichen Abhandlung [101].

Abschließend beschäftigen wir uns noch mit der *Kinematik* der isotropen Ebene, die von O. RÖSCHEL in [75]-[80] erstmals entwickelt wurde. Zugrundegelegt wird hierbei die Bewegungsgruppe $\mathscr{L}_3$, sodaß man genauer von $\mathscr{L}_3$-Kinematik sprechen könnte; demgegenüber untersucht J. TÖLKE in [107]-[109] lediglich allgemeine reguläre Affinbewegungen. Einen $\mathscr{L}_3$-Bewegungsvorgang in der isotropen Ebene kann man nach (2.12) in der Form

$$(10.58) \quad \begin{cases} \bar{x}(t) = a(t) + x_o \\ \bar{y}(t) = b(t) + c(t)x_o + y_o \end{cases}$$

darstellen, wobei die Funktionen $a(t)$, $b(t)$, und $c(t)$ über $(-\infty, +\infty)$ aus der Klasse $C^r (r \geq 3)$ sein mögen. Anders wie in der euklidischen Kinematik (vgl.[152]) existieren bei Bewegungsvorgängen (10.58) *keine Polkurven*, sodaß der Aufbau der Theorie hier ganz andere Aspekte in den Vordergrund stellen muß. Zunächst kann o.B.d.A. in (10.58) $a(t) = t$ gesetzt werden, wobei man nur die isotropen Scherungen außer Acht läßt. Bei dieser Normierung sind dann alle Bahnkurven von (10.58) auf ihre isotrope Bogenlänge t als Parameter bezogen. Die Punkte jeder im Gangsystem $\bar{\Sigma}$ festen isotropen Geraden $x_o = $ konst. besitzen im Rastsystem Σ_o Bahnkurven, die sich durch isotrope Schiebung ineinander überführen lassen. Längs einer nichtisotropen Geraden $g \ldots y_o = kx_o$, $k \neq o$ von $\bar{\Sigma}$ besitzen die Bahnkurven zum Zeitpunkt $t=o$ Tangenten mit der Darstellung

$$(10.59) \quad \bar{y} = kx_o + (\bar{x} - x_o)[b'(o) + x_o c'(o)],$$

wobei o.B.d.A. $b(o) = c(o) = o$ gesetzt wurde. Die Geraden (10.59) umhüllen den isotropen Kreis

$$(10.60) \quad \bar{y} = \frac{c'(o)}{4} \bar{x}^2 + \frac{1}{2}[k + b'(o)]\bar{x} + \frac{1}{4c'(o)}[k - b'(o)]^2,$$

wie man rasch bestätigt; er besitzt den von g unabhängigen Radius $R = \frac{c'(o)}{4}$. **Wir fassen zusammen im**

<u>SATZ 10.13</u>: Die Bahntangenten der Punkte jeder in $\bar{\Sigma}$ festen nichtisotropen Geraden g umhüllen bei einem Bewegungsvorgang $\bar{\Sigma}/\Sigma_o$, wobei in (10.58) $c' \neq o$ gilt, kongruente Kreise. Der Kreisradius ist hierbei von der Wahl von g unabhängig.

Dieser Satz gestattet es, mit Mitteln der projektiven Geometrie auf einer gegebenen Geraden $g \subset \bar{\Sigma}$ den momentanen Hüllpunkt H zu bestimmen, wenn die momentanen Bahntangenten t_P, t_Q zweier Punkte P, $Q \mid \in g$ gegeben sind. Die Figur 53 zeigt die konstruktive Bestimmung von H mit Hilfe des Satzes von BRIANCHON.
Für die isotrope Krümmung $\varkappa(t, x_o)$ der Bahnkurve eines Punktes $P(x_o, y_o)$ von $\bar{\Sigma}$ gilt

$$(10.61) \quad \varkappa(t,x_o) = \bar{y}''(t) =$$
$$= b''(t) + c''(t)x_o.$$

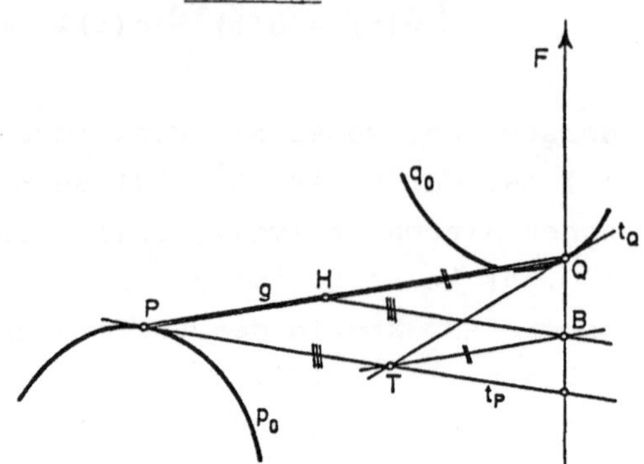

Fig. 53

Hieraus ergibt sich für die Krümmungen $\varkappa(t,x_o)$ und $\varkappa(t,x_1)$ zweier Punkte $P(x_o,y_o)$ und $Q(x_1,y_1)$ die Beziehung

$$(10.62) \quad \varkappa(t,x_o) - \varkappa(t,x_1) =$$
$$= c''(t)(x_o - x_1).$$

Damit haben wir den hübschen in [78,2] gefundenen

<u>SATZ 10.14</u>: Für C^2-Bewegungsvorgänge $\bar{\Sigma}/\Sigma_o$ in der isotropen Ebene gilt als Analogon zur Formel von EULER-SAVARY die Beziehung (10. 62).

Aus (10.61) folgt sofort, daß für $c''(t) \neq o$ die momentanen Wendepunkte auf der *isotropen Wendegeraden*

$$(10.63) \quad x_o = - \frac{b''(t)}{c''(t)}$$

liegen; der zugehörige Wendepol $W(t)$ ist der Fernpunkt der Geraden

$$(10.64) \quad y = \frac{1}{c''(t)} [b'(t)c''(t) - b''(t)c'(t)]x.$$

Ein Analogon zur euklidischen *Scheitelkubik* ist für $c'''(o) \neq o$ die momentane isotrope Scheitelgerade $s(t)$ (vgl.[76,148f]), beschrieben durch

$$(10.65) \quad x_o = - \frac{b'''(t)}{c'''(t)} .$$

Auf $s(t)$ liegen alle Punkte von $\bar{\Sigma}$, deren Bahnkurven augenblicklich verschwindende zweite isotrope Krümmung

$$(10.66) \quad \varkappa' = \varkappa^*(t,x_o) = y'''(t) = b'''(t) + c'''(t)x_o$$

besitzen. Wird (10.61) $(n+1)$ mal differenziert, so entsteht

$$(10.67) \quad \varkappa^{(n+1)}(t,x_o) = b^{(n+3)}(t) + c^{(n+3)}(t)x_o$$

und daraus ergibt sich der

<u>SATZ 10.15:</u> Zu jedem Zeitpunkt eines ebenen isotropen Zwanglaufs $\bar{\Sigma}/\Sigma_o$ existiert im allgemeinen eine isotrope Gerade in $\bar{\Sigma}$, deren Punkte Bahnkurven mit momentan stationärer n-ter Krümmung ($n\geq1$) besitzen.

Als Beispiel eines isotropen Bewegungsvorganges $\bar{\Sigma}/\Sigma_o$ betrachten wir ein sogenanntes *isotropes Koppelgetriebe* (vgl.[76,150f]). Ein solches entsteht, wenn eine Strecke $\overline{PQ}$ = d $\neq$ o mit den Endpunkten P und Q auf zwei isotropen Kreisen p_o und q_o geführt wird. O.B.d.A. werden p_o und q_o durch

$$(10.68) \qquad p_o\ldots y = \frac{x^2}{2p} \quad \text{und} \quad q_o\ldots y = \frac{(x-f)^2}{2q} - e$$

mit reellen Konstanten p,q,e und f mit pq $\neq$ o beschrieben. Zum Zeitpunkt t=o liege P in (o,o) und Q in $(d, -e + \frac{(d-f)^2}{2q})$. Hiermit besitzt das isotrope Koppelgetriebe (Figur 54) die Darstellung

$$(10.69) \qquad \begin{cases} \bar{x}(t) = t + x_o \\ \bar{y}(t) = \frac{t^2}{2p} + x_o \frac{t}{2dpq} [(t(p-q) + 2p(d-f)] + y_o. \end{cases}$$

Die Bahnkurven der Punkte (x_o,y_o) von $\bar{\Sigma}$ sind im allgemeinen isotrope Kreise mit der konstanten Krümmung

$$(10.70) \qquad \varkappa(x_o) = \frac{1}{p} + x_o \frac{p-q}{dpq} .$$

Die Wendegerade w(t) besitzt in $\bar{\Sigma}$ die Gleichung

$$(10.71) \qquad x_o = \frac{d\,q}{q-p} .$$

Sie ist wie der Wendepol W(t) für den ganzen Zwanglauf in $\bar{\Sigma}$ stationär. Punkte von w(t)=w beschreiben in Σ_o zueinander parallele Geraden durch den Wendepol W(t). Das isotrope Koppelgetriebe kann daher zugleich als *isotropes Schubkurbelgetriebe* aufgefaßt werden. An (10.69) erkennt man auch, daß für ein isotropes Koppelgetriebe c'''(t)=o gilt, womit der in (10.65) ausgeschlossene Sonderfall geometrisch gekennzeichnet ist. Wir vermerken den

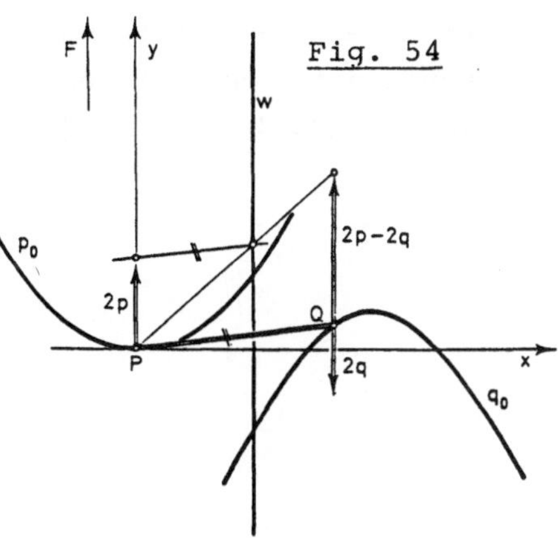

SATZ 10.16: Das Koppelgetriebe der isotropen Ebene führt allgemeine Punkte der Gangebene $\bar{\Sigma}$ auf Kreisen. Die Wendegerade und
der Wendepol sind für den ganzen Zwanglauf in $\bar{\Sigma}$ stationär; Punkte der Wendegeraden werden in Σ_0 auf Geraden geführt.

In [76] werden auch das isotrope *Kreuzschiebergetriebe*, sowie
die Geradenhüllbahnen beim Koppelgetriebe studiert. Die Formel
(10.62) ermöglicht es, isotrope Bewegungsvorgänge $\bar{\Sigma}/\Sigma_0$ hinsichtlich der Bahnkrümmungen durch geeignete isotrope Koppel- bzw.
Kreuzschiebergetriebe zu ersetzen. In Ergänzung dazu werden in
[78] isotrope *Koppelgetriebe n-ter Ordnung* betrachtet und interessante Ergebnisse über Affinnormalen und Affinparabeln bei isotropen Bewegungsvorgängen $\bar{\Sigma}/\Sigma_0$ hergeleitet.
In [75] gibt O. RÖSCHEL eine *kinematische Abbildung* für ebene
isotrope Zwangläufe an; es gelingt hierbei über die Deutung der
Invarianten der kinematischen Bildkurven neue Einsichten in die
isotropen Zwangläufe zu gewinnen. *Globale Resultate* zur ebenen
isotropen Kinematik werden in [79] und [80] angegeben. Als interessanter Beitrag zur ebenen isotropen Kinematik in 3. Differen-
tiationsordnung hat W. RATH in [73] die *zweiten Hüllbahnkrümmungen*
untersucht. M. HUSTY entwickelte in [118] eine isotrope Kinematik bezüglich der Gruppe $\mathcal{W}_4$ der winkeltreuen isotropen Ähnlichkeiten.

Mit diesen Ergänzungen zum aktuellen Stand der Forschung wollen
wir dieses Büchlein beenden, verweisen den verehrten Leser aber
schon jetzt auf die anderweitig erscheinenden Fortsetzungsbände
über *einfach* und *zweifach isotrope Raumgeometrie*.

LITERATURVERZEICHNIS

[1]   ABRAMESCU, N.: Limita razei cercului circumscris tri-
        unghiului format de trei tangente infinite vecine la o
        curbă plană, Gaz. Mat. 41 (1935), 31 - 32.

[2]   BALDUS, R. u. LÖBELL, F.: Nichteuklidische Geometrie,
        Sammlung Göschen, Band 970, Berlin 1953.

[3]   BECK, H.: Zur Geometrie der Minimalebene, Sitz.-Ber.
        Berlin, Math. Ges. 12 (1912), 14 - 30.

[4]   BENZ, W.: Vorlesungen über Geometrie der Algebren,
        Springer-Verlag, Berlin-Heidelberg-New York, 1973.

[5]   BERWALD, L.: Über Bewegungsinvarianten und elementare
        Geometrie in einer Minimalebene, Monatsh. Math. Phys.
        26 (1915), 211 - 228.

[6]   BILINSKI, St.: Über einen kurventheoretischen Satz von
        N. Abramescu, Glasnik Mat. 3 (1968), 253 - 256.

[7]   BLASCHKE, W.: Vorlesungen über Differentialgeometrie I,
        Elementare Differentialgeometrie, Springer-Verlag, Ber-
        lin 1930.

[8]   BLASCHKE, W.: Vorlesungen über Differentialgeometrie II,
        Affine Differentialgeometrie, Springer-Verlag, Berlin
        1923.

[9]   BLASCHKE, W.: Vorlesungen über Differentialgeometrie III,
        Differentialgeometrie der Kreise und Kugeln, Springer-
        -Verlag, Berlin 1929.

[10]   BLASCHKE, W. u. LEICHTWEISS, K.: Elementare Differential-
        geometrie, Springer-Verlag, Berlin-Heidelberg-New York
        1973.

[11]   BLASCHKE, W. u. MÜLLER, H.R.: Ebene Kinematik, Mathem.
        Einzelschriften, Oldenbourg-Verlag, München 1956.

[12]   BOLOTIN, V.R.: An application of the calculus of sym-
        metries to the proof of theorems in plane flag geometry,
        Moskov. Gos. Ped. Inst. Moscow, Questions of differen-
        tial and non-Euclidean geometry (1972), 104 - 118.

[13]   BRAUNER, H.: Kreisgeometrie in der isotropen Ebene,
        Monatsh. Math. Phys. 69 (1965), 105 - 128.

[14]   BRAUNER, H.: Geometrie projektiver Räume I, II; Biblio-
        graphisches Institut Mannheim, 1976.

[15]   BRAUNER, H.: Differentialgeometrie, Vieweg-Verlag Braun-
        schweig-Wiesbaden 1981.

[16] BURAU, W.: Algebraische Kurven und Flächen I, Algebraische Kurven der Ebene, Sammlung Göschen, Bd. 435, Berlin 1962.

[17] BURAU, W.: Mehrdimensionale projektive und höhere Geometrie, VEB Deutscher Verlag der Wissenschaften, Berlin 1961.

[18] ЕФИМОВ, Н.В.: Высшая геометрия, издательство наука, Москва 1971 (gegenüber der deutschen Fassung, Vieweg 1970, erheblich erweiterte Ausgabe).

[19] EISENHART, L.P.: Continuous Groups of Transformations, Dover publications, New York 1961.

[20] FOG, D.: Den isotrope Plans elementaere Geometri, Math. Tidskrift B (1928), 21 - 33.

[21] GIERING, O.: Vorlesungen über höhere Geometrie, Vieweg-Verlag, Braunschweig-Wiesbaden 1982.

[22] GLASS, St.: Sur les géométries de Cayley et sur une géométrie plan particulière, Ann. soc. Pol. math. 5 (1926), 20 - 36.

[23] GRAF, U.: Zur Möbiusschen und Laguerreschen Kreisgeometrie in der Minimalebene. Sitzungsber. Berl. Math. Gesell. 35 (1936), 25 - 34.

[24] GRAF, U.: Über komplexe Zahlsysteme und ihren Zusammenhang mit den äquidistanten Transformationen in Ebenen mit nichteuklidischer Maßbestimmung. Sitzungsber. Berl. Math. Gesell. 32 (1933), 33 - 44.

[25] GRAF, U. u. KAHLAU, R.: Über eine Gruppe von Parabelsätzen. Sitzungsber. Berl. Math. Gesell. 34 (1935), 30 - 32.

[26] GRAF, U. u. KAHLAU, R.: Einige Sätze über Parabeln gleicher Achsenrichtung. Unterrichtsbl. Math. u. Nat. 41 (1935), 114 - 117.

[27] GRÜNER, S.: Zur Differentialgeometrie der isotropen Möbiusebene. Dissertation, Universität Stuttgart 1970, 94 S.

[28] GRÜNER, S.: W-Kurven der isotropen Möbiusebene, An. sti. Univ. Al. I. Cuza Iasi, n. Ser. Sect. I a. 17 (1971), 193 - 198.

[29] GRÜNWALD, J.: Über duale Zahlen und ihre Anwendung in der Geometrie. Monatsh. Math. Phys. 17 (1906), 81 - 136.

[30] HOHENBERG, F.: Ein projektiver Sonderfall des Schließungssatzes von Poncelet und seine Deutung in der isotropen Ebene. Sitzungsber. Österr. Akad. Wiss. Wien 194 (1985), 1 - 14.

[31] HORNFECK, B.: Algebra, Walter de Gruyter, Berlin-New York 1976.

[32] HUSTY, M. u. SACHS, H.: Eine geometrische Deutung der
      eingliedrigen Untergruppen der allgemeinen ebenen iso-
      tropen Ähnlichkeitsgruppe (in Vorbereitung).

[33] ЯГЛОМ, И.М.: Проективные мероопределения на плоскости и
      комплексные числа, Труды семинара по векторному и
      тензорному анализу при МГУ 7 (1949), 274 - 318.

[34] ЯГЛОМ, И.М.: Принцип относительности галилея и неевклидова
      пеометрия, издательство наука, Москва 1969.

[35] JAGLOM, I.M.: A Simple Non-Euclidean Geometry and Its
      Physical Basis, New York-Heidelberg-Berlin 1979; engli-
      sche Übersetzung von [34], teilweise gekürzt.

[36] JAGLOM, I.M. u. ROZENFELD, B.A. u. JASINSKAYA, E.U.: Pro-
      jective Metrics, Russ. math. Surveys, 19, No. 5 (1964),
      49 - 107, (englische Übersetzung aus Uspeki mat. Nauk,
      19, No. 5 (119), (1964), 51 - 113).

[37] КАЛИЦИН, Н.С.: Основи на псевдоевклидовата геометрия.

[38] KICKINGER, W.: Einfacher Beweis eines Satzes von F. Lau-
      renti über Parabeln mit gemeinsamem Krümmungselement,
      Elemente d. Math. 18 (1963), 28 - 29.

[39] KIOTINA, G.V.: A biflag plane, Geometry and topology,
      Leningrad, Gos. Ped. Inst. im. Gercena, 1 (1974), 69 - 74.

[40] KLEIN, F.: Vorlesungen über nicht-euklidische Geometrie,
      Springer-Verlag, Berlin 1928, (Nachdruck 1968).

[41] KLEIN, F.: Vergleichende Betrachtungen über neuere geo-
      metrische Forschungen, Programm zum Eintritt in die
      philosophische Fakultät und den Senat der k. Friedrich-
      -Alexanders-Universität zu Erlangen, 1872 bzw. Math. Ann.
      43 (1893), 63 - 100.

[42] KNOPP, K.: Elemente der Funktionentheorie, **Sammlung
      Göschen**, Bd. 1109, Berlin 1959.

[43] KOWALEWSKI, G.: Einführung in die Theorie der kontinu-
      ierlichen Gruppen, Akad. Verlagsgesellschaft Leipzig
      1931 (Nachdruck: Chelsea publ. comp. New York 1950).

[44] KOWALEWSKI, G.: Bemerkungen über die projektive Gruppe
      eines Linienelementes. Monatsh. Math. Phys. 47 (1938),
      104 - 116.

[45] KOWALSKY, H.-J.: Lineare Algebra. Göschens Lehrbücherei
      Bd. 27, Walter de Gruyter, Berlin 1967.

[46] KRUPPA, E.: Die affine duale Ebene und eine ihr aufge-
      prägte Maßbestimmung in einer Abbildung auf den R_4,
      Monatsh. Math. Phys. 47 (1939), 338 - 355.

[47] KUIPER, N.: Een vlakke meetkunde, Simon Stevin 30 (1954),
      94 - 105.

[48]   KURNIK, Z.: Eine Verallgemeinerung des Satzes von N. Abra-
       mescu für Kurven der isotropen Ebene. Berichte der Math.-
       -Stat. Sektion, Forschungszentrum Graz, Ber. Nr. 241
       (1985), 1 - 6.

[49]   LANG, J.: Zur isotropen Dreiecksgeometrie und zum Apollo-
       nischen Berührproblem in der isotropen Ebene, Berichte d.
       Math.-Stat. Sektion, Forschungszentrum Graz, Ber. Nr.
       205 (1983), 1 - 11.

[50]   LAURENTI, F.: Sopra una proprietà dell'ipocicloide trou-
       spidata, Archimede 12 (1966), 253 - 256.

[51]   LENZ, H.: Vorlesungen über projektive Geometrie, Akad.
       Verlagsgesellschaft, Leipzig 1965.

[52]   МАКАРОВА, Н.М.: О Геометрии Галилея-Ньютона, Ученые
       Записки Орехово-Зуевского пед. института 1 (1) (1955),
       83 - 95.

[53]   МАКАРОВА, Н.М.: Геометрия Галилея-Ньютона. II, Движения и
       преобразования подобия, Ученые Записки Орехово-Зуевского
       пед. Института 7 (2) (1957), 5 - 27.

[54]   МАКАРОВА, Н.М.: Геометрия Галилея-Ньютона. III, Элементы
       теории циклов, Ученые Записки Орехово-Зуевского пед.
       Института 7 (2) (1957), 29 - 59.

[55]   МАКАРОВА, Н.М.: К теории циклов параболической Геометрии
       на плоскости, Сибирский математический журнал 2 (1) (1961),
       68 - 81.

[56]   МАКАРОВА, Н.М.: Кривые второго порядка в плоской параболи-
       ческой геометрии «Вопросы дифференциальной и неевклидовой
       геометрии», Ученые записки МГПИ им. Ленина (1963), 222 -
       - 251.

[57]   МАКАРОВА, Н.М.: Проективные мероопределения плоскости,
       «Вопросы дифференциальной и неевклидовой геометрии»,
       Ученые записки МГПИ им. Ленина (1965), 274 - 290.

[58]   MAKAROWA, N.M.: Two-dimensional Noneuclidean Geometry with
       parabolic angle and distance metric, Diss. Leningrad 1962.

[59]   MAURER, L. u. BURKHARDT, H.: Kontinuierliche Transforma-
       tionsgruppen, Encyklopädie der math. Wiss. II, A.6, 401 -
       - 436.

[60]   MIHĂILEANU, N.: Geometrie diferentială neeuclidiană, Edi-
       tura acad. republ. pop. romine, 1964.

[61]   MOORE, C.: Minimal varieties of two three dimensions whose
       element of arc is a perfect square, Journ. of Math.,
       Massachusetts 4 (1925), 167 - 178.

[62]   MÜLLER, E. u. KRAMES, J.: Vorlesungen über Darstellende
       Geometrie, Bd. 2, Die Zyklographie, Verlag Deuticke Leip-
       zig und Wien, 1929.

[63] MÜLLER, H.R.: Kinematik, Sammlung Göschen, Bd. 584/584a, Berlin 1963.

[64] NOI DI S.: Interpretatione cinematica d'una geometria due volte parabolica nel piano, Archimede 5 (1953), 145 - 155.

[65] NOI DI S.: Geometria piana doppiamente parabolica, Periodico Math. IV., Ser. 37 (1959), 18 - 36.

[66] PALMAN, D.: Projektivna geometrija, Školska knjiga - - Zagreb, 1984.

[67] PAVKOVIĆ, B.: Eine kennzeichnende Eigenschaft der Zykel der Galileischen Ebene, Arch. d. Math. 32 (1979), 509 - - 512.

[68] PAVKOVIĆ, B.: On a property of cubic parabola in isotropic plane, Rad. Jug. Akad. 413 (1985), 155 - 158.

[69] PAVKOVIĆ, B.: Äquiform-metrische Kurven isotroper Räume, Berichte d. Math.-Stat. Sektion, Forschungszentrum Graz, Ber. Nr. 242 (1985), 1 - 14.

[70] PAVLÍČEK, J.B.: The Galilean plane, Knižnice Odborn. Věd. Spisů Vysoké. Učeni Techn. v. Brně B 56 (1975), 85 - 94.

[71] PECZAR, L.: Die den Möbiusschen Kreisverwandtschaften entsprechenden Transformationen in der dualen Zahlenebene, Diss. Wien 1943.

[72] ПЕЦКО, Н.Д.: Проективные мероопределения и комплексные числа, ⟨Проективные метрики⟩, Уч. зап. Коломенского пед. ин-та 8 (1964), 127 - 143.

[73] RATH, W.: Die zweiten Hüllbahnkrümmungen bei ebenen isotropen Zwangläufen, Journ. of Geometry (im Druck).

[74] RÖSCHEL, O.: Bemerkungen zum Satz von Abramescu in der euklidischen und der isotropen Ebene, Archiv d. Math. 42 (1984), 173 - 177.

[75] RÖSCHEL, O.: Kinematische Abbildung der ebenen isotropen Zwangläufe, Journ. of Geometry 23 (1984), 101 - 123.

[76] RÖSCHEL, O.: Zur Kinematik der isotropen Ebene, Journ. of Geometry 21 (1983), 146 - 156.

[77] RÖSCHEL, O.: Zur Kinematik der isotropen Ebene II, Journ. of Geometry 24 (1985), 112 - 122.

[78] RÖSCHEL, O.: Zur Kinematik der isotropen Ebene. Isotrope Koppelgetriebe höherer Stufe. Berichte d. Math.-Stat. Sekt., Forschungszentrum Graz, Ber. Nr. 220, 1 - 13.

[79] RÖSCHEL, O.: Der Satz von Holditch in der isotropen Ebene, Abh. d. Braunsch. Wiss. Ges. 36 (1984), 27 - 32.

[80] RÖSCHEL, O. u. POTTMANN, H.: Globale Eigenschaften ebener
      isotroper Zwangläufe, Studia Sci. Math. Hung. (im Druck).

[81] РОЗЕНФЕЛЬД, Б.А.: Неевклидовы пространства, издательство
      наука, Москва 1969.

[82] РОЗЕНФЕЛЬД, Б.А.: Неевклидовы геометрии, государственное
      издательство, Москва 1955.

[83] РОЗЕНФЕЛЬД, Б.А.: Многомерные пространства, издательство
      наука, Москва 1966.

[84] SACHS, H.: Ein isotropes Analogon zu einem Satz von Abra-
      mescu und einige Grenzwertformeln, Arch. d. Math. 23,
      (1972), 661 - 668.

[85] SACHS, H.: Projektive, affine und isotrope Kennzeichnun-
      gen der Exponentialfunktion, Berichte d. Math.-Stat. Sekt.
      Forschungszentrum Graz, Ber. Nr. 240 (1985), 1 - 16.

[86] SACHS, H.: Eine Kennzeichnung der isotropen logarithmi-
      schen Spirale (in Vorbereitung).

[87] SACHS, H.: Zur Geometrie der Hypersphären im n-dimensiona-
      len einfach isotropen Raum. Journ. f. d. reine u. angew.
      Math. 298 (1978), 199 - 217.

[88] SACHS, H.: Differentialgeometrie der Regelflächen isotro-
      per Räume bezüglich der Gruppe der winkeltreuen isotropen
      Ähnlichkeiten (in Vorbereitung).

[88a] SACHS, H.: Oskulierende und hyperoskulierende Kegelschnitt-
      büschel der isotropen Ebene, Sitzungsber. Österr. Akad.
      Wiss. Wien, 1986 im Druck.

[89] SCHAAL, H.: Euklidische und pseudoeuklidische Sätze über
      Kreis und gleichseitige Hyperbel, Elemente d. Math. 19
      (1964), 53 - 56.

[90] SCHILLING, F.: Projektive und nichteuklidische Geometrie
      I, II, Verlag Teubner, Leipzig und Berlin 1931.

[91] SCHIROKOW, A. u. P.: Affine Differentialgeometrie, B. G.
      Teubner Verlagsgesellschaft, Leipzig 1962.

[92] SCHRÖDER, E.: Gemeinsame Eigenschaften euklidischer, gali-
      leischer und minkowskischer Ebenen. Mitteilungen d. Math.
      Ges. Hamburg 10 (1974), 185 - 217.

[92a] ŠĆURIĆ, V.: Kegelschnittbüschel der isotropen Ebene, Rad.
      Jug. Ak. (1986), im Druck.

[93] SCHWERDTFEGER, H.: Geometry of complex numbers, University
      of Toronto press, Toronto 1962.

[94] СКОПЕЦ, З.А.: Стереографическая проекция параболическое
      цилиндра на касательную плоскость, Уч. Зап. Орехово-Зуев.
      пед. ин-та 7 (2), (1957), 61 - 71.

[95]   STEPANOW, W.W.: Lehrbuch der Differentialgleichungen,
        VEB Deutscher Verlag d. Wissenschaften, Berlin 1956.

[96]   STRUBECKER, K.: Über die Lieschen Abbildungen der Linien-
        elemente der Ebene auf die Punkte des Raumes, Monatsh.
        Math. Phys. 42 (1935), 309 - 376.

[97]   STRUBECKER, K.: Zur graphischen Integration der linearen
        Differentialgleichung n. Ordnung
        $(a_n D+1)(a_{n-1} D+1) \ldots (a_1 D+1)y = s(x)$.
        Archiv d. Math. 1 (1948), 65 - 72.

[98]   STRUBECKER, K.: Äquiforme Geometrie der isotropen Ebene,
        Arch. d. Math. 3 (1952), 145 - 153.

[99]   STRUBECKER, K.: Geometrie in einer isotropen Ebene, Math.-
        -Naturwiss. Unterricht (MNU) 15 (1962), 297 - 306, 343 -
        - 351, 385 - 394.

[100]   STRUBECKER, K.: Über die Parabeln zweiter bis vierter
        Ordnung, Praxis d. Math. 4 (1962), 141 - 144, 169 - 174,
        197 - 201.

[101]   STRUBECKER, K.: Zwei Anwendungen der isotropen Dreiecks-
        geometrie auf ebene Ausgleichsprobleme, Sitzungsber. Akad.
        Wiss. Wien 192 (1983), 497 - 559.

[102]   STRUBECKER, K.: Einführung in die höhere Mathematik, Bd.
        1: Grundlagen, Odenbourg-Verlag, München 1956.

[103]   STRUBECKER, K.: Differentialgeometrie isotroper Mannig-
        faltigkeiten, Schriftenreihe des Inst. f. Math. Deutsche
        Akad. d. Wiss. Berlin, (1957), Heft 1.

[104]   STRUBECKER, K.: Differentialgeometrie I, Kurventheorie
        der Ebene und des Raumes. Sammlung Göschen, Bd. 1113/
        /1113a, Berlin 1964.

[105]   **STRUBECKER, K.: Die Geometrie isotroper Räume und Mannig-
        faltigkeiten, Inst. f. Math. u. Informatik der TU München,
        M 8018 (1980).**

[106]   STUDY, E.: Zur Differentialgeometrie der analytischen
        Kurven, Trans. Amer. Math. Soc. 10 (1909), 1 - 49.

[107]   TÖLKE, J.: Eine kennzeichnende Eigenschaft der isotropen
        Bewegungen, Anz. d. Österr. Akad. Wiss. (7), (1978),
        165 - 168.

[108]   TÖLKE, J.: Isotrope Kegelschnittsbewegungen, Journal of
        Geometry 13 (1979), 31 - 48.

[109]   TÖLKE, J.: Zu den affinen Zwangläufen, bei denen sich die
        Punkte eines Kegelschnitts auf Geraden bewegen, Studia
        Sci. Math. Hung. 15 (1980), 151 - 156.

[110] TÖLKE, J.: Parabeln mit gemeinsamem isotropem Krümmungs-
       kreis, Elemente d. Math. 35 (1980), 14 - 15.

[111] ЧЕБОТАРЕВ, Н.Г.: Теория групп Ли, государственное изда-
       тельство, Москва - Ленинград 1940.

[112] VETTER, W.: Das Gegenstück zur logarithmischen Spirale in
       der ebenen isotropen Geometrie, Elemente d. Math. 38
       (1983), 61 - 69.

[113] VETTER, W.: Zum Analogon des Satzes von Morley in der
       isotropen Geometrie. Math.-Naturwiss. Unterricht (MNU)
       34, (1981), 330 - 333.

[114] WIELEITNER, H.: Spezielle ebene Kurven, Sammlung Schubert
       LVI, Göschens Verlagsbuchhandlung, Leipzig 1908.

[115] WUNDERLICH, W.: Ebene Kinematik, Bibliographisches Inst.,
       Bd. 447/447a, Mannheim - Zürich 1970.

[116] ВЫЖГИНА, Л.Б. и. ПУЧКОВА, Л.В.: Метрические инварианты
       уравнерий квадрик по флаговых пространствах, Уч. Зап.
       МГПИ <Вопросы дифференциальной и неевклиадовой гео-
       метрии> (1963), 214 - 211.

[117] ВЫЖГИНА, Л.Б. и. СЕМЕНОВА, И.Н. и. ТЮРИНА, И.И.: Квадрики
       по флаговом пространстве, Уч. Зап. МГПИ, 123 (1963),
       491 - 507.

DERNIERE MINUTE:

[118] HUSTY, M.: Zur Kinematik der ebenen äquiformen isotropen
       Geometrie, Journ. of Geometry (in Vorbereitung).

[119] PALMAN, D.: Über zirkuläre Kurven 3. Ordnung der isotro-
       pen Ebene, Rad JAZU 1987 (im Druck).

[120] SACHS, H.: Vollständig zirkuläre Kurven n-ter Ordnung der
       isotropen Ebene, Arch. d. Math. (in Vorbereitung).

[121] ПЕННЕР, И.А.: Кривые в n-мерной геометрии с вырожденным
       абсолютом, МГПИ Уч. зап. <Вопросы дифференциальной и
       неевклидовой геометрии > (1965), 262 - 273.

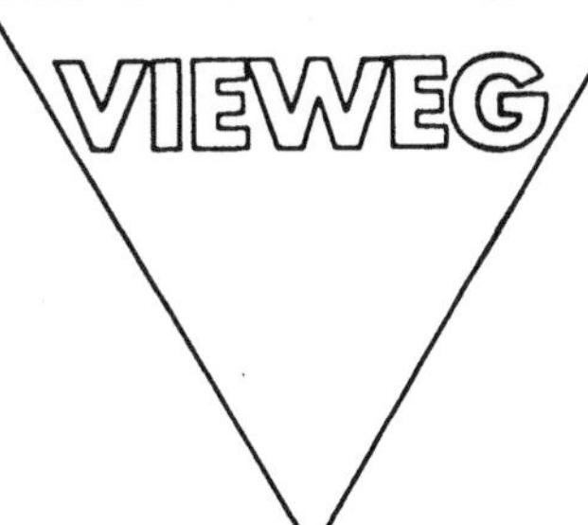

Hermann Schaal
Lineare Algebra und Analytische Geometrie

Band I 1976. VIII, 257 S. mit zahlr. Figuren und Tabellen. 16,2 x 22,9 cm. Kart.
Dieses Buch ist aufgrund langjähriger Erfahrung ganz auf die Bedürfnisse der Studienanfänger und jener Interessenten zugeschnitten, die nach einem früheren Studium Anschluß an neuere Darstellungen, auch von klassischen Themen, suchen. Es behandelt zuerst sehr ausführlich unter modernen strukturellen Gesichtspunkten die für viele mathematische Gebiete grundlegende Theorie der Vektorräume und ihre linearen Abbildungen, Matrizen und Eigenwerttheorie, Multilinearformen und Deteminanten, lineare Gleichungssysteme sowie homogene und inhomogene quadratische Formen, und zwar jeweils über meist beliebigen Körpern. Mit Hilfe dieser Vorbereitungen wird dann ausgiebig Geometrie betrieben; dabei werden die affinen Räume über Körpern, die affinen Abbildungen und die affine Quadriken- und Polarentheorie studiert und auf Fragen auch im Anschauungsraum angewendet. Dadurch wird eine gewisse fachliche Breite der Ausbildung gesichert.

Band II 2., durchges. Aufl. 1980. VIII, 328 S. mit zahlr. Figuren und Tabellen. 16,2 x 22,9 cm. Kart.
Band II setzt den in Band I begonnenen Kurs nahtlos und konsequent fort, wobei wieder die Ausführlichkeit der Darstellung den Wünschen der Studienanfänger und auch jenen Interessenten entgegenkommt, die sich selbständig in das Gebiet einarbeiten oder vielleicht verblaßte Kenntnisse klassischer Themen unter den heute üblichen strukturellen Betrachtungsweisen auffrischen wollen. Zunächst wird die Vektorraumtheorie aus Band I wieder aufgenommen und durch Einführung des Skalarproduktes zur Theorie der euklidischen und der unitären Vektorräume ausgebaut. Die Theorie der normalen Endomorphismen liefert das sachgerechte Mittel zur Bestimmung der Normalformen für die orthogonalen und die unitären Matrizen ebenso für die hermiteschen, schiefhermiteschen, reellen symmetrischen und schiefsymmetrischen Matrizen. Damit ist das Rüstzeug bereitgestellt für die anschließend behandelte euklidische und unitäre Geometrie mit den Bewegungen und den Ähnlichkeiten wie auch der euklidischen Quadrikentheorie. Im letzten Kapitel wird ausführlich projektive Geometrie betrieben; dabei kommen wohl alle Themen zur Sprache, die für die Höhere Geometrie wichtig sind.

Hermann Schaal und Ekkehart Glässner
Band III Aufgaben mit Lösungen. 2., durchges. Aufl. 1981. X, 306 S. mit zahlr. Figuren. 16,2 x 22,9 cm. Kart.

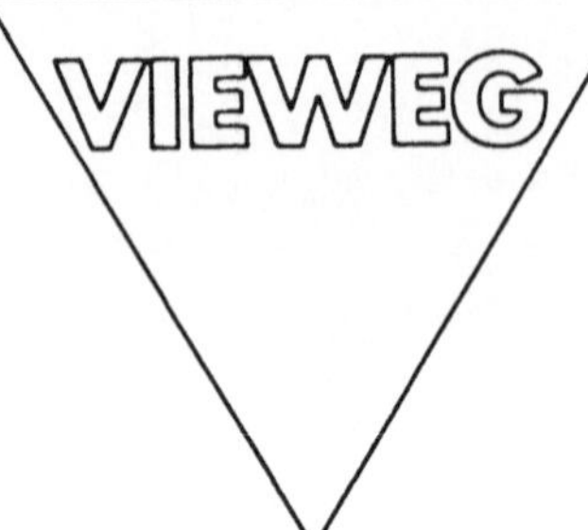

Heinrich Brauner

Differentialgeometrie

1981. XVIII, 424 S. mit 44 Abb. 16,2 x 22,9 cm. Geb.
Das Buch wendet sich an Studenten der Mathematik und benachbarter Fächer im mittleren Studienabschnitt. Unter Berücksichtigung der anschaulichen klassischen Aspekte wird eine moderne Einführung in die Differentialgeometrie geboten. Behandelt werden Kurven und m-dimensionale Flächen im n-dimensionalen euklidischen Raum, differenzierbare Mannigfaltigkeiten, Zusammenhänge auf differenzierbaren Mannigfaltigkeiten und RIEMANNsche Geometrie, aber auch Flächen im dreidimensionalen euklidischen Raum und globale Fragen über solche Flächen und über ebene Kurven. Die benötigten Vorkenntnisse aus der linearen Geometrie, der Topologie und der Analysis sind in zwei einführenden Kapiteln bereitgestellt. Jedem Kapitel geht eine kurze Inhaltsübersicht voraus, und jeder Abschnitt schließt mit einer Sammlung von Aufgaben, denen nötigenfalls eine kurze Anleitung beigefügt ist. Dieses Werk schlägt eine Brücke zwischen der anschaulich motivierten Differentialgeometrie und den im Rahmen der Theorie differenzierbarer Mannigfaltigkeiten entstandenen Begriffsbildungen der Analysis.

Oswald Giering

Vorlesungen über höhere Geometrie

Unter Mitwirkung von Johann Hartl. 1982. XIII, 614 S. mit zahlr. Aufgaben, Figuren und Tabellen. 16,2 x 22,9 cm. Geb.
Das Buch bietet nach einer Einführung in die Theorie der projektiven Räume über einem (kommutativen) Körper anhand des zentralen Begriffs der Absolutfigur F und der F-Projektivitäten eine einheitliche Einführung in die Theorie der reellen, n-dimensionalen, entarteten und nichtentarteten Cayley/Klein-Räume, der zugehörigen Cayley/Klein-Geometrien sowie der Kurven und Hyperflächentheorie dieser Räume. Das Buch ist so aufgebaut, daß es von Studenten der mathematischen und mathematisch-naturwissenschaftlichen Studiengänge ab dem dritten Semester mit Gewinn gelesen werden kann. Es wendet sich außerdem an Mathematiker, die den Gegenstand kennenlernen, sowie an solche, die ihn weiter fördern wollen.